U0307115

· 本著作受福建江夏学院学术著作资助出版。

· 本著作为福建省自然科学基金青年创新项目（编号：2019J05126）、
福建省中国特色社会主义理论体系研究中心年度项目（编号：FJ2019ZTB037）、
福建省社科规划青年项目（编号：FJ2016C201）、
福建农林大学优秀博士学位论文资金（编号：YB2015008）的研究成果。

农业面源污染防治行为及环境规制影响效应研究：

以生猪规模养殖户为例

林丽梅 ◎ 著

厦门大学出版社
XIAMEN UNIVERSITY PRESS
国家一级出版社
全国百佳图书出版单位

图书在版编目(CIP)数据

农业面源污染防治行为及环境规制影响效应研究:以生猪规模养殖户为例/林丽梅著.—厦门:厦门大学出版社,2022.1
ISBN 978-7-5615-8476-7

Ⅰ.①农…　Ⅱ.①林…　Ⅲ.①农业污染源—面源污染—污染防治—研究②养猪学—无污染技术—研究　Ⅳ.①X501 ②S828

中国版本图书馆 CIP 数据核字(2021)第 275080 号

出 版 人　郑文礼
责任编辑　潘　瑛
封面设计　张雨秋
技术编辑　朱　楷

出版发行　厦门大学出版社
社　　址　厦门市软件园二期望海路 39 号
邮政编码　361008
总　　机　0592-2181111　0592-2181406(传真)
营销中心　0592-2184458　0592-2181365
网　　址　http://www.xmupress.com
邮　　箱　xmup@xmupress.com
印　　刷　广东虎彩云印刷有限公司

开本　720 mm×1 000 mm　1/16
印张　22
插页　2
字数　350 千字
版次　2022 年 1 月第 1 版
印次　2022 年 1 月第 1 次印刷
定价　88.00 元

厦门大学出版社
微信二维码

厦门大学出版社
微博二维码

前　言

“农业兴则国家兴,农业强则国家强”。当前,我国农业面源污染已成为阻碍农业兴旺、强盛的主要瓶颈。党的十九届五中全会审议通过的《中共中央关于制定国民经济和社会发展第十四个五年规划和二〇三五年远景目标的建议》,对新发展阶段优先发展农业农村、全面推进乡村振兴作出总体部署,提出了要加强农业面源污染治理的要求。畜禽养殖污染排放是农业面源污染的主要来源,提高畜禽养殖污染防治成效是推进高质量绿色农业发展的题中之义,是全面推进乡村振兴的重要内容。习近平总书记强调,加快推进畜禽养殖废弃物处理和资源化,关系 6 亿多农村居民生产生活环境,关系农村能源革命,关系能不能不断改善土壤地力、治理好农业面源污染,是一件利国利民利长远的大好事。近年来,我国畜牧业持续稳定发展,规模化养殖水平显著提高,保障了肉蛋奶的供给,但大量养殖废弃物没有得到有效处理和利用,成为农村环境治理的一大难题,养猪业如何突破资源环境的约束实现可持续发展已成为亟待解决的现实问题。

自 2013 年国家制定《畜禽规模养殖污染防治条例》以来,规模化畜禽养殖污染治理工作成为污染治理工作的重点,各地政府不断加大畜禽养殖污染排放管理力度,采取环境承载力、合理规划布局、加强环境影响评价、粪污零排放及达标排放等多项“严管”措施。在这一背景下,不仅养殖污染的分散性、公共性和隐蔽性等特征很大程度上削弱了这些措施和政策的效果;而且养殖总量控制与养殖成本提高的同时也引发了肉类产品供给安全和养殖户生计保障等重要民生问题。故有学者提出对于畜禽养殖面源污染防治,从宏观视角选择畜禽养殖污染防治政策的同时,不能忽略微观层面深度剖析养殖户的污染防治行为。规模化畜禽养殖户涉及多元利益需求和多重复杂角色关系,既是污染的制造者、治理政策的执行者,也是面源污染的受害者,加强对规模化畜禽养殖户污染防治行为的引导和规制,促进规模养殖户采取积极的污染防治行为成为实现畜禽养殖业可持续发展的有效路径。

生猪养殖业是我国重要的畜禽养殖产业之一。根据《中国畜牧兽医年鉴 2018》的数据显示,2017 年我国生猪年出栏量在50～499头的规模养猪户数量占规模化养殖(户)场总数比例达到75.2%,表明家庭式养殖在规模化养殖主体中占据较大比重。面对法规制度等事后规制措施和政策在生猪规模养殖污染防治中的低效甚至无效的困境,现有文献研究重视利用理论解释现实问题,并将研究成果与相关政策联动发展,但多数研究仅通过规范分析提出经济、技术和政策等环境管理工具,实证论据相对缺乏。以微观养殖户为研究对象开展的研究不仅存在对养殖污染治理多维复合行为表征较为随意,缺乏有力论据的问题;而且关于环境规制的研究多以规范分析为主,且专注于单一时间节点下的措施效果评价。

基于上述现实背景及研究进展,本书基于外部性理论、行为经济学理论、环境规制理论以及农户行为理论,利用福建省 406 产生猪规模养殖户的问卷调研数据,对生猪规模养殖户污染防治行为进行界定和影响因素分析,并探讨不同性质类型环境规制对养殖户污染防治行为的影响效应,为生猪规模养殖污染防治规制策略优化提供一些思考与见解。

本书主体内容包含以下六个部分。

第一,运用扎根理论对生猪规模养殖户污染防治行为开展质性研究，清晰界定了生猪养殖户的污染防治无害化处理行为和资源化利用行为及其量化表征。同时，根据质性研究和相关行为理论理清可能影响生猪规模养殖户污染防治行为的心理认知、环境规制以及养殖污染防治绩效等变量。

第二，基于问卷调查数据，在生猪规模养殖全过程监控以及养殖污染防治关键点识别基础上，分析养殖污染防治多维复合行为现状，包括沼气池建设、干清粪处理、好氧处理工艺为主的无害化处理行为和能源化利用、肥料化利用为主的资源化利用行为特征，同时，运用单因素方差分析和交叉分析表分析上述行为在养殖户个体、家庭及养殖特征方面的群体差异。

第三，综合应用计划行为理论、复杂环境行为理论以及环境规制理论，构建生猪规模养殖户污染防治行为影响因素理论模型，进而基于调查数据，运用结构方程模型检验养殖户的行为态度、主观规范、环境风险感知和知觉行为控制等心理认知对生猪规模养猪户污染防治行为的影响机理；同时运用层次回归模型论证引导性、激励性和约束性三类环境规制变量对养殖户污染防治行为的调节效应。

第四，以“生猪养殖污染处理率变化”作为养殖污染防治环境规制政策的目标结果变量，通过设计行为选择实验分析不同环境规制政策对环境规制政策目标变量的影响程度，以此考察养殖户对不同养殖污染防治环境规制政策的偏好程度，并从养殖户个体特征、养殖特征以及心理认知特征分析偏好异质性的来源。

第五，将养殖污染防治行为研究置于现实的社会、经济和政策环境中，构建政府规制部门、村委会、规模养殖户、村民以及农村社会组织主体间的博弈模型。并在多元主体博弈分析基础上，运用系统动力学理论构建养殖污染的环境规制系统动力学仿真模型，通过设置不同的环境规制参数赋值，模拟比较其对规模养猪户污染防治行为的动态仿真影响。

第六，运用 DEA 方法从经济、社会和环境三方面综合考察生猪规模养殖污染防治的综合绩效，并基于结构—行为—绩效理论，构建 Tobit 模型检验环境规制对养殖污染防治绩效的影响，构建中介效应检验模型验证养殖污染防治行为在环境规制与养殖污染防治绩效间的传导效应。

生猪规模养殖污染防治是一项复杂的系统工程，需要综合考虑多种因素进行系统性治理。本书基于微观视角“由内到外”和“自下而上”深度剖析养殖户污染防治行为及其对宏观畜禽养殖污染防治规制政策的响应，形成宏观政策与微观养殖户主体行为的良性联动，为系统解决生猪规模养殖污染防治问题提供一些参考性思路和对策建议。实践中，农业面源污染防治问题复杂之程度、困难之程度可能远在理论假设之上，且由于研究条件、理论和学术水平等的限制，本研究成果还存有不少缺点和不足，恳请各位同行专家、读者批评指正。

林丽梅

2021 年 8 月

目　录

第一章 绪 论

一、研究背景与问题提出

(一)选题背景

党的十九届五中全会审议通过的《中共中央关于制定国民经济和社会发展第十四个五年规划和二〇三五年远景目标的建议》,对新发展阶段优先发展农业农村、全面推进乡村振兴作出总体部署,提出了要加强农业面源污染治理的要求。2021 年中央一号文件《中共中央国务院关于全面推进乡村振兴加快农业农村现代化的意见》也就推进农业绿色发展进行部署,要求加强畜禽粪污资源化利用。2021 年 3 月生态环境部与农业农村部联合印发了《农业面源污染治理与监督指导实施方案(试行)》,明确了下一阶段农业面源污染治理的工作目标和主要任务。由此可见,加强农业面源污染防治是实现农业绿色发展、确保粮食安全的有效途径与根本措施,是实施乡村振兴战略、改善农业农村生态环境的重要工作内容。改革开放以来,我国农业经济快速发展,农产品数量、质量都有了较大提升。与此同时,农业面源污染问题日趋严重,一定程度上制约了我国农业经济发展和转型升级。在较长的一段时间内,我国农业产业化发展以牺牲生态环境为代价,农村绿色经济发展规划流于形式,农业生产过度依赖于化肥、农药等要素投入,科技、信息对农业经济增长的贡献潜力未得到充分发挥,农业面源污染问题未能得到系统性解决。有效解决农业面源污染问题,是推动农业高质量发展的必然要求,事关农村生态文明建设,事关国家粮食安全和农业绿色发展,事关城乡居民的水缸子、米袋子、菜篮子。

畜禽养殖污染是农业面源污染的主要来源之一。在工业化进程以及人们食品消费结构转型的推动下,中国畜禽养殖业快速发展。据《中国统计年鉴 2019》显示,1996—2018 年中国肉类总产量从 4 584 万吨增加到 8 624.6万吨,增长了 88.15%,奶量产量从 735.8 万吨增加到 3 176.8 万吨,增长了 4.32 倍。在保障市场供应、促进农民收入增加的同时,畜禽粪便的排放大幅度增加,畜禽养殖也成为农村环境污染的主要来源(陆文聪,等,2010)。根据《全国环境统计公报》,2014 年我国畜禽养殖业排放化学需氧量 289.4 万吨,氨氮 28.7 万吨,分别占农业源的 26.3%和38.0%,占总排放量的 12.6%和 12.0%①。与工业污染排放相比,畜禽养殖业污染物的化学需氧量与工业污染相当,而氨氮的排放量超过了工业排放23.7%。日益恶化的畜禽养殖污染对土壤环境安全、水资源安全、农产品质量安全、粮食安全以及人们的健康造成了严重影响,是中国实现经济发展与保护良好环境面临的严峻挑战(Crutis,2016)。畜禽养殖污染已成为当前农村社会和农业发展亟须思考与破解的难题。近年来,中国政府充分认识到畜禽养殖污染治理的重要性。2013 年中央一号文件首次明确提到“积极开展畜禽养殖污染防治”;此后,2014—2016 年 3 个一号文件持续高度关注畜禽养殖污染治理工作;2018 年中央一号文件提出更为明确的方向“加快实施种养业废弃物资源化利用、无害化处理,积极推广高效生态循环农业模式”。

2017 年我国生猪出栏量为 6.89 亿头,居世界第一,约占世界养殖总量的一半,生猪养殖过程中的粪便排放已成为畜禽养殖的主要污染源之一,养猪业如何突破资源环境的约束实现可持续发展已成为亟待解决的现实问题。根据《中国畜牧兽医统计年鉴 2018》的数据,2017 年我国生猪

---

① 由于《全国环境统计公报》(2015 年)未对畜禽养殖的化学需氧量和氨氮排放量进行公布,此处可获取的最新的官方数据来源于 2014 年《全国环境统计公报》。

年出栏量在50～499头的规模养猪户数量占规模化养殖(户)场总数比例达到75.2%,表明家庭式养殖在规模化养殖主体中占据较大比重。而家庭式生猪养殖污染的分散型、公共性和隐蔽性等特征很大程度上削弱了法规制度等事后措施和政策的有效性(郭利京,赵瑾,2014),甚至现有的畜禽养殖污染防治的政策法规通常仅适用于常年存栏量为500头以上的生猪规模养殖场,生猪规模养殖户暂时处于监管真空状态。因此,从源头上进行畜禽养殖污染防治成为主要的政策选择。生猪规模养殖户涉及多元利益需求和多重复杂角色关系,既是污染的制造者、治理政策的执行者,也是面源污染的受害者,如何引导其自觉进行污染防治已成为一个亟待解决的现实问题。

2013年《畜禽规模养殖污染防治条例》的出台,推动综合利用、无害化处理作为解决畜禽养殖废弃物污染问题的最主要途径,强调促利用和管排放相结合的措施。为贯彻之,环境保护部门和农业部门制定《畜禽养殖禁养区划定技术指南》,要求各地科学划定畜禽养殖禁养区、禁建区和适养区以规范生猪养殖,多地在执行过程中直接异化为控制生猪养殖总量。2017年出台的《国务院办公厅关于加快推进畜禽养殖废弃物资源化利用的意见》则进一步强调了畜禽养殖废弃物资源化利用对产业发展、乡村治理和民生建设的重要性。基于此,各地政府不断加大畜禽养殖污染排放管理力度,以强调环境承载力、合理规划布局、加强环境影响评价、粪污零排放及达标排放等多项“严管”措施,养殖总量控制与养殖成本的提高同时引发猪肉产品供给安全和养殖户就业与生计保障等重要民生问题。

2018年8月份大陆部分省区发生非洲猪瘟疫情,截至2019年1月14日,共有24个省区发生过家猪和野猪疫情,累计扑杀生猪91.6万头。非洲猪瘟的发生对生猪市场供应造成了巨大冲击,猪肉价格一度飙升引起社会极大关注。对此,有学者提出针对与食品供给安全和农户生计保障息息相关的生猪养殖业而言,不可一味强调宏观层面的从严管理,更要重视从微观层面“促利用”的政策措施(金书泰等,2018)。从消费者角度来看,猪肉是老百姓最重要的肉类消费品,关系着“菜篮子”;从生产者角度来看,生猪养殖是老百姓的谋生之道,关系着“钱袋子”。因此,解决生猪养殖污染问题需要追根溯源，从宏观层面制定畜禽养殖污染防治政策的同时，基于微观视角“由内到外”和“自下而上”深度剖析养殖户污染防治行为及其对宏观畜禽养殖污染防治规制政策的响应，以形成宏观政策与微观养殖户主体行为的良性联动成为解决问题的关键。

早期针对畜禽养殖污染防治的研究，有不少学者（Bebbington，1999；Fransson，Garling，1999；陈敏鹏，陈吉宁，2007；徐晓雯，2006；彭新宇，2007）指出：依据外部性理论和环境经济学理论，应利用立法、经济、政策、技术和生态文化建设等手段对畜禽养殖业实施全方位的环境管理，参考发达国家加强畜禽养殖污染防治立法，加强养殖业合理布局，科学规划，适度发展规模养殖业；政府应制定针对畜禽养殖环境外部性内部化的政策，对养殖者治理畜禽养殖污染的行为给予财政支持，激励养殖者建造污染治理设施，采纳污染控制工艺和技术，对畜禽养殖产生的废弃物进行减量化、无害化和资源化处理，降低畜禽养殖生产过程对环境的不良影响，控制和削减由社会负担的外部环境成本，实现畜禽养殖业环境效益与经济效益的统一，促进产业发展与环境保护的协调。但之后面对诸如沼气池建设补贴、有机肥补贴等激励措施效果欠佳（仇焕广等，2012）的问题，如何做到有的放矢，起到预期的激励和引导效果是学界以畜禽养殖主体为研究对象开展污染防治行为研究的重要原因（彭新宇，2007；赵丽平等，2015；胡浩等，2009；唐素云等，2015；吴林海等，2015；潘丹，孔凡斌，2015；刘雪芬等，2013）。学者们主要从资源节约和环境友好、生产经营过程以及粪便终端处理等方面表征生猪养殖主体污染防治行为，并从养猪户个体及家庭、养殖特征、心理认知等方面有所侧重地选取相应的变量以分析其对养殖主体污染防治行为的影响因素。生猪养殖污染具有极强的环境负外部性，根据环境外部性理论，适当的规制水平是促使外部性内部化的重要措施。由此，养殖污染环境规制成为学者们关注的热点（Charalambos ，2016；Zheng 等，2014；袁平，朱立志，2015；左志平等，2016；周力，2011）。研究涵盖绿色补贴、排污收费、技术推广与指导以及生态补偿等具体规制措施效果的评价，同时分析当前环境规制策略的缺陷可能导致利益相关者出现逆向选择行为以及区域间差异化规制水平对畜禽养殖污染的影响（袁平，朱立志，2015）。

现有文献研究重视利用理论解释现实问题,并将研究成果与相关政策联动发展,为有效加强畜禽养殖环境污染防治提供了重要参考。但多数研究针对经济、技术、政策等环境管理工具的提出以经验分析居多,实证论据相对缺乏。以微观养殖户为研究对象开展的养殖污染治理行为研究成为新的研究热点,但对其行为的分析仍然较为零散。养殖污染防治属于多维复合行为,寻找相关依据对其进行系统、全面和准确的划分与表征有待进一步探究。关于环境规制的研究多为规范分析为主,且专注于单一时间节点下的措施效果评价,难以避免规制策略时滞性特征所造成的误差。基于上述现实背景及研究进展,深入剖析环境规制条件下的生猪规模养殖户污染防治行为形成机理成为解决生猪养殖污染问题的重点和难点。

(二)问题提出

行为经济学认为人往往会因系统性错误而做出偏离经济学的最优行为假定模式的非理性决策,强调应充分考虑心理因素对人的行为决策的影响(黄祖辉,胡豹,2003),农户行为决策心理认知影响机制的研究能够为社会行为和社会治理提供底层知识系统和判断参照(邬兰娅等,2015)。人的经济行为和社会行为都是嵌入在一定的社会关系网络中,根据这一理念,个体行为人既不是脱离社会网络、完全理性决策的"原子",也不是被动接受社会规范灌输和和约束的"原木"(李秋成,周玲强,2014)。养殖户实施污染防治行为本质上具有利他主义与集体行动的属性。农村公共生态环境具有"公共池塘资源"特性,养殖户对公共环境的"使用"具有"竞争性"与"非排他性"(Ostrom,1990)。具体而言,养殖户个体实施养殖污染防治行为所产生的"收益"将惠及整个资源和社会系统,而实施污染治理行为的成本则由养殖户自己承担。因此,养殖户针对特定公用生态环境的污染防治行为具有显著的"外部性"。从"理性经济人"利益最大化的角度出发缺乏解释力。现实中,养殖户个体关于"其他养殖户是否会实施治污行为""非养殖户或其他主体是否会要求实施治污行为"以及"实施治污行为是否能起到作用"等信念对促成环境保护集体行动亦具有重要影响。因此,养殖户污染防治行为并非完成成本收益评估基础上的完全理性行为选择,而是综合多方面心理认知的准理性行为。

生猪养殖污染问题主要体现在外部性和公共环境产权上,从理性小农角度出发,在缺失外部监控的条件下,规模养猪户往往没有环保意愿。环境规制是对养殖污染外部性、产权不明晰和对养猪户环保动机缺失的补充。复杂行为理论认为制度规制、经济激励等规制措施是环境行为形成的重要因素(邬兰娅等,2015)。从环境规制政策制定、执行到实施之间会有一定的偏差,规制水平和规制效果因而会形成差异。不同政策规制职能的履行对养殖户污染防治过程的信息摄取、防治技术指导以及政策的传达等方面具有不同的作用,相应地,不同规制水平下的生猪规模养殖户污染防治行为会有不同的反映与表现(王海涛,王凯,2012)。因此,对养殖户污染防治行为的理解还需要考虑环境规制措施的差异性效果。源于养殖户个体污染防治行为"正外部性"特征,畜禽养殖污染问题是特定范围内多个养殖主体共同参与才能应对的公共问题,即需要集体行动才能产生实质的成效(罗斌,黄晨雨,2013),各养殖户污染防治间行为互动作用不可忽视。再者,环境规制等政策措施具有明显的时滞性和动态性特征,单纯考虑某一时间节点做法难以准确识别规制政策的作用机理和传导路径。

因此,传统的从个体理性、以养殖户个体层面要素出发以及单一主体和时间节点的环境规制效果评价不足以洞悉养殖户污染防治行为驱动机理的全貌。对养殖户污染防治行为的研究还需要综合考虑养殖户在养殖污染防治中的"行为态度""群体规范""行为能力控制""风险感知"以及"环境规制与市场、养殖和社会等复杂系统作用"关系要素的影响,同时强调环境规制情境下养殖污染防治复杂系统的动态变化和传导路径。围绕上述理论思辨,本研究将心理认知与环境规制两个层面的要素纳入已有的经典理论,针对下述五个方面的问题展开具体的研究:

第一,生猪规模养殖户的心理认知变量是如何显著影响生猪规模养殖户的污染防治行为意愿及行为?是否存在防治意愿对心理认知因素与防治行为关系的中介作用?

第二,环境规制因素对防治行为的形成是否具有显著调节效应?是否能够提高养殖户污染防治行为的解释力？如何对经典环境行为理论或模型进行改进、重塑与整合，构建更具有解释力的农户环境行为理论模型？

第三，生猪规模养殖系统、政策系统、村庄社会系统以及环境系统所构成的养殖污染防治复杂系统间的互动反馈作用机理与传导路径如何？环境规制策略动态变化对复杂系统的影响机理如何？

第四，养殖户对不同类型生猪规模养殖污染防治规制政策的偏好程度是否存在差异？差异性的来源何在？

第五，畜禽养殖规制部门如何突破传统的环境保护和牺牲农户生计反哺路径，通过针对性激励与引导等有效规制策略培育和促进养殖户的污染防治行为，更好地推动畜禽养殖产业的可持续发展？

二、研究目的及意义

(一)研究目的

围绕上述研究问题，针对生猪规模养殖户的污染防治行为的多维复杂特征，本书在已有文献资料及实地调研基础上对其进行系统界定。依据环境外部性理论、行为经济学理论、农户行为理论以及环境规制理论提出心理认知及环境规制等内外两方面分析生猪规模养殖户污染防治行为的形成逻辑和内在机理。进一步根据环境规制调节效应，对环境规制因素进行政策模拟仿真，观察不同环境规制参数设置下的养殖户污染防治行为的变化情况，为政府决策提供理论和实证依据。具体来讲，本书要达到以下研究目的：

(1)系统界定及表征生猪规模养殖户的污染防治行为，描述统计其行为特征，分析社会人口学特征及养殖特征的差异；

(2)依据计划行为理论找出显著影响规模养殖户污染防治行为的心理认知因素，探讨“行为态度”“群体规范”“知觉行为控制”及“防治意愿”

等心理认知变量分别对养殖户污染防治行为的影响效应，为制定生猪养殖污染治理激励政策提供依据；

(3)识别显著调节生猪规模养殖户污染防治意愿及防治行为关系的环境规制因素；

(4)把握生猪规模养殖户对于不同环境规制的偏好程度差异，并探究偏好差异的来源；

(5)根据环境规制因素的显著调节作用，结合养殖、市场、政策及社会等子系统构建生猪规模养殖污染防治复杂系统，观察环境规制的时滞性及其动态变化对规模养殖系统的影响效应；

(6)基于 SCP(结构—行为—绩效)研究范式，探析环境规制对养殖污染防治绩效的影响效应，检验养殖污染防治行为在其中的中介效应。

(二)研究意义

本书立足于生猪规模养殖户污染防治行为的“非完全理性”与“集体行动”属性，基于环境外部性内部化的理论视角，融合已有的环境行为理论模型，系统考察心理认知、环境规制以及二者交互关系与规模养殖户污染防治行为之间的理论关系和影响机理，突破以往研究以宏观政策为主要研究内容的限制，同时改善关于养殖户养殖污染防治行为研究较为零散的现象，弥补在研究视角和理论应用方面相互割裂的不足，从整体观的视角丰富了该领域的已有研究成果，为畜禽养殖产业和农村生态环境可持续发展策略的发展提供知识基础。因此，本书具有丰富的理论及现实意义。

(1)理论意义

第一，国内关于畜禽养殖污染防治行为的系统研究较少，大多数局限于以具体粪便处理方式的描述性研究分析，较少有研究能够运用环境心理学或环境行为理论等相关理论对这一问题进行深入探讨。本研究综合运用计划行为理论、复杂环境行为模型以及 ABC 环境行为模型等理论框架，对规模养殖户污染防治行为的心理认知和环境规制等作用机理进行了理论化探讨，深化了该领域研究的理论基础，对推进畜禽养殖污染防治行为研究的理论化具有一定意义。

第二，本书利用计划行为理论框架研究养殖户污染防治行为，较为全面系统地探讨行为态度、群体规范、知觉行为控制以及问题感知等要素对养殖户污染防治行为的影响，契合小农行为选择非完全理性的特征，弥补了以往相关研究局限于个性特征层面影响因素和以理性决策为研究前提的不足，为农户环境行为机理的研究提供了新思路和新视角。

第三，辨析“生态理性”“责任归因”“参照效应”等认知心理因素对养殖户污染防治意愿及行为的影响效应及其强度，同时将环境规制因素纳入理论模型中，并检验其调节效应，弥合已有文献在理论视角方面的分裂，且是对已有环境行为理论模型的试探性整合。

第四，系统动力学理论在畜禽养殖污染防治系统的应用属突破性尝试，通过综合考虑环境、市场、养殖、社会及政策等多系统中各主体各变量间的因果关系和流程图，既直观呈现了畜禽养殖污染防治系统及其动态趋势，也为优化环境规制政策措施提供了理论依据。

(2)现实意义

本书选题源于福建水源地保护区的周边农村家庭养猪业盛行，农户就业渠道少、养殖业导致环境污染严重，而政府强拆、禁养、补贴等政策措施效果不佳的现实问题。因此，本书具有以下重要的现实意义：

第一，单纯实施“严管”的畜禽养殖污染防治措施存在对产业发展、地方经济发展和农民生活保障的较大冲击，综合应用《畜禽规模养殖污染防治条例》关于促治理和促利用的手段是合理方案。相应市场、社会和政策条件下生猪规模养殖户实施污染防治行为可行性的验证，能够为畜禽养殖污染防治工作提供新的理念，同时保障百姓生计来源、猪肉供给安全和地方经济发展。

第二，本书对生猪规模养殖户污染防治行为表现形式进行系统梳理，开发并检验了环境规制情境下养殖户污染防治的行为量表，探寻了生猪规模养殖户的污染防治行为机理，并分析养殖户对环境规制政策的偏好程度。这可为畜禽养殖管理部门在培育和约束养殖户污染防治行为的实践层面提供可行方向，有助于管理者开发相应策略，更有效地促使养殖主体的污染防治意愿转化为实际的防治行为。

第三，通过对生猪规模养殖户污染防治行为规律的深入挖掘，发现归纳生猪规模养殖污染防治行为实施的特定条件，并据此进行相应的、符合被规制对象心理认知和行为能力的制度和策略设计，有助于降低政策执行成本和提高实施效率，从而能够促进农村生态环境长效保护。

三、研究思路与内容

（一）研究思路

本书关于生猪规模养殖户污染防治行为的研究按照“资料分析→提出问题→理论分析→实证分析→解决问题”的基本逻辑进行研究，本书技术路线如图 1-1 所示。

首先，在搜集、整理与分析国内外资料的基础上，概括归纳畜禽养殖污染防治、养殖户防治行为及养殖污染环境规制等主要研究成果，结合我国农村规模养殖户养殖污染治理现实困境，提出探索养殖户环境污染防治行为规律以及如何促使环境外部性内部化的科学问题。其次，应用环境外部性理论分析畜禽养殖环境污染的公共性、随意性、分散性特征，结合行为经济学理论分析小农经营环境污染防治的行动困境，进而综合运用计划行为理论、负责任环境行为模型等环境行为模型提出养殖户参与养殖污染防治行为的心理认知因素和环境规制影响机理的理论模型构建和相应的研究假设。再者，在养猪户污染防治行为的内外部影响因素理论分析和假设基础上，通过对养猪户进行访谈、专家咨询、预调研、数据信效度检验等多个步骤设计行为研究量表；然后，根据行为量表和实地调研数据，分析养殖户环境污染防治行为特征，并梳理样本养殖户污染防治行为的社会人口学特征差异；在行为特征分析基础上，分别运用结构方程模型和层次回归分析方法进行养殖户心理认知因素、环境规制因素对其治理行为影响作用的实证分析，据此对行为理论模型进行检验与修正；继而，通过设计行为选择实验分析不同环境规制政策对环境规制政策目标变量“生猪养殖污染处理率”的影响程度，以此考察养殖户对不同养殖污染防治环境规制政策的偏好程度。进一步地，根据环境规制因素对养殖户治理行为影响效应以及相关利益主体博弈分析结果，运用系统动力学方法进一步分析环境规制与治理行为的复杂、动态变动关系。最后，利用DEA方法从经济、环境和社会层面测算环境规制对生猪规模养殖户污染防治的综合绩效，并构建Tobit模型和中介效应分别检验环境规制对生猪规模养殖户污染防治绩效的影响效应以及养殖污染防治行为的中介效应。

（二）研究内容

第一章　绪论。本章为本书的概述部分，对全书的选题背景、研究意义、研究目的、研究思路与内容以及主要创新点等进行概括性的阐述，并介绍本书的研究框架。

第二章　生猪规模养殖户污染防治相关研究综述。在相关文献的阅读和归纳的前提下，概括和分析已有研究文献的特点和不足，明确本书的研究切入点、思路、方法及创新点。

第三章　生猪规模养殖户污染防治概述。对全书中主要概念进行界定，并介绍生猪规模养殖污染的特征，我国以及福建省生猪规模养殖污染的现状及其治理措施，并基于统计数据分析生猪养殖环境承载力和生猪养殖碳排放的库兹涅茨曲线特征。

第四章　理论基础与模型构建。对养殖户污染防治行为、环境规制等相关概念进行准确界定；进而阐释环境外部性理论、行为经济学以及环境规制理论等相关理论在分析规模养殖户污染防治行为机理研究中的应用。运用扎根理论方法对养殖户污染防治行为的理论模型进行探索性研究，构建相应的理论模型和研究框架。

第五章　研究设计。根据理论模型，从行为态度、主观规范、知觉行为控制以及环境风险感知四个方面设置具体的变量及题项，从排污标准、限养管制、宣传教育以及村规民约等方面设置相应的变量及题项。选取福建山区农村作为研究区域，利用分层抽样方式进行预调研和正式调研，

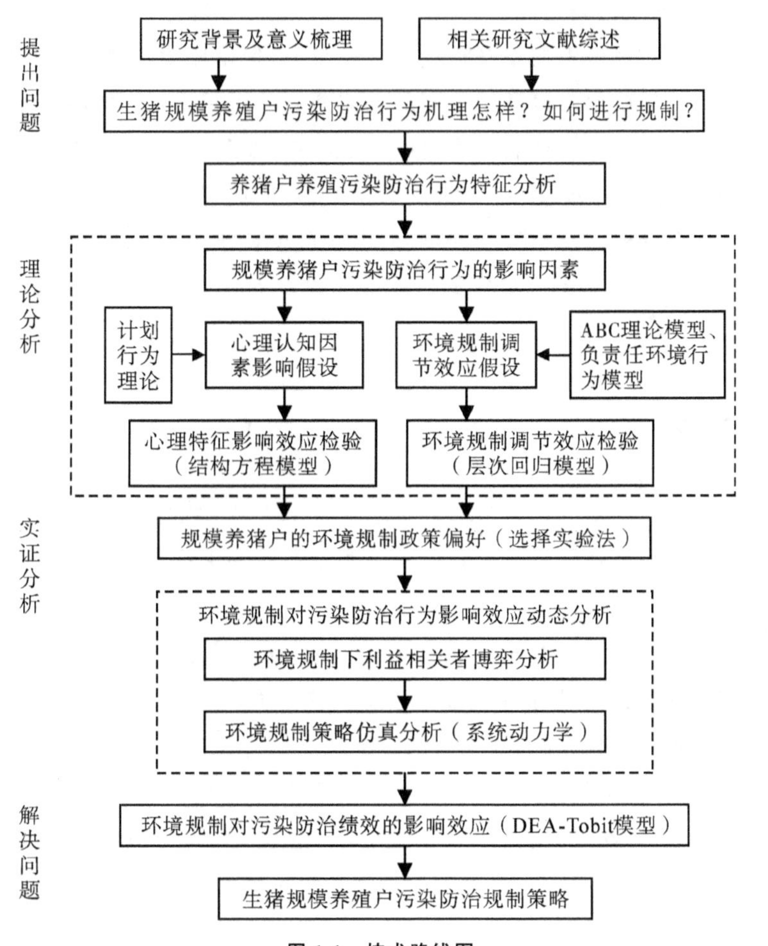

图 1-1　技术路线图

同时根据调研情况进行量表检验、修正及信效度检验等。

第六章　生猪规模养殖户污染防治的行为特征分析。对样本农户和样本村的基本情况进行描述，分析家庭养猪户养殖污染防治行为的现状特征；运用单因素方差分析方法分析生猪规模养殖户污染防治行为的个体特征、家庭特征以及养殖特征等方面的差异。

第七章　生猪规模养殖户污染防治行为影响因素的实证检验。利用结构方程模型分析家庭养猪户认知变量、防治意愿与防治行为间的相关关系，并采用层次回归模型方法检验环境规制因素对养猪户防治意愿向防治行为转化的调节作用。

第八章　生猪规模养殖户污染防治的环境规制偏好分析。通过设计行为选择实验分析不同环境规制政策对环境规制政策目标变量“生猪养殖污染处理率”的影响程度，以此考察养殖户对不同养殖污染防治环境规制政策的偏好程度，并从养殖户个体特征、养殖特征以及心理认知特征分析偏好异质性的来源。

第九章　环境规制下生猪规模养殖污染防治利益相关者动态博弈分析。将养殖污染防治行为研究置于现实的社会、经济和政策环境中，构建政府规制部门、村委会、规模养殖户、村民以及农村社会组织主体间的博弈模型。

第十章　环境规划对养殖户污染防治行为影响效应仿真分析。根据环境规制因素检验、养殖户环境规制偏好特征以及利益相关主体的博弈分析结果，采用系统动力学仿真方法，构建包括养殖系统、社会系统、环境系统以及政策系统在内的系统模型，通过设定不同的参数，仿真不同环境规制情境下养猪户防治行为的动态变化，为政府部门制定和完善补贴政策提供实证依据。

第十一章　环境规制对生猪规模养殖户污染防治绩效的影响效应分析。利用DEA方法从经济、环境和社会层面测算环境规制对生猪规模养殖户污染防治的综合绩效，并构建Tobit模型和中介效应分别检验环境规制对生猪规模养殖户污染防治绩效的影响效应以及养殖污染防治行为的中介效应。

第十二章　提高生猪规模养殖污染防治成效的对策建议。依据生猪规模养殖户污染防治行为现状及其影响机理、养殖户环境规制偏好特征、环境规制对污染防治行为以及治理绩效的影响效应等研究结论提出具有针对性的政策建议。

第十三章　研究结论与展望。对生猪规模养殖户污染防治行为机理及环境规制影响效应等主要研究结论进行归纳与总结，提出本书存在的不足之处，并对未来的研究进行展望，提出进一步研究的方向。

四、本书的特色与创新

围绕环境规制对畜禽养殖污染防治行为的影响效应问题，本书在理论与实践层面具有如下创新之处：

研究内容上，立足当前以牺牲猪肉市场供给和养殖户生计收益反哺生态环境建设的现实，突破以往以加强立法、限养管制、排污标准等一系列"严管"型环境规制为主要研究内容的局限，结合畜禽养殖产业与猪肉供给安全和民生保障息息相关特征，将"弃养转业""粪肥市场培育"等变量纳入环境规制行列，使研究具有更强的现实问题解释力和指导意义。

同样是研究内容上，在已有理论中纳入新的概念对社会经济现象进行解释是社会科学理论创新的关键要素之一（Dubin，1978；Whetten，1989）。生猪规模养殖户是污染的制造者、治理政策的执行者和面源污染的受害者，其身处自身环境行为作用结果情境之中，根据实地调研经验，养殖户对环境污染严重程度的感知对其污染防治行为决策具有显著的差异性。因此，本书将环境问题感知因素纳入计划行为理论，对一般性的计划行为理论进行了本研究情境下的修正，提高了改进后的计划行为理论对环境行为的解释力。

研究方法应用上，以运用扎根理论质性研究的思想和方法，基于对多主体的访谈、记录，经由开放式编码、主轴编码等过程较科学地界定生猪规模养殖污染防治行为，可弥补已有文献研究对该环境行为选择相互交叉或片面的不足。再者，利用系统动力学理论，构建包括养殖系统、规制政策系统、环境系统、社会系统以及养殖子经济系统等的养殖污染环境规制仿真模型，通过观察不同环境规制策略的参数赋值揭示环境规制与养殖户污染防治行为的动态变动关系，在畜禽养殖污染治理实践层面具有一定的创新性和参考意义。

第二章　生猪规模养殖户污染防治相关研究综述

一、环境行为理论及其应用的相关研究

(一)计划行为理论及其在环境行为研究中的应用

计划行为理论(theory of planned behavior,TPB)(Ajzen,1991)继承和发展与多属性态度理论(theory of multiattribute attitude)和理性行为理论(theory of reasoned action),是社会心理学重要的态度—行为关系解释工具。它阐释了认知对行为影响机理的一个完整框架,通过权衡行为的潜在决定因素,指出个体的特定行为决定于其行为意向,而行为意向(behavior intention)则受到其行为态度(behavioral beliefs)、主观规范(normative beliefs)、行为控制认知(control beliefs)的综合影响。个体的行为态度越积极、主观规范的约束力越大、感知到的行为控制力越强,则执行某种行为的意愿越强烈,而这种意愿越强烈,越有可能最终执行某种行为。计划行为理论模型如图 2-1 所示。其中,个体行为态度是指行为主体对自身行为可能导致的结果的综合看法和主观评价,分为工具型态度和情感型态度;主观规范是指对他人标准化的行为模式的主观性感知,直接表现为对行为个体所感知到的重要的人的态度和期望,具有描述性规范和约束性规范;行为控制认知是指对于促进或阻碍行为效果的相关因素的认知,可理解为行为个体对自身执行某项行为的客观能力和条件

的评估。TPB 认为个体行为并非完全由个人意志所控制，除了受行为意向的影响外，还很大程度上受行为主体的能力、机会以及资源等实际控制条件的制约，当实际控制条件充分的情况下，行为意向才能直接决定行为；同时，当行为主体对实际控制条件评估越准确时，则其对行为发生可能性的预测将越准确（如图 2-1 虚线所示）。

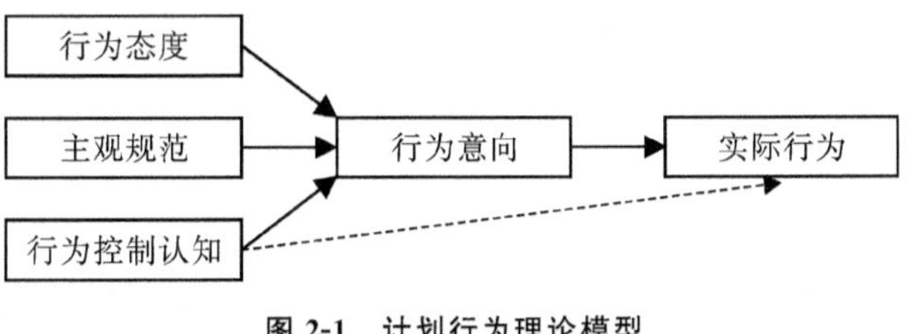

图 2-1 计划行为理论模型

大量实证研究证实了计划行为理论在解释和预测个体行为方面的效力（van Ryn，1990）。在环境行为的研究中同样作为重要的理论基础得以广泛应用。例如在对低碳出行工具的选择（Bamberg，Schmidt，2003）、低碳出行行为意向（廖纮亿，柯彪，2020）、家庭日用品的循环利用（Kaiser，Gutscher，2003）、垃圾堆肥行为（Mannetti et al.，2004）、生活垃圾回收行为（唐凯丽等，2017）、生物多样性保护（Spash et al.，2009）、生态补偿支付意愿（熊长江等，2020）、环境公共决策（贾鼎，2018）等环境责任行为决策的研究中，TPB 模型均显示出良好的解释效力。国内学者应用计划行为理论主要集中在居民环境行为（孙岩，2006）、绿色消费意向（马立强等，2020；张欢等，2019）、节能行为（岳婷，2014）、回收环保行为（王笃明，郭玲玲，2019）、农产品安全生产行为（唐学玉，2013）、旅游情境下环境负责行为（周玲强，2014；李志飞，李天骄，2019）、城市居民生活垃圾源头分类行为（曲英，2007；廖茂林，2020）、交通情境下驾驶行为（李豹等，2018；张彦宁等，2020）以及创新创业决策行为研究（段宇琦，2018）。在畜禽养殖主体的环境行为决策的研究中，也有不少学者一定程度上应用了 TPB 模型。例如加拿大学者 Taylor 和 Todd（1995）运用 TPB 理论建立并检验生活垃圾管理模型，该模型主要包括循环利用行为、行为的意向、行为控制、态度、社会规范等 5 个主要因素。

王欢等(2019)基于计划行为理论,结合生猪养殖户的调查数据,分析养殖户参与标准化养殖场建设的意愿,证实计划行为理论对养殖户的参与存在明显的调节作用。于超(2019)基于实证数据分析规模养猪户清洁生产认知与行为的影响,通过计划行为理论证实生产行为的作用机理是全产业链参与者与其所处环境间相互作用的结果。宾幕容等(2017)以计划行为理论作为依据,运用结构方程模型,实证分析洞庭湖生态经济区的农户行为态度、主观规范和认知行为对畜禽养殖废弃物资源化利用意愿的影响均有较为显著的正向影响,结果证实计划行为理论能较好解释农户畜禽养殖废弃物资源化利用意愿和行为。朱宁、秦富(2016)以蛋鸡养殖为研究对象,将计划行为理论作为养殖户粪便废弃物处理行为的心理认知影响因素选择的重要理论依据。张晖等(2011)基于 TPB 理论框架分析农户参与畜禽粪便无害化处理意愿因素的作用方向及程度,结果表明农户对污染的认知程度、养殖规模及政府补贴对农户畜禽粪便无害化处理的意愿具有显著影响,而其所处的养殖区域及非农比重、风险态度等特征均不显著。即证实了计划行为理论关于态度内生性的研究假设,但态度与最终行为之间的不一致性同样存在。林武阳等(2014)基于实证数据分析生猪养殖户污染无害化处理意愿,证实计划行为理论对此具有一定的解释力。陈雨生、房瑞景(2011)关注海水养殖户渔药施用行为,以具体指标针对性地表征相应的行为态度、主观规范与知觉行为控制,较好地验证和提高了计划行为理论适用性和解释力。

长期以来,计划行为理论应用过程中不断被修正和优化。其一,为提高理论的解释力,诸多学者不断尝试增加新的变量以完善理论模型,增加的变量有自我效能感、人格、行为经验、预期后悔、目标冲突等,其中,自我效能感和行为经验是增加频率最高的变量(Sutton,1994;Aarts et al.,1998)。其二,关于变量间关系亦有学者根据实证检验提出进一步的关系假设,认为行为态度不能完全取决于个体的理性判断,而是很大程度上受到了社会规范和群体压力等因素的影响。这一点在公共环境治理等利他主义行为中体现得尤为明显。因此,学者们认为增加主观规范对行为态度的影响关系可以提高行为的解释力。其三,段文婷、江光荣(2008)认为计划行为理论由于仅关注个体心理认知因素,假设研究主体所面临的外部环境一致且稳定，大多数研究亦将研究对象作为整体，或只依据某个个体特征或环境要素进行群体类别划分，未真正区分不同行为个体所面临外部环境、行为实施条件等的差异。由此，计划行为理论对环境行为的解释也存在一定的局限，即无法完全地解释所有的环境行为。因而，在应用计划行为理论模型来解释不同类型环境行为时，根据研究背景、视角和内容对其进行适当地拓展和补充是十分必要的。

（二）负责任环境行为模型的内涵及特征

负责任环境行为模型是 Hines 等（1987）学者通过对 128 篇有关环境行为的研究文献进行元分析（meta analysis）而提出的。基于对以往文献结论的统计分析，学者们提炼出个性特征、行动技能、行动策略知识和环境问题认知等对环境行为意向显著影响的四个变量，并通过行为意向的中介效应对环境行为产生显著影响（见图 2-2）。该研究还发现，个人的经济条件、社会环保压力、行为实施外在条件等情境因素是促进环境行为发生的重要外因。具体而言，该环境行为理论模型认为环境问题认知是行为主体采取相应环保行为的先决因素，基于此，行为主体所具备的各类相关环保行为实施技能和知识是进行环保行为响应的决定条件；但是具备问题意识和行为技能也并不一定能促发环境行为，还需要个体具有内在的环境态度、责任感和效能感。以上因素综合作用于行为个体才能使其产生一定的行为意愿。而除了具有行为意向，个体所处的外在环境是决定行为意向与实际行为响应的重要因素。Hines 等人还指出由于情境因素具有动态性和复杂性，其与行为意向的交互作用会增加预测环境行为的难度。因此为了促使环境行为的发生，在以往环境教育领域以认知类变量为主的情况下，情境变量的影响效应值得深入研究。

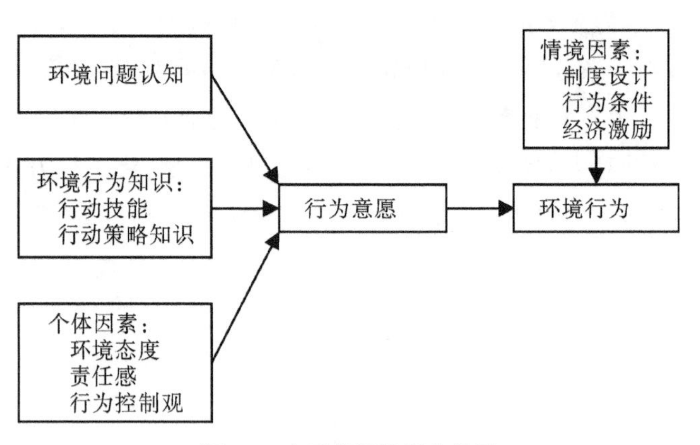

图 2-2　负责任环境行为模型

(三)ABC 理论模型的内涵及特点

20 世纪 60 年代，环境行为研究开始为环境心理学、环境教育学和环境社会学等学科的学者们所关注，其间，学者们试图建立新的人与环境的关系模式和社会价值观范式。Stern 等(1987)深刻阐释了内外部因素对环境行为的影响作用，基于此提出了负责环境行为理论模型，进一步补充和拓展了传统的心理学取向研究范式。其中内部因素主要指一般或特定的环境行为态度、责任认知和行为意向，外部因素则包括具体结构、社会制度和经济激励等。而基于复杂环境行为理论，学者 Guagnano 等(1995)进一步通过对垃圾回收行为的解释和预测提出 ABC(attitude-behavior-condition)理论模型。该理论认为某项环境行为是行为个体态度及外部条件共同作用的结果，即行为决策不仅受到行为主体对所要实施行为的态度(attitude，A)的影响，还受到外部条件(condition，C)影响。其理论模型如图 2-3 所示，横轴为外部条件，包括与环境行为发生相关的所有外生条件和资源，存在不利的外部条件和有利的外部条件两种情况，分别分布在原点的左右两个部分。纵轴表示环境行为态度，正轴部分代表积极的态度，指行为个体在非强制情况下主动实施环境行为的态度；负轴代表消极的态度，指个体自身不具有实施环境行为的内在动力，且只有在外部条件较为充分的情况下才可能实施环境行为。由此，可从模型图中看出，存在一条分界线划分行为发生与不发生的两大区域。在分界线下方，环境行为不会发生，分界线上方，环境行为会发生。ABC 理论模型是一个专门针对生活垃圾回收利用行为的研究模型，将该行为认定为行为态度与外部条件的共同作用结果是心理学角度对环境行为研究的一个补充和拓展。

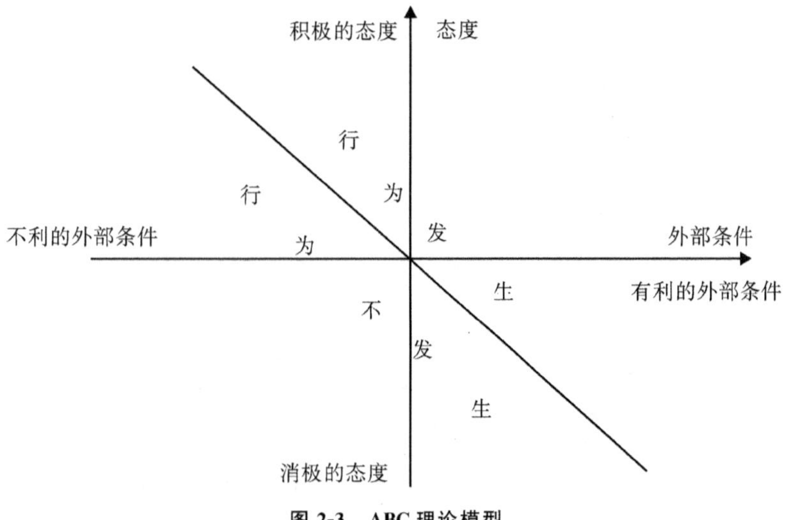

图 2-3　ABC 理论模型

因此，将态度—行为—情境理论加入生猪规模养殖户污染防治行为的研究当中，阐述养殖户污染防治的“态度—行为—情境”的影响因素，可以进一步说明生猪规模养殖户污染防治行为是由其行为态度和情境因素双重决定的，分析两者之间的内在联系，进而促进养殖户污染防治的行为态度，提升养殖户污染防治路径。在养殖户行为态度层面，其对污染防治采取消极态度，在外部情境处于最优的环境下，也难以激发养殖户的参与意愿与行为；在外部情境因素层面，当外部情境没有发挥完全优势，即便养殖户有较高参与污染防治的意愿，也很难有实际参与的行为。

二、环境行为影响因素相关研究

当前学界通过大量探索性和实证研究寻找促进或影响个体实施环境行为的因素，取得了丰硕的成果。通过对已有相关文献的梳理，本节主要从人口统计学特征、心理认知因素、情境因素三个方面来总结有关环境行为因变量方面的已有研究，并对相关研究背后的理论视角和理论假设进行总结。

（一）人口统计学特征对环境行为的影响

众多研究者从性别、年龄、收入水平、教育程度等人口统计学变量出发，探索不同社会人口学背景的个体在环保意识和环境责任行为意愿上的差异（Hedlund et al.，2012；Gatersleben et al.，2002；Dietz T.，1998；Staats et al.，2004；Oskamp，1994；张郁，2012；何如海等，2013；张晖等，2011；田万慧，陈润羊，2013；刘梦情，2017；李争强，2018）。统观性别对自述环境行为及其意愿影响的相关文献中，大致可划分为两类研究结论，对于利他主义公共环境行为而言，男性群体具有较高的环保行为实施比例，而对于生活性较强、受益程度较高的环境行为而言，则刚好表现为相反的结论（Arcury et al.，1990）；Hopper et al.，1991；Vining et al.，1990；曲英，潘静玉，2014；林丽梅等，2020；孙敏，2017）。还有一些研究则显示性别差异对行为个体自述环境行为并不具有统计意义上的显著影响（Dolnicar，2009；Hunter et al.，2004；王瑜，应瑞瑶，2008；龙开胜，刘琳，2019）。在畜禽养殖污染防治行为研究中，由于畜禽养殖偏向生产性行为，男女行为主体比例通常相差较大，多数研究显示不具有统计学意义上的显著影响（朱宁，2014；林武阳，2014；潘丹，2015；耿宁，陈秋红，2018）或较少考虑这一人口学特征变量。

年龄对环境行为的影响效应也呈现出不一致的现象。如有研究发现年龄与“绿色行为”和自然环境保护等行为之间有着显著的正向影响关系

(Roberts,1996;Wiemik et al.,2013),在畜禽养殖污染防治行为中,潘丹(2015)、杜焱强(2014)的研究也证实养殖户年龄对畜禽污染治理行为具有正相关关系。宋妮妮(2019)的研究表明年龄对居民环境意识的影响存在结构性差异,整体来看,00后与90后的环境意识相对较高,能自发的做到一些环境可持续行为。但Straughan等(1999)的研究则发现年龄与环保行为意愿之间并不存在显著的相关性,孔凡斌等(2016)、林武阳(2014)、张晖等(2011)的回归结果却显示,农户的年龄对其治理污染行为不具有显著影响。

教育程度更是备受多数环境行为研究学者的关注。Clark等人(2003)发现,那些来自高收入家庭的个人往往具有更强的环保意识和行动意愿,因为高收入者受教育程度普遍较高,他们所具备的环境知识更丰富,对生态环境问题的关注也更多(Poortinga et al.,2004;Staats et al.,2004)。与前者不同,Dunlap和York(2008)的研究则发现那些经济收入较低的群体更关注环境问题,具有更强的实施环境责任行为的意愿。理由是他们认为相对于高收入群体,低收入者承担了更多的因生态环境破坏而造成的后果,因此他们对于环保的问题更为敏感。许骞骞(2021)认为收入水平的提高可以有效改善居民的环保行为,从城乡视角来看,收入水平的提高对城市居民的环保行为有显著的促进作用,但并不能有效地改善农村居民的环保行为。畜禽养殖主体教育程度对其行为影响的研究结论中,有何如海等(2013)和杜焱强等(2014)共同认为中国农户间受教育水平的分化更为明显,因而在畜禽养殖污染防治行为研究中也呈现出正向的相关关系;但仍然存在研究显示户主文化程度对其环境友好行为不显著甚至是负向影响的结论。

通过上述文献梳理可以发现,有关于人口统计变量对(养殖主体)环境行为影响的研究多为探索性的定量研究。由于研究的行为情境不同、研究对象的社会文化背景各异,研究结论之间存在不一致也就在所难免。对养殖户污染防治行为概念操作化过程中的笼统性和一般化也是造成上述冲突结论的重要原因之一。同时,个体特征与养殖污染防治行为的形成更多表现为较为稳定的状态,从养殖户分化角度进行行为差异化分析仅且能够有效识别规模养殖主体的行为特征,从人口学特征在解释和判断行为个体的环保行为非常有限(Flynn et al.,1994;Schwepker et al.,1991;Burton,2014)。因而也很有必要进一步从一般性行为理论的视角对养殖户内外部因素与污染防治行为之间的影响关系进行解释。

(二)心理认知因素对环境行为的影响

1.行为态度

环境心理学、环境教育学以及环境社会学等学科背景下,学者们对行为态度对行为意愿及其实际行为的显著影响关系基本达成了共识。一般认为,当个体对某项行为持积极态度时,其就具有更为强烈的执行意向,也更有可能在实践中执行该行为。在国外学者关于环境行为的研究中,环境行为态度对个体环保意愿的正向影响也得到了大量实证研究的证实(Alsmadi,2007;Winsen et al.,1999;Mannetti et al.,2004)。Bamberg 和 Moser(2007)基于 57 篇实证研究文献的元分析发现环境行为态度对环境行为意愿的平均标准化影响系数达到 0.30,是预测个体实施 ERB 意愿最为稳健的直接因素之一。Ajzen(1991)在提出计划行为理论的同时对态度这一概念进行了一定的解构,提出行为态度是由信念和价值两部分组成,即行为主体首先具有对行为成本和后果具有基本的认知,进而对该行为的价值进行主观判断,综合形成对特定行为的态度。Han(2015)认为环境行为态度这一概念隐含着理性人的基本假设,反映了成本—收益分析的理性行为决策过程。这表明,行为态度具有较强的理性特征。

行为态度的显著影响作用得以高度重视和大量证实,并达成一致意见。但对于行为态度的构成和分解,学者们的依据仍然较为模糊和随意。如 Sia 等(1986)将其划分为包括价值观、信念以及问题敏感度等因素,而 Kaiser 等(1999)则以环境知识、环境价值观和环境行为倾向加以表征。国内学者则大致以环境情感、环境责任、环境知识、环境道德、环境关心等变量加以表征。由此,有一些学者提出质疑,认为态度是个极其宽泛的概念,其与行为意向可能存在多重共线性的风险。此外,环境行为态度的一般性测量往往被测对象为了迎合社会期许(Steg et al.,2009;Podsakoff et al.,2003)而表现出与真实心理想法不一致的回应。因此,行为态度,尤其是环境行为态度对个体实施环境行为意愿之间存在的关系,需要更严谨的研究设计来检验(申静,2020;李秋成,2015)。

2.主观规范

主观规范对行为主体的影响效应观点不同于理性评估下的环境行为态度,更多是从社会人假设视角出发,聚焦于外在社会规范、社会准则所形成的环境压力对个体环境行为的"内化"作用。郭利京等(2020)通过农户自述的社会规范影响程度表征农户的主观行为约束,并分析其对农户秸秆处理行为的影响,结果表明主观规范与农户亲环境行为之间存在多样化的理论联系,而不仅是递进式、间接地影响农户亲环境行为。陈德良(2019)从"禀赋—主观规范—实践"的角度深入研究,将主观规范纳入模型要素研究稻农的低碳化生产行为,结果表明低碳化行为受主观规范约束。Gamba 和 Oskamp(1994)认为主观规范对于居民循环利用行为的实施是一个显著的预测因素。而霍玲(2020)、李秋成(2015)、曲英(2007)、岳婷(2014)以及马立强等(2020)等人分别验证了主观规范在旅游者负责任环境行为、生活垃圾分类行为、节能行为以及绿色消费意向等环境行为的显著约束效应。亦有学者将主观规范引入到畜禽养殖主体的环境行为研究当中,如杜焱强等(2014)研究发现由于欠发达农村地区普遍存在社会资本存量不足,社会规范缺失,对环境治理造成负面效应,即社会信任的差序—主体合作治理程度低、关系网络的转型—人情关系阻碍诉求渠道和互惠规范的嬗变—富人群体主导话语权。

林丽梅等(2018)将主观规范作为核心变量进行研究,结果显示主观规范对养殖户环境行为具有显著作用。刘雪芬等(2013)则将主观规范作为控制变量进行分析,提出主观规范因素对养殖业私人经营行为选择没有显著影响。

学者 Hee(2000)的研究表明社会规范中的感知压力在中国文化底蕴丰厚的环境中特别显著。而特别是在与本研究密切相关的农村地区,一方面农村居民居住相对集中,另一方面,农民不仅观念相对保守,而且面子意识强烈,群体效应在农村更为普遍(胡保玲,2014)。因此,对于非正式制度安排极为重要和人情特色浓厚的中国，尤其是传统封闭的农村社会的研究，主观规范也具有极大的理论研究意义和在实践中的利用价值。

3.知觉行为控制

Ajzen(1991)为了弥补理性行为理论(TRA)只限于完全意志控制行为的局限性引入知觉行为控制变量提出了新的更具解释力的计划行为理论。知觉行为控制是指行为个体对执行某一项具体行为是否在自身意志和能力控制范围内的感知，通俗讲即指对于促进或阻碍行为效果的相关因素的认知。根据计划行为理论的思想，个体对于执行环境行为的知觉控制力越高，其对执行这一环境行为的意向则越强烈，发生实际行为的概率也将越高；此外，如若知觉行为控制对客观控制条件的反映较为准确时，其还可以越过行为意向直接作用于实际行为。Klockner(2013)运用基于元分析对比研究了 56 个数据集，发现行为控制感知可以预测行为意愿，并通过行为意愿作用于环境行为。崔宁波等(2020)分析农户玉米秸秆还田利用意愿与行为的影响中指出，利用意愿与知觉行为控制对农户玉米秸秆还田利用行为有显著的正向影响。曲英(2007)在对环境行为影响因素进行系统梳理的基础上，构建了城市居民生活垃圾源头分类行为模型，并实证检验了居民感知到的自我功效和成本等行为控制变量的显著正向影响作用。岳婷(2014)关注知觉行为控制对城市居民节能行为的影响效应，通过模型检验发现行为控制的感知对城市居民的能效投资节能行为具有显著正向影响，而对习惯性节能行为不具有显著影响。韩娜(2015)仅观察感知行为有效性因素对消费者绿色消费行为的影响，结果证实消费者感知行为有效性能够通过环保意识间接影响绿色消费态度。

4.环境问题及风险感知

Schwartz(1977)的规范激活理论(NAM，norm activation model)、Stern(2000)的价值一信念一规范(VBN，value-belief-norm theory)理论在环境行为上的应用指出，对环境问题及其风险和解决环境问题可能性的感知是产生环境行为动机和实施环境行为的重要条件(岳婷，2014)。

Stern 等人(1993,1995,1999,2000)多年来的诸项环境行为研究发现环境问题严重程度以及威胁程度的感知来源于行为个体的环境价值观,具有环保价值观和超越自我的价值观的行为个体较易感知到存在的环境问题。环境感知对环境行为影响力的实证检验中,有如 Mehmet 等(2013)通过对 1 074 位消费者的调查,实证分析了环境关注、环境意识和环境敏感性对绿色产品购买行为的作用关系,结果表明,个体的环境意识及环境敏感性与其绿色产品购买之间存在正向作用关系。Poortinga 等(2012)以探析个体低碳行为的影响因素为研究主旨,结果证实了个体对环境问题的感知和对气候变化的关心对低碳行为的影响效应。国内学者王建明(2007)关于城市消费者循环行为的研究结果对垃圾污染和资源耗竭问题的感知能有效解释循环行为。武春友和孙岩(2006)将个体看待环境的情感特质界定为环境敏感度,认为环境敏感度变量可以有效地解释环境行为。魏东等(2019)对环境风险感知影响环境治理决策意愿进行分析,研究结果表明环境风险感知对参与意愿存在显著正向影响关系。陈曦(2019)将环境风险感知引入消费者绿色产品使用的影响因素中,揭示了政府和企业对绿色产品替代高环境风险产品的预期效果存在差异。毛成兴(2018)以风险认知与计划行为理论为基础,围绕"减抗"生产行为,实证分析不同类型的安全风险认知对畜禽养殖场户的违规用药行为、减少预防性用药及增加"抗生素替代品"使用的影响,并给出相应的对策。针对养殖户环境行为的研究,唐素云等(2014)、张郁(2016)、徐新悦等(2019)专门论证了环境风险感知对规模养殖户环境行为的影响,研究结论为养猪户对环境风险感知对其环境行为的采纳存在显著的影响。

(三)情境因素对环境行为的影响

除了个体、心理等方面的因素,已有研究亦指出许多情境因素(contextual factors)对促进或者阻碍个体实施环境行为也具有重要的影响(Stern et al.,1999;Hines et al.,1987)。情境因素是指行为个体在进行环境行为选择时所面临的外在客观环境。根据 ABC、负责任环境行为理论以及复杂环境行为理论均提出情境因素是环境行为决策的重要影响因素。当前,学界亦有众多研究者将情境因素纳入行为研究模型验证非个体特征对行为实施的影响。Barr 等(2003)在对英国居民生活垃圾循环利用行为研究中将循环利用项目服务和设施的数量及其便利性等作为情境因素的表征并加以验证。国内学者岳婷(2014)在研究居民节能行为时,充分考虑了节能产品属性、政策执行情况、信息干预、价格因素和政策普及等外在条件的影响。林丽梅等(2017)则将垃圾收集设施数量、清理频率以及离农户家的距离作为情境变量,通过设置认知与情境变量的交互项考察农户参与生活垃圾集中收集的认知与行为响应,研究结果证实了情境因素对认知与行为关系的调节作用。Whitmarsh(2009)对英国公众应对气候变化的行为进行分类研究提出,公众的节能意愿和节能行为之间存在一定的不一致性,原因就是比如能源价格和教育普及等客观条件因素。此外,诸多以计划行为理论为基础开展的研究显示,态度、主观规范和知觉行为控制等心理认知因素对行为意向具有较高的解释力,但对实际行为的预测能力却相当有限,由此,学者们纷纷提出意向与行为之间的转化或许还存在重要的情境因素(Sutton,1998;Barr,2003;Macey et al.,1983)。由此可见,在研究个体环境行为决策的过程中,情境因素的重要性日渐得以体现,其显著影响作用也逐渐得到证实。尤其在解释和预测个体实际行为的研究中,情境因素更是不可或缺。不过在现有的文献研究中,很少有学者有将情境因素纳入一般性的理论框架中,对环境行为的影响因素进行全面、综合的探讨,并解释其作用效应和节点。因此,有必要结合相关的环境行为理论对情境因素做深入的剖析。

三、畜禽养殖主体污染防治的相关研究

(一)畜禽养殖主体污染治理现状相关研究

邬兰娅等人(2013)分析死猪漂浮事件外部性形成的原因及其基本特征,提出从经济、政策、技术和生态文化建设视角,提出了环境外部性内部

化的对策。李京梅等(2007)和张美华(2006)分别基于外部性理论和环境经济学理论分析养殖业的环境负外部性表现及其产生的经济原因,提出解决环境外部性的经济手段、技术手段和政策手段。张陆彪(2003)则在分析美国、芬兰、日本、挪威、荷兰、英国、新加坡等发达国家在畜禽污染防治立法的成功做法和经验对比基础上,提出了适度发展规模化畜禽养殖业等环境管理政策建议。此外,陈敏鹏、陈吉宁(2007)等人基于对美国、荷兰、英国等发达国家的畜禽养殖污染治理政策的总结与分析,得出财政支持力度是发达国家畜禽养殖污染防治成效显著的重要外在条件,据此认为畜禽养殖污染治理不应过分强调治理工程的经济效益,也不能仅仅依靠养殖者的积极性,而应加大激励性政策的支持力度。高怀友等(2003)认为防治规模化畜禽养殖污染首先是合理布局,科学规划,对大中型畜禽养殖场开展环境影响评价,同时应大力推广畜禽粪便沼气发酵和有机肥生产等技术,对畜禽粪便进行减量化、无害化处理和资源化综合利用等。张柳(2019)从产业布局优化、种养结合、生态循环、清洁生产、培育粪污治理主体、推广适度规模经营、保障安全生产等领域提出 T 市规模化畜禽养殖防治对策,以期为 T 市畜牧业绿色健康发展、畜禽粪污资源化循环利用提供理论参考。孔祥才(2007)、李争强 (2018)、石凯含(2021)提出要分别从提高养殖户对环境保护意识、加大环保宣传、加强组织领导、调整产业布局、加快转型升级和加强执法力度等方面来防范畜禽污染。刘建昌等(2005)关注福建省九龙江流域的畜禽养殖污染问题,提出了通过开征排污费(税)、排污权交易等措施控制养殖总量和引导适度养殖规模。通过排污费、环境债券,同时结合对环保设备的价格补贴或税收优惠等措施能有效促进畜禽粪污的综合利用(苏杨,2006)。虽然各位学者在畜禽养殖外部性问题中所关注的对象和侧重点有所差异,但他们的分析落脚点都在于从经济、政策、技术和生态文化等方面提出畜禽养殖环境外部性内部化的解决思路和对策。在研究对象方面,耿宁、陈秋华(2018)以多元治理主体为研究对象,阐述了畜禽养殖污染现状,提出应建立起以政府为主导,养殖企业、社会组织和公众广泛参与的多元主体协同治理机制,介绍了多元化治理机制的主要表现形式及工作重点,以期长期发挥生态环境效益。舒畅等(2017)基于不同利益主体的异质性,分析养殖者、种植者以及第三方治理机构对环境污染治理应采取的不同举措。杜焱强等(2014)以水源地周边地区的养殖污染治理为研究对象,提出养殖污染治理要重视和处理好“上下游公众—养殖户—上下游村委”利益相关者的社会、经济、生态利益需求,成为水源地周边地区养殖污染治理决策的重要出发点。

(二)畜禽养殖主体污染防治行为相关研究

在畜禽养殖主体污染防治行为的界定上,唐素云(2015)从资源节约和环境友好两方面描述规模养猪户的环境行为;舒朗山(2011)具体关注了废弃物处置模型选择行为,将其划分为预处理和最终处理两个阶段加以考察和分析;邬兰娅等人(2015)则以环境影响评价、农牧生态模式和发展认证产品三种行为分别表征生猪养殖企业产前、产中及产后的养殖污染防治行为;张郁等(2015)以粪污处理设施建设以及粪污资源化利用等具体治污行为为研究对象;耿宁等(2018)从政府、养殖企业、养殖专业合作社和养殖户的行为出发,重点分析各主体之间的动态博弈过程,逐步揭示如何实现利益相关者的长期协作与目标行为决策。林丽梅(2020)通过单因素方差和交叉分析研究规模化生猪养殖污染防治行为的群体差异。除此以外,不少学者仅仅关注养殖主体的粪便处理方式,在研究对象变量划分中,直接以不同的粪便处理方式(包括还田、沼气、出售、饲料、废弃)来表征养猪户污染防治行为(潘丹,2015;仇焕广等,2012;莫海霞,2011;张丽军,2009)。具体地,还有学者直接关注畜禽养殖污染防治过程中的某项具体行为,如养殖主体的沼气技术采纳行为(刘亿兰,2018;林斌,2009;彭新宇,2007),清洁生产行为(于超,2019;朱哲毅等,2016),清洁处理技术(何如海等,2013),无害化处理行为(邓远远,2021),环保投资行为(虞祎,2012)以及兽药使用行为(吴林海,谢旭燕,2015;王瑜,应瑞瑶,2008)。

Baumgart-Getz 等(2012)在回顾了 30 多篇关于农户最佳管理措施(best management practice)采纳行为的文献后发现,心理认知因素是决定农户采纳最佳管理措施的关键因素。Zheng 等(2014)研究发现,规制政策是促使养殖户选择环境友好行为的重要因素，而养殖户个体以及群体之间形成的社会网络对其环境友好行为的选择并不具有显著的影响。美国学者 Hines 等（1987）基于对大量关于养殖污染治理行为的文献进行归纳分析，得出环境行为主要受到环境行动意向以及污染防治情境因素的影响，其中，情境因素是环境行为形成的外在条件和诱因，具有动态可变的特性；行为意向则受到态度、责任感、知识、技能以及行动策略等因素的显著影响。关于环保认知与养殖治理行为的研究多集中在环保意识和环保行为，其影响因素多归纳为社会等级、居住地、政治倾向、性别等社会背景因素（Reimer et al.，2012；Stern et al.，1987；Scalco，2017；Wu Linhai，2016）。学者 Steel（1996）利用 1992 年美国公众环境态度和行为研究数据，检验了环境意识对公众环保行为的影响效应，实证结果证实了个体的意识强度与其环保行为以及环境问题的政治积极性有显著关联；通过人口统计学分析，还发现较于男性，女性群体在参与环境保护行为和政策问题上表现更佳，而且这种性别差异在年长者中表现更明显。Stern（2000）总结过去研究成果和经验，提出养殖治理行为影响因素可以划分为态度变量、个人能力和情境因素；Barr（2003）对英国某市 981 户家庭养殖治理行为进行研究，结果显示社会和环境价值、情境因素、心理学变量是三类主要影响因素。

刘忆兰（2018）采用二元 Logit 的计量经济模型，讨论了关中地区的规模化养殖场采用沼气技术的影响因素。发现养殖户的环保态度，沼气技术替代方式是否得到收益，是否获得补贴对养殖户是否采用沼气技术具有显著影响。同时也发现，心理认知变量对养殖户是否采用沼气技术治理畜禽养殖污染存在显著影响，原因可能在于养殖户对环境污染和畜禽养殖污染的不科学认知。彭新宇（2007）研究证实养殖主体的沼气技术采纳行为与户主对畜禽废弃物与畜禽健康的认识、是否参加畜禽养殖协会、是否获得政府补贴、实际获得补贴量以及养殖规模等的显著正向影响，但与户主性别等个体特征变量呈负相关关系。赵丽平等（2015）研究指出样本农户生态养殖认知与行为决策均处于较低水平，且农户的生态养殖认知及其行为相互背离。胡浩等（2009）从经济效益和生态效益两个角度分析了规模养殖户的健康养殖行为，结果表明养殖规模的扩大、产品的差别化引起的价格分级制度、各种农业经济组织和养殖户的风险态度对推进农户健康养殖的影响显著。唐素云等(2014)从环境污染、环境政策、环境治理三个方面测量规模化养猪户环境风险的感知,并通过定量分析证明环境风险感知对养猪户环境行为有显著正向影响。张郁等(2015)以建立粪便处理设施及粪便资源化利用表征养殖户的环境友好行为,并基于实证检验提出养殖户的环境友好行为是其综合考虑家庭资源禀赋后做出的理性选择,且生态补偿政策对其环境行为选择具有显著调节效应。于超(2019)在已有结论基础上,系统研究规模养猪场户清洁生产行为的相关问题。结果表明,规模养猪场户清洁生产态度、禀赋特征和外部规范对行为有间接正向影响作用;规模养猪场户清洁生产认知对源头预防、过程控制和末端治理行为具有显著的正向影响作用。吴林海(2015)在两篇文章中分别探讨认知特征与兽药使用行为的相关性以及养殖户的病死猪处理行为的影响因素,均运用仿真实验方法,模拟政策变化对养殖户兽药使用以及病死猪处理行为的变动,结果表明,养殖户认知、养殖特征与政府监管、法律法规等是养殖户行为的主要影响因素。潘丹(2015)基于大样本数据,利用多变量 Probit 模型分析养殖户畜禽粪便处理方式选择行为的影响因素,结果表明养殖户对不同畜禽粪便处理方式的选择行为之间相互依赖,有较强的替代关系和互补关系,除个人特征、禀赋,养殖特征外,环境影响认知、健康影响认知以及处理意愿是处理方式选择的重要影响因素;而政策认知、政府补贴和技术培训却未表现出显著影响。刘雪芬等(2013)根据调研数据,从养殖户生态认知角度出发,对养殖户生态行为决策影响因素进行了实证分析。结果表明养殖户个人特征对其生态行为决策不具显著效应,而家庭年纯收入、养殖规模、养殖培训、产品质量安全检测以及生态认知等因素对养殖户生态行为决策产生显著影响。

四、畜禽养殖污染防治绩效的相关研究

废弃物治理绩效的相关文献较少,主要集中于废弃物资源化利用的绩效评价,多为经济、环境、社会等方面的综合分析。宋成军等(2011)从

经济、环境、社会、技术等方面评价农业废弃物资源化利用技术；王咏梅等(2013)从经济、生态、社会三个方面对农业废弃物资源化不同路径进行评价与对比分析；姜海等(2016)从经济效率、环境效果和适应性等方面对养殖废弃物资源化利用管理模式进行评价；黄菊文等(2007)从经济、社会政策和环境影响三个角度对上海市固体废弃物资源化利用的不同方案进行评价。但现实情况为：在政府还没有足够的经济实力给予养殖户足额补贴的背景下，养殖废弃物治理的投资主要由养殖户自己承担。养殖户为了满足约束类政策的要求，提高养殖废弃物治理的宏观环境与社会绩效，必须增加投入。当养殖户所能获得的政府补贴与养殖废弃物治理收入无法填补治理投入时，将直接降低养殖户治理养殖废弃物的经济绩效，可见养殖户视角的养殖废弃物治理经济绩效与宏观视角的环境和社会绩效之间存在矛盾或相互制约。

已有文献关于养殖废弃物治理绩效的研究较少，且忽略对影响路径的分析，或只侧重测算养殖废弃物治理技术采纳绩效(宾幕容等，2017)，或只评价养殖废弃物资源化利用的管理模式(姜海，2016)。由于养殖废弃物治理绩效的直接研究，尤其是基于政府干预和养殖场户的道德责任影响研究的缺乏，下述关于农业、工业等固体废弃物治理绩效的研究成果可为本研究提供借鉴。废弃物治理绩效研究源于污染的日益严重、环境违法成本的提高与违法责任的扩大(乔娟，2019)；农业废弃物循环利用绩效受教育程度、政府提供技术培训、加入合作经济组织等因素影响(李鹏等，2014)；工业废弃物循环利用绩效受政策支持、环保法规、企业自身特征与技术条件等因素影响(卢福财，2015)，而钢铁企业的废弃物循环利用绩效主要受资金投入、排污费、水资源和环保人员投入的影响(王嘉丽，2017)。直接针对畜禽养殖治理绩效，乔娟、张诩(2019)基于政府干预和养殖场户的道德责任通过影响养殖场户的治理行为间接影响养殖场户的废弃物治理绩效的基本判断，构建结构方程模型和养殖废弃物治理绩效影响因素指标体系，发现政府干预和养殖场户的道德责任都显著正向影响养殖场户的养殖废弃物治理行为，进而正向影响养殖废弃物治理绩效，且养殖场户的道德责任对养殖废弃物治理绩效的促进作用高于政府干预。张诩等(2019)运用 DEA-Tobit 两阶段模型分析北京市 2017 年调研数据，对养殖废弃物治理经济绩效进行测算并分析影响因素。研究发现：技术、管理及规模化对养殖废弃物治理的经济绩效有很强的促进作用，且技术与管理的促进作用大于规模化。

五、畜禽养殖污染防治规制策略相关研究

环境资源具有稀缺性、公共性等特性，而其污染还具有负外部性。庇古税、科斯产权定力是传统环境规制理论研究的基础思想（赵敏，2013）。畜禽养殖环境污染兼具环境资源稀缺性、公共性、公共产权模糊性、污染负外部性等典型特征。由此，实施命令控制型、以市场为基础的激励性环境规制和自愿性环境规制同样是适用于畜禽养殖污染环境规制的实施手段。

税收与排污费是国外学者结合政策实践关注的养殖环境外部性内部化的重点，Beavis 和 Walker（1979）研究指出排污税费及排污标准等工具都是以排污量为基础的，只有当污染源能被确定，排污量能在一个合理的成本上被较精确计量时，才能采用这些经济激励工具来控制污染。

环境污染治理补贴是激励经济主体采纳某种环境友好型措施，实现污染负外部性内部化的重要手段。如张丽军（2009）、郭晓（2012）、彭新宇（2007）、张郁等（2015）、左志平等（2016）、虞祎等（2012）、王善高等（2020）等人先后共同关注畜禽养殖污染补贴对养殖主体污染防治行为、沼气技术采纳、低碳养殖行为以及粪污处理行为的影响。王善高等（2020）从是否获得补贴和补贴金额两个角度出发，实证分析了 2012—2017 年江苏省生猪养殖补贴对技术效率的影响。结果表明，生猪养殖补贴对技术效率具有一定的促进作用，而且获得补贴的生猪养殖户的技术效率要比未获得补贴的生猪养殖户高 0.038～0.058。生猪养殖补贴金额和技术效率之间存在倒 U 形关系，且当单位生猪养殖补贴金额为 15.06 元时，补贴对技术效率的促进作用最明显。张丽军（2009）基于对养殖主体粪污处理方式的分析，观察补贴政策对规模养殖户畜禽粪便方式选择行为的影响，提出当前地方畜禽污染防治政策开始由政府管制财政干预转变，检验证实补

贴政策工具能够有效引导规模养殖户对畜禽粪便进行能源化利用。张郁等(2015)通过实证分析表明养殖户养殖污染防治行为是在综合考虑家庭资源禀赋条件之下的理性选择,而治理污染补偿政策对养殖户家庭禀赋与治污行为关系具有正向调节作用。宾幕容等(2020)、朱哲毅等(2016)则进一步构建选择性实验,观察养殖户对不同补贴项目,如技术补贴、设施补贴和收入补贴的接受意愿。结果显示,养殖户对技术补贴、设施补贴的接受意愿较高,其中,对收入补贴的接受意愿不显著;对养殖规模、《畜禽养殖污染防治条例》了解程度、生态环境评价及畜禽养殖废弃物资源化利用、无害化处理技术服务供给等因素接受意愿显著。此外,还有部分学者零星设计政府补贴政策效应,提出政府环保规制程度以及政府补贴程度是造成不同规模养殖户畜禽污染差异的主要原因(潘丹,2015);绿色补贴等参数会影响养殖绿色养殖模式的演化(左志平等,2016)。

夏佳奇等(2019)研究了环境规制与村规民约对养猪农户绿色生产意愿的影响,研究结果表明:环境规制、村规民约对规模养猪户的资源化利用意愿均具有显著正向影响。周力(2011)分析产业集聚、环境规制与畜禽养殖半点源污染的关系,利用面板数据和计量经济学方法检验证实区域间差异化的环境规制水平并非畜禽养殖半点源污染形成产业集聚的因素,随着环境规制水平的不断提升,畜禽养殖将持续向规模化趋势发展。左志平等(2016)基于对政府和规模养猪户不同策略下各自的成本和收益的分析,探讨政府管制与规模养猪户绿色养殖模式选择的博弈关系,结果显示:排污收费及技术推广与指导等政府规制措施对规模养猪户绿色养殖模式的演化具有较强的推动作用。杨皓天、马骥(2020)实证分析了环境规制下养殖户的风险认知及环境投入能力对其环境投入的影响程度及差异。实证结果表明,规制强度、养殖户的环境污染认知和投入能力对环境投入行为有显著的正向促进作用,但规制成本认知对环境投入行为呈现出倒U形的影响。潘丹、孔凡斌(2016)则运用选择实验方法从农户偏好角度分析粪便处理技术支持、粪便排污费、粪便排污技术标准、沼气补贴和粪肥交易市场5种粪便污染治理政策的被接受程度。由此可见,环境规制对养殖主体环保行为有显著的促进作用,但环境规制的作用方式及效应尚不明晰,有研究指出环境规制政策对于养猪户环境风险感知环境行为关系存在正向调节效应(张郁,江易华,2016)。同时,当前我国农业污染防控环境规制的被动性、内容的分散性将导致利益相关者出现逆向选择行为,这很大程度上是由于政策偏离农户对规制行为的偏好认知(袁平,朱立志,2015)。因此,有必要结合规模养殖户心理认知特征对养殖污染防治环境规制策略的作用效应做进一步的探讨。

六、系统动力学在环境保护领域的相关应用研究

系统动力学是一门分析研究复杂动态反馈性系统问题的综合交叉学科。基于系统论,该学科和理论综合了控制论和信息论的部分内容,成为集自然科学、社会科学和技术科学多种理论与方法于一身的系统科学方法,广泛应用于人类生产和生活的各个领域。自罗马俱乐部发表《增长的极限》以来,系统动力学在世界各国人口、资源、环境和社会经济可持续发展方面的研究迅速拓展。可持续发展问题研究在系统动力学的应用领域中占据了越来越重要的位置。蔡林(2008)总结归纳国内外学者在生态环境保护的研究成果,印度学者 Thirmurthy(1992)应用系统动力学方法,对印度东南部的海港城市的环境设施与城市发展进行研究,从人口、经济活动、环境设施和城市发展规划四个子系统入手,模拟了三种城市发展远景规划,分析了不同环境设施投入对城市发展的影响。美国学者 Brian 和 Chang(2005)应用系统动力学方法建立了一个快速发展的城市地区垃圾产生量预测模型,模拟结果表明,垃圾的产生量、收集能力和发电潜力都随着时间在增长,人口、垃圾产生源、未处理的垃圾量、垃圾成分的复杂程度和公众的关注度也会随着时间而增加,因此单独增加垃圾收集预算并不能改善环境质量,需采取综合措施。关于资源开发与利用方面,瑞典、芬兰等学者运用 SD 方法建立了涵盖林木生长量、木材采运、原木市场、森林工业、财政收支等子模块的林业管理模型(蔡林,2008)。

国内学者关于系统动力学仿真模型在环境污染和资源保护领域的应用,大致分为三个方面。

其一是用于环境与经济、社会等多系统的协调发展研究。如有戴铁

军等(2020)将物质流分析方法和系统动力学结合,构建资源—环境—经济系统动力学模型,通过不同模式的对比探寻京津冀资源—环境—经济协调发展的最优路径。宋颖(2017)以系统动力学为理论基础,预测系统主要因素的变化趋势,并据此提出促进生态经济区资源环境与社会经济协调发展的对策。冷碧滨等(2014)利用 SD 方法对生猪规模养殖与户用生物质资源的问题进行建模,分析得出生猪规模养殖与户用生物质资源合作开发既缓解了生猪规模养殖污染,提高农户生产效益,又实现了沼气工程改善农村生活质量的重要民生工程的战略目标。陈书忠等(2010)构建城市环境、社会、经济之间的系统动力学模型,通过调整环保投入、科技投入、经济增长速率以及单位能耗等系统变量,对武汉市未来发展的主要污染物排放量和主要资源消耗量等进行了情景动态模拟。而以武汉城市圈为例所建立的经济—资源—环境耦合的系统动力学模型表明模型具有很好的普适性,能真实反映系统要素之间相互耦合的动态演化过程,能够为相应的调控政策提供决策参考(张省,顾新,2012)。

其二是环境可持续发展、环境承载力评估和环境规划与预测。刘童等(2020)建立吉林省水资源承载力系统动力学模型来模拟 2016—2025 年吉林省水资源承载力。韩成吉等(2019)对畜禽粪污土地承载力系统模型进行设计和仿真,为畜禽养殖污染工作提供科学依据。姜钰、贺雪涛(2014)对林下经济可持续发展的体系结构进行系统分析,根据因果循环反馈关系建立了林下经济可持续发展战略的仿真模型;王留锁(2012)分析了系统动力学在环境规划预测中的适用性,建立了辽宁省社会、经济、环境预测的系统动力学仿真模型,从人口、社会经济、水土资源需求、污染物负荷等方面进行了模拟预测。

其三是环境规制策略动态效果的仿真和预测。李启庚等(2020)从系统动力学视角出发,构建资源型地区的工业能源消费和污染物排放的模型,考察各项环境规制政策的节能减排效果,为资源型地区工业环境规制政策创新提供现实依据。王纬文(2018)基于系统动力学视角研究工业绿色增长在不同模式下的发展趋势。包群等(2013)基于系统动力学思想研究环境管制对污染排放的影响,结果发现单纯的环境立法不能显著地抑制当地污染排放,环保执法力度与区域性污染程度等是影响污染排放更为重要的因素。龙如银等(2014)基于对燃煤电力工业煤炭低碳化利用系统和要素作用机制的深入分析,建立了对应的系统动力学仿真模型,不同情景值仿真结果显示煤炭资源税、电煤价格、减排专项基金、电源结构等政策变量均能够影响燃煤电力工业燃煤电力碳排放量。刘蔚(2014)构建了城市居民低碳出行交通系统动力学模型,揭示了不同政策调控下城市居民出行交通碳排放的动态演化规律。

七、文献述评

梳理和归纳环境行为理论及其应用的研究现状,根据环境行为研究内容从人口统计学、心理认知以及情境因素等方面对影响环境行为的因素进行梳理。基于此,围绕畜禽规模养殖污染防治问题,概括归纳当前学术界关于畜禽养殖污染现状、养殖主体行为界定、选择机理以及养殖污染环境规制策略等相关研究内容。此外,根据研究思路和内容设计,还对系统动力学在环境保护领域的相关应用研究进行回顾和探讨。基于此,现对已有研究文献的特点及不足之处进行概括总结如下:

(1)统观环境行为研究领域的已有理论,主要从内在心理认知和外在情境因素两方面对环境行为机理进行解构。大量实证研究显示,上述行为理论都为个体环境行为意愿和实际行为的形成提供了良好的解释。但这些理论孰优孰劣?何种理论对何种情境下的环境行为的解释力更高?这两个问题仍是已有文献尚未完全解答的(Steg, Vlek,2009;Han,2015)。实际上,正如 Lindenberg 和 Steg(2007)指出的,这两种机理在行为决策的过程中往往是并存的。但侧重于心理认知因素的环境行为理论往往假设农户所面临的外部环境一致且稳定,大多数研究亦将农户作为整体,或只依据某个个体特征或环境要素进行群体类别划分,未真正区分不同行为个体所面临外部环境、行为实施条件等的差异。而认为环境行为是内外在因素共同作用的环境行为理论,由于其对于认知概念的界定相对笼统,使得对认知等内部因素的准确把握及计量测量成为环境认知对环保行为影响作用复杂多变的关键。因此,将两种理论观点进行整合,构建更加全面和系统的理论模型对于探究环境行为机理具有重要的理论意义。

(2)已有文献主要从人口统计变量、心理认知因素以及背景情境因素三个方面对环境行为及意愿影响因素进行研究。但大多数研究仍属于非理论的探索研究,或者数据驱动下的定量研究,缺乏一般性行为理论框架对各影响因素与环境行为之间的关系的系统化理论解释。由此造成了大量实证研究结论纷繁杂乱、缺少对话的问题。因此,后续研究应当运用综合性的理论框架对养殖主体环境行为的影响因素进行系统的解构,将研究的重点由变量层次上升到理论层次,从而有利于研究积累和学术对话。更为具体地,人口统计学变量对环境行为缺乏解释力,但却是诸多国内研究文献热衷探索和分析的内容,而对于心理认知变量的影响效应日渐成为研究特点,但却存在变量设计和测量方式方面的多重不确定和困难。情境因素的显著影响作用日渐得以重视和证实,且对其显著性之外的具体影响效应和作用方式仍需进一步地深入探讨。

(3)学术界关于生猪规模养殖污染防治行为尚未形成统一的界定,存在以生态行为、环境行为、低碳养殖等行为统称以及以粪便处理方式选择为研究对象的做法。具体而言,环境行为与生态行为包括对环境影响评价、规范使用添加物、排泄物处理、生态养殖、废弃物处理、粪污设施建设及资源化利用等一种或多种行为进行表征,并多数通过有无行为选择二元变量进行定义。而粪便处理方式行为则直接以还田、沼气、出售、饲料、废弃等处置方式进行变量定义。由于养殖户可能同时选择多种处理方式,某些不能观测到的因素可能会同时决定养殖户对畜禽粪便不同处理方式的选择,因此这种对处理方式进行表征的做法可能使回归模型结果产生估计偏误。此外,养猪主体不能仅仅只在生产末端处理污染废弃物,单纯以养猪户粪污处理行为表征污染治理行为过于片面,缺乏对污染防治行为系统全面的考察。由此可见,养殖污染防治属于多维复合行为,寻找相关依据对其进行系统、全面和准确的划分与表征有待进一步探究。

(4)当前关于规模养猪户治污行为影响因素的归纳选取缺乏一般性的行为理论依据,多数研究仅是验证了规模养猪主体环境行为决策在个体特征、家庭禀赋以及养殖特征等方面的差异性。心理认知因素逐渐得以重视，但选取多较为随意，缺乏理论依据；而关于环境规制因素的探讨也仅仅是证明其与养猪户治污行为决策具有显著影响关系，缺乏其在养猪户行为决策形成过程中的作用节点及其方式的深入剖析。有少数研究开始关注规制策略的具体影响效应，但对于重要规律的揭示和政策制定参考还远远不够。值得一提的是，现有关于畜禽养殖污染防治环境规制策略的研究，几乎主要集中于探讨某项具体规制政策的影响效果，较少将政策规制时滞性和动态变化纳入考量。而通过对系统动力学在环境保护规制政策仿真模拟等研究的梳理表明该方法在畜禽养殖污染环境规制策略的动态研究中具有适用性。

(5)养殖污染防治环境规制绩效尚且缺乏量化的评估和反馈。已有研究较少涉及基于养殖户视角的养殖废弃物治理经济绩效及影响因素分析，未能考虑各种绩效之间的关系，无法为相关补贴支持、排污技术标准等规制政策制定提供客观支撑。此外，关于养殖污染防治规制政策效果不佳问题的原因解释方面，现有研究多从政策制定合理性和执行过程找寻原因，较少根本性从规制政策执行对象，即生猪规模养殖户的政策偏好角度加以思考和验证。

第三章　生猪规模养殖户污染防治概述

一、生猪规模养殖户污染防治相关概念界定

(一)生猪规模养殖户

理论上并不存在一个区分散养农户、养殖专业户和公司型养殖场的饲养规模标准。国家环保总局发布的《畜禽养殖污染防治管理办法》规定:畜禽养殖场是指常年存栏量为500头以上的猪场。在国家环保总局与国家质监总局联合发布的《畜禽养殖业污染物排放标准》中,规模Ⅱ级集约化畜禽养殖场与前述对畜禽养殖场的界定相同。据此认为,上述规模以下的畜禽养殖生产主体都可算为养殖专业户和散养农户。另据《中国畜牧业年鉴》,把年出栏猪50头作为生猪养殖规模下限。近似地看,如果把年存栏50头以下者界定为散养农户,则年存栏在500头以下且50头以上的养猪户均为专业户。《第一次全国污染普查》将出栏量大于50头的界定为养殖专业户,大于500头的界定为规模养殖场。《全国农产品成本收益资料汇编》中对生猪养殖场饲养规模的划分是以平均存栏量为依据的,超过1 000头即为大规模养殖场。根据上述文献资料关于生猪养殖规模的划分,结合研究目的,将研究对象定为存栏50头以上,且以家庭经营为主的规模养猪户。其中以家庭经营为主的养殖模式是指实际养

殖过程中以夫妇为主为劳动投入的养猪户，与以养殖规模划分的养殖专业户有所区别。

（二）养殖污染防治行为

根据2016年中央一号文件精神，将生猪规模养殖户污染防治行为划分为无害化处理和资源化利用两类，并由可观测行为加以表征，力求全面系统地观察养猪户养殖污染防治的行为决策。本书强调源头控制和末端治理相结合，依据实现达标排放或零排放标准，借用质性研究理论，通过与相关部门工作人员、研究领域专家以及养殖主体的深入访谈，对养殖污染防治重要环节进行识别，最终将生猪养殖污染防治行为界定为无害化处理和资源化利用行为。无害化行为界定为“采用干清粪养殖方式”“建有适应养殖规模的沼气系统设施”以及“猪尿及污水是否经好氧处理后排放”等三类。资源化利用包括肥料化、饲料化和能源化等三类。值得说明的是，本书未考虑病死猪无害化处理行为是因为当前福建省关于病死猪无害化处理政策效果较好，养殖户大量集中于将病死猪无害化处理的积极行为，存在较小的行为差异。此外，虽然无害化处理与资源化利用具有一定的程序先后甚至重叠的问题，但根据实际调研发现正是由于二者在程序上并非完全重叠，可能存在无害化处理之后仅部分或完全未进行资源化利用的情况，如沼气处理设施所产生的沼气能源未充分利用以及猪尿及污水处理后未抽灌林木等行为；同时还存在未进行无害化处理而采用传统简单堆肥之后直接还田等的资源化利用行为。鉴于此，本书将无害化处理和资源化利用两类行为进行分开表征，力图更为全面、准确地观察和分析生猪规模养殖户的污染防治行为。

（三）养殖污染环境规制策略

广义的公共规制包括间接性规制、引导性规制、激励性规制和直接规制。根据畜禽养殖产业的特殊性，结合文献研究成果、畜禽养殖特点以及与政府管制部门的访谈情况，本书所论述的养殖污染环境规制分为约束性规制（限养管制、村规民约、排污技术标准），激励性规制（粪肥市场培育、治污补贴）和引导性规制（宣传教育、引导弃养转业、技术推广指导）等三类策略。其中，宣传教育、技术推广指导、补贴和排污标准属于传统公共环境污染负外部性内部化的传统措施。生猪养殖对公共生态环境污染具有较为稳定的区域性特征，主要分布在某个村庄范围内，而乡村社会独有的村规民约是村民行为塑造的非正式制度安排，可能具有比政策更强的规制力量。随着农村家庭养殖规模的不断加大，传统的粪肥已难以自我消纳，因而粪肥销路成为影响规模养殖户行为选择的一个重要因素。同时考虑畜禽养殖业的生计保障功能，将政府在引导养殖户弃养转业的情况作为关键的环境规制策略，这与以往相关研究不太一样，但根据实地调研反映其可能是显著影响养殖户环境行为选择的因素之一。而联系生计保障功能，政府对养殖业的限养管制直接措施对养殖户同样具有显著的影响力。

基于养殖户污染防治行为的养殖污染防治绩效是养殖户在对畜禽粪便、养殖污水和病死畜禽进行治理的过程中，遵循循环经济的减量化、无害化与资源化“3R”原则所获得的经济、社会与环境三方面的综合绩效。生猪养殖污染防治正是基于社会、环境两方面的巨大现实压力而形成倒逼，而经济因素是促使养殖户污染防治行为可持续性的关键。因此，从养殖户污染防治行为特征和污染防治目标两个层面来讲，都可以将经济、社会和环境三方面对养殖污染防治绩效进行综合表征。

(四)养殖污染防治绩效

养殖污染防治的经济绩效是指养殖污染防治过程中扣除治理成本后的所有经济收益，因而养殖场户污染防治的经济绩效就是养殖场户治理养殖废弃物所获得的产品收益加上补贴等转移支付收入。此外，调查过程中发现，养殖户污染防治能够通过减少生猪病死率和提高生猪产品质量等节约养殖成本，也可将其视为污染防治行为带来的经济绩效，但这部分经济绩效难以通过实际数据计量，在进行现有研究成果借鉴和数据信效度评估基础上，采用养殖户负责人对污染防治行为带来的养殖成本节约认同程度来衡量污染防治的这方面经济绩效，认同程度越高表明养殖户污染防治的经济绩效越高。

社会绩效是企业社会责任的重要体现，反映的是为实现社会发展目标所做的贡献程度。养殖污染防治能有效减少粪污恶臭和污染、杜绝病死生猪流入市场、病死猪随意丢弃等问题造成的不良社会影响，因而养殖场户污染防治的社会绩效主要是养殖污染防治改善环境而带来的社会福利增加与社会关系和谐。调研中发现，养殖场户经常面临邻里投诉带来的政府压力，养殖污染防治能通过消除污染而减少邻里投诉，是养殖场户进行养殖污染防治社会绩效的重要体现。但这类效益也难以通过量化处理，因此，本研究以养殖户对采取污染防治行为带来的邻里关系改善的认同程度来衡量养殖污染防治的社会绩效，认同程度越高表明养殖场户治理养殖废弃物的社会绩效越高。

养殖污染防治的环境绩效是指养殖污染防治活动带来的环境改善。养殖场是养殖活动的主要场所，养殖场及周边的环境最容易受到养殖废弃物的污染，治理活动带来的环境改善最明显，因而养殖场及周边环境改善最能体现养殖户污染防治的环境绩效。因此，本研究以养殖户对养殖污染防治带来的养殖场及周边环境改善的认同程度来衡量养殖污染防治的环境绩效，认同程度越高表明养殖场户治理养殖废弃物的环境绩效越高。

二、生猪规模养殖污染防治特征

（一）生猪规模养殖污染的特征

近年来，随着养殖业的不断规范，规模养殖的形式得到广泛认可，与此同时，带来的环境污染问题也日益严峻。规模养殖呈现出污染物来源复杂、排放量大、污染内容全面等特征，这给规模养殖的环境治理带来很多影响。

1.污染物来源的复杂性

规模养殖的污染物不单是来自动物的排泄物，养殖过程中所残余的大量饲料、兽药以及未及时处理的病死猪都是污染物的来源（Aarts et al.，1998），对环境的污染都会造成不可避免的威胁。

由于养殖规模的扩大，要保证猪的营养均衡和供给充足，饲料喂养是主要的形式，但造成的环境污染也不可小觑。饲料污染主要包含养分污染和添加剂污染，不仅食品有最佳的储藏空间和保质期，饲料也有适当的存储方式和保质期，在正常的环境下，密封的饲料不会造成过度的环境污染，尤其是一些易发霉的饲料，若保存不当，受潮或过热出虫，分解出许多霉菌或有害于动物体内健康的化学物质；还有不少商贩为谋利润，生产的饲料没有经过严格的质量把关，生产的饲料无品牌无保障，大量添加添加剂，这对动物的成长也带来不利因素，待生猪食用后影响生猪的健康甚至导致器官病变。

兽药的使用可以加快动物生长进程，改善产品质量，降低病死率，是现代养殖不可缺少的因素，但一些含有添加剂的兽药对动物和环境都会带来伤害。一些养殖户为了减少成本增加利润，使用国家禁止的违禁药品饲养生猪，增加猪的体重，增快出栏时间，以此获利（Adam et al.，2012）。一部分有害物质附着在猪肉上，被人们食用后造成食物中毒，威胁身体健康；另一种情况是生猪体内依旧残留大量药物，这些药物或中毒物质会在新陈代谢的过程中通过排泄物排除进入环境，降低水资源、土壤资源的稳定性。

近年来，病死猪的情况也成为污染环境的隐患因素，随着养殖规模的增大，生猪的存栏量也逐渐扩大，病死猪的数目大幅增加，一些养殖户会将病死猪直接低价出售或扔至室外，这些不当的处理方式都会间接影响环境和人类的身体健康。

2.污染物排放量大

《第二次全国污染源普查公报》显示，农业面源污染水污染物排放量占据地表水污染之首，其中，畜禽养殖的污染物排放是农业面源污染的主要来源。[①] 廖誉在对江西德邦牧业有限公司(种猪常年存栏规模 590 头)的数据分析中,根据种类猪的平均重量、每月平均存栏数、粪便排放、养猪场的能源资源消耗等指标得出:养猪场碳排放量最多的是间接的二氧化碳的排放,约为 43.77 吨,第二为甲烷排放量,约为 13.31 吨,其中粪便甲烷排放量占 10.2 吨(廖誉,2011)。由此可见,规模养殖的污染物排放量大,在养殖过程中大量的污染物对环境和人体健康都造成非常严重的污染,已经引起了人们的广泛关注。

3.污染内容的广泛性

生猪规模养殖的排放物为动物排泄的废弃物、废水和有害气体等,这些排泄物如果处理不当,会对水、空气、土壤造成不同程度的危害。

对水的污染主要体现在所排泄的废水中含有大量的有害物质,没有经过处理的污水流入附近河流,渗入到地表水或地下水,造成了严重的水源污染,影响流域附近的村民用水,危害村民的身体健康;此外,这些有害物质进入水体,影响水中的生物生存,破坏水域系统平衡。

对空气的污染的表现主要是猪的排泄物、污水等所产生的恶臭,排放出的多种有害物质和有刺激的气体在空气中散发,这些有害气体会随呼吸道进入人体和动物体内,造成呼吸道方面的疾病;生猪的排泄物主要以二氧化碳为主,二氧化碳的排放量不断增加、浓度变大是导致全球气候变暖的主要因素,对城市、农村的气温有很大影响;排放的有害物体还降低城市、农村的空气质量。

对土壤的污染主要是由于水污染和空气污染而受到影响的,排放的废气废水污染了空气、水源,灌溉水源流入农田,灌溉农作物,有害物质堆积在土壤上,容易破坏土地的酸碱平衡,阻碍农作物的生长。

4.污染危害的严重性

100 只猪的整个生长过程所带来的污染大约相当 5 000 人所产生的

---

① 中国政府网.《第二次中国污染普查公报》,2020 年 6 月 10 日.http://www.gov.cn/xinwen/2020－06/10/content_5518391.htm.

污染物质(王立刚,2011),猪作为污染源已经成为环境污染中的大问题,生猪规模养殖所带来的危害虽不如人类制造的垃圾污染危害多,但它造成的污染物对环境影响很大。生猪的排泄物中含有大量的氮、磷、钾等物质,这些物质不加以正确处理,通过废气废水的排放,对水、空气、土壤都会造成严重的破坏,导致水体污染,水生动物难以生存,土壤富化,农作物生长缓慢等,从而破坏整个生态系统的平衡;当人们自身接触到这些污染,吸入的有害气体会增加患呼吸性疾病的风险,食用含有添加剂或附带污染的猪肉,容易引发传染病,这些污染对人体健康有很大的风险,严重情况下,会对人体的生命安全造成威胁。

(二)生猪规模养殖污染防治的特征

1.污染防治不断向前推进

环境污染治理是我国治理的重要内容之一,近年来,随着生猪养殖的规模不断扩大,所产生的污染也对农村环境带来巨大的压力。我国生猪养殖经历了传统产业阶段、现代化产业转型发展阶段以及现在所处的升级阶段,在国家政策的大力扶持和市场环境拉动的大背景下,生猪养殖产业已经成为大型现代化产业链条。

国家高度重视生猪养殖的发展情况,同时也高度重视规模养殖带来的污染问题,加快落实污染防治法,提出一系列环境污染防治的措施,积极协同参与主体应对污染治理,不断改进各地区规模养猪的治理模式等,加快规模养殖污染防治体系的建立,我国的环境污染防治呈现出不断推进的特征(李杰,2019)。

2.污染防治主体的多元化

随着养殖规模的扩大,生态环境污染问题也日益严重,生态环境保护工作受到多方主体的重视。生猪规模养殖作为国家养殖发展的重点,强调要引入多主体的参与,争取各个方面做出最大限度的努力。如今,在国家的大力倡导下,我国污染治理工作已有多方主体的参与。

政府作为国家污染治理的主导地位，发挥主导功能，提供良好的公共服务，协调与其他主体之间的合作关系，承担更多的社会责任，完善污染治理工作。仅靠政府单方面的工作是远远不够的，近年来，我国大部分企业也积极参与到污染防治的过程中，将企业效益由经济效益转为生态效益，相关企业不仅重视自身排污情况，也积极投身到环境保护的队伍当中，与政府协同承担社会责任，关注政府部门忽视的部分，构建良好的污染防治治理模式。公众的热情参与也是污染治理工作的重要一分子，生猪养殖的个体农户意识到排污带来的危害，主动参与到污染治理的工作当中，很大程度上阻隔了养殖污染的进一步扩散。与此同时，各地区出台相关规定来规范公众的污染行为，通过教育视频、网络传授等方式扩充公众对污染的了解，开放投诉、举报、意见建议等网络平台让公众畅所欲言，这些列的措施都提高公众参与的积极性（秦天，2021）。

3.污染防治主体参与的协同性

污染治理出现的主体的多元化的特征，也要求参与主体之间的协同性。主体多元化要建立在各方积极协同的基础上，若每个主体都是个体，则会出现群龙无首，一盘散沙的景象，每个主体追求各方利益破坏社会环境污染治理的和谐局面。这就要求参与主体要心往一处想，劲往一处使，为环境污染防治奉献力量。其次，各方主体的协同合作有效的弥补了一方的短板，避免一方独大，形成互通互助的良好关系。

多元主体的协同参与是污染防治的基本内容，也是一项系统又复杂的工作，做好各方之间的良好协调，促进各方利益，坚持以政府为主导，企业、公众及其他社会组织积极配合是防治工作的基本要求。

4.污染防治工作的综合性

污染防治工作具有很高的综合性，它不仅表现在治理对象和内容的综合，还包括治理手段的综合。污染防治工作内容涉及经济、政治、社会、生态、文化等多方面系统，这些关系相互组成、相互依赖、相互制约，任何一方的失控都会造成整体的不平衡，影响其他的因素。治理手段包括行政手段、经济手段、法律手段等，治理手段的综合管制会对环境污染防治起很大作用，通过不同形式的管制争取环境效益的最大化。

5.污染防治过程的动态性

污染防治治理的过程是动态的：一方面，随着社会经济的发展，环境污染的不确定性使污染治理的过程也充满不确定性，时刻会发生改变；另一方面，我们对污染防治过程的治理对策、手段和方法都要进行动态化的治理，使污染防治在环境承载能力之下进行。

（三）生猪规模养殖户污染防治的制约因素

1.传统观念制约

生猪养殖的污染治理的制约因素之一是村民传统的观念和生活习惯的制约。自古以来，我国农村社会就处于自然、分散的模式，生活垃圾呈现随意乱扔的现象，随河流、农田分流，得不到有效的分解。近年来，国家大力倡导生态环境保护的重要性，农村的生产生活方式、环境保护有了很大的改观，环境也较以往有了很大的改善，但是长期以来，村民对于环境保护的意识淡薄，对危害的认识浅显，缺乏专业的污染防治知识，参与防治的积极性不高（王睿哲，2017）。

2.经济因素制约

经济因素是制约环境污染防治的重要因素。我国农村地区普遍存在基础设施建设落后、公共物品供给不足、排污设施建设难度大等现象，最重要的原因是资金投入过低，成本较大。

资金投入大多以政府投入为主，吸引社会资本的参与较少，缺少资金的支持。垃圾回收、排污处理等后续工作都需要专业的设备及操作人员进行污染防控，这个过程中的人力物力需要大量资金投入，单靠政府的直接参与管控的成本过高，难度大。由于农村经济落后，农村污水废气的治理过程中缺乏足够的资金，用于工程建设和后期的运营管理维护，从而成为制约农村环境污染治理的一大难题（王其勉，2013）。

3.技术因素制约

随着现代信息技术的不断加强,排污设备的更新速度也在随时代发展而变快,但农村地区受经济、地理位置、劳动力素质等各方面条件的限制,且生猪规模养殖的垃圾因其较为分散、难处理、不集中,不能按照城市的排污系统进行规划,无法做到同步更换和使用新的设备。农村地区的排污设备较为老化,技术不先进且缺乏技术人员。这些技术因素也制约了生猪规模养殖的污染防治迈前一步。

4.管理体制制约

如今,虽有多方主体一同参与污染防治工作,但依旧以政府管控为主导,虽然政府在不断优化环境污染治理的管理体制,但存在的污染环节的漏洞在体制上还是没有完全得到解决。在防治的过程中,规模养殖的管理体制制约主要表现在管理机制不健全,部门分工职能不明确,执法监管的力度较弱且监管难度较大等方面。体制的改革是一个循序渐进的过程,政府与企业、村民要及时对问题进行沟通,接受村民的反馈,广泛吸纳意见,不断优化管理体制。

三、我国生猪养殖污染及其治理措施

我国是全球的生猪养殖和猪肉消费大国,我国生猪养殖行业自改革开放以来一直呈现出快速发展的态势。近年来,由于市场价格波动、环保政策要求以及“非洲猪瘟”突然来袭等因素的影响,我国生猪产量在一定程度上受到冲击,产量出现大幅度降低。

(一)我国生猪养殖生产现状

1.生猪出栏量和存栏量

近年来,随着对生猪养殖行业的环保要求越发严格,中小散户退出生猪养殖,加上生猪价格的波动性和周期性的影响,全国生猪出栏量略有下降。多年来我国生猪年出栏量保持在 6 亿头以上。2019 年,受环保政策、规模化养殖趋势、“非洲猪瘟”等因素叠加影响,我国生猪出栏量出现较大幅度减少,同比下降 21.57%。

我国生猪存栏量也总体处于下降的趋势,2008—2012 前期间,存栏量总体平稳,2012 年年末至 2019 年年末生猪存栏量成幅度下降。截至 2020 年第一季度末,全国生猪存栏 32 120 万头,较去年第四季度末增长 3.5%。2005—2020 全国生猪出栏、存栏量如图 3-1 所示。

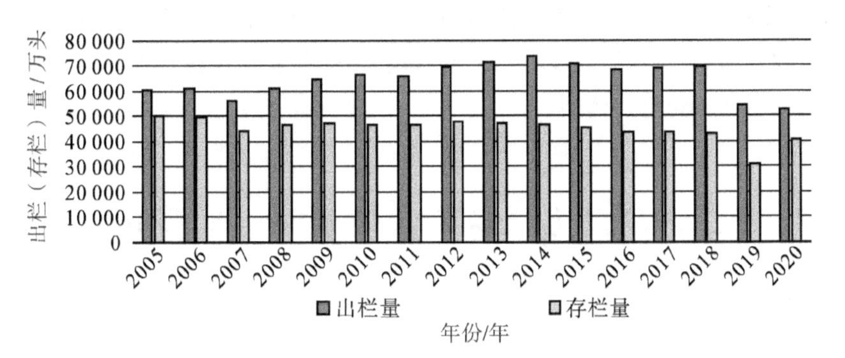

图 3-1 2005—2020 全国生猪出栏、存栏量

数据来源:国家统计局。

2.种猪市场概况

2009 年至 2013 年期间,国内能繁殖母猪存栏量基本稳定,但 2014 年以来能繁殖母猪存栏量逐步下降,截至 2017 年 6 月末,国内能繁殖母猪的存栏量为 3 586 万头,比 2013 年 12 月下降 27.38%。2020 年第一季度末,能繁殖母猪存栏 3 381 万头,增长 9.8%。2009—2020 年我国能繁殖母猪存栏量如图 3-2 所示。

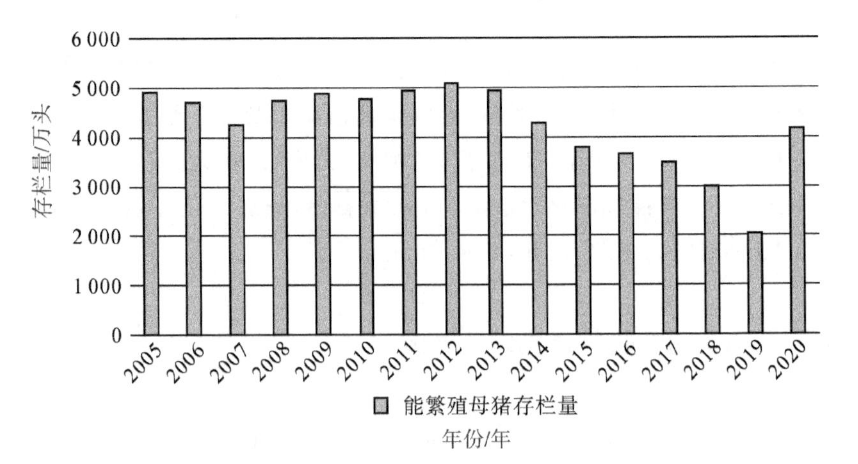

图 3-2　2009—2020 年我国能繁殖母猪存栏量

数据来源：国家统计局。

3.近年猪肉产量情况

猪肉是我国居民最主要的肉类产品，在我国，猪肉产量也持续位居第一。2014—2018 年我国肉类生产结构中，猪肉占比超 60%，表明猪肉在我国肉类食品消费中的地位十分重要，猪肉也存在着巨大的消费市场。2019 年，受各种因素的影响，全年猪肉产量大幅度下降，2019 年全年猪肉产量 4 255 万吨，同比下降 21.26%，猪肉产量占肉类总产量的比例下降至 55.63%。2005—2019 年我国猪肉产量情况如图 3-3 所示。

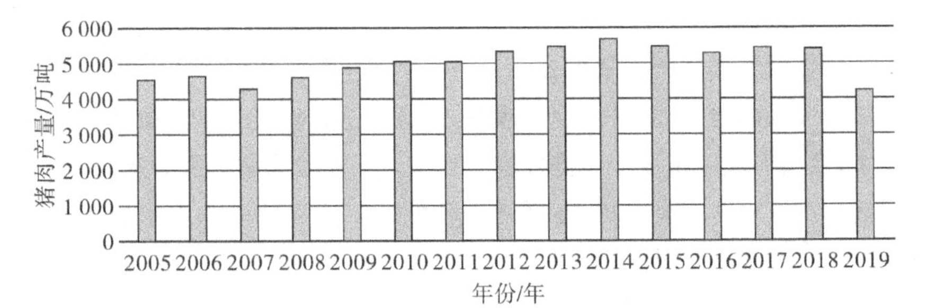

图 3-3　2005—2019 年我国猪肉产量情况

数据来源：国家统计局。

4.我国生猪养殖区域化布局

由于受到饲料资源、劳动力资源以及消费市场的导向，中国生猪养殖主要集中于沿江沿海，分布长江沿线、华北沿海以及部分粮食主产区，其中四川、河南、湖南、山东、湖北、广东、河北、云南、广西、江西为排名前十的生猪产区。按照标准化示范猪场的数量排序，分别为广东、湖南、河南、浙江、江西、四川、湖北、江苏、福建、河北。

(二)我国生猪养殖的环境污染影响

环境污染对人类生产生活带来的最直接的影响就是使人类的生存环境质量下降，从而影响人类生活质量、工作效率、生活幸福感等。目前，环境污染对社会产生的影响已经引起广大学者的关注，造成环境污染的原因是由于资源的浪费和不合理使用造成的，有用的资源变成废物进入环境，从而造成危害。它包括工业生产产生的三废排放、农业生产带来的水污染、大气污染、土壤污染等，这些污染对环境的破坏是不容小觑的。在我国，畜禽养殖是我国农业生产的一大支柱，其中，生猪养殖占据畜禽养殖的主要份额，规模化生猪养殖行业的不断壮大，所带来的环境污染对经济的发展、社会问题的产生、人类生存的环境都有重要的影响。

1.环境污染制约经济发展

近年来，畜禽养殖所造成的污染威胁着人类生活生产安全，环境污染已成为制约我国经济发展的原因之一。当今，环境保护问题不单是人与自然的关系问题，它更是融合了政治、经济、文化、外交等多方面因素。多年来，我国形成的粗放型经济发展方式造成了环境承载能力的退化，环境问题缺少法律的完全保护，在经济发展的要求下，不少生猪养殖的企业触碰法律的底线，因环境守法成本过高而出现违法行为，这一系列原因，造成了我国的环境污染问题从根本上难以改变。经济发展与环境污染两者相互影响，环境的浪费与破坏对经济结构造成失衡，养殖产业结构转型问题迫在眉睫，资源短缺、环境污染等问题在不断凸显，使得经济发展面临着巨大的资源环境压力与挑战。

生猪养殖所带来的环境污染不仅影响空气、水、土壤等，它还影响着森林植被的覆盖率，濒危物种的灭绝等。这些污染对人类生活与社会的平衡发展都有明显的影响，以养殖排放的污水为例，污水中含有对人身体有害的化学成分，这些难分解的物质流入江河，流入村民饮水区域，对人体及水体内的生物产生危害，也会造成不同程度的水资源污染，导致江河的富营养化趋势越来越严重。这些违反自然常规的活动不仅增加了企业处理环境污染的成本，也打破了自然资源与环境的平衡发展。对于社会经济的发展也造成巨大的影响，社会需要花大量的人力物力财力去治理，每年所消耗于环境污染上面的资金和人力也是逐年增加，当增加的比例越来越大时，对经济发展的社会影响就会越大，我们处在一个资源匮乏、人口众多的社会，环境污染间接性的限制了经济社会的发展，使大量的资源流失，所以减少污染对当前社会的发展来说是极其必要的，杜绝“先污染，后治理”的情况发生。

2.环境污染带来的社会问题

环境污染所产生的问题，也是环境治理的前提条件，科学地认识环境污染，正确分析它所带来的社会问题，是转化污染治理的重要基础。如今，生猪养殖污染问题过度化的现象依然存在，污染问题已经步入常态，怎么样解决养殖污染带来的社会问题应该得到足够的重视。

生猪养殖所带来的环境问题包括三点。第一，环境污染的产生。生猪养殖环境污染是指生猪养殖的环境中有毒有害物质的入侵或转移，导致特定的地理空间系统的物质形态或结构改变。这方面通常可以用技术手段加以测量。第二，产生的社会影响。环境污染产生的社会影响是对养殖主体相关人群所产生的社会表现，如损害健康、经济损失、贫困问题等，引发不同群体之间的矛盾和冲突、社会结构的重组、人群迁移等。第三，社会问题涉及的社会反应。社会反应的主体包括民众、政府、企业、社会组织、媒体等。社会反应涉及的事项主要有：受害者对环境污染及社会影响的感受、认知，不同群体间话语操演、呼吁、呐喊、抗议活动，以及环保行动、环保政策制定、制度建设等。如果社会没有对环境污染、社会影响产生足够的社会反应，这样的问题只是局部的、个别的问题，不构成社会性的问题。

生猪养殖污染所带来的社会问题的形成可以归纳为以下几个阶段：第一，养殖户相关主体的利益受损，表达了强烈的不满；第二，认识到污染问题严重性的社会群体的呼吁；第三，社会舆论与大众传媒的宣传推动；第四，公众对养殖污染越来越深刻的认知；第五，养殖龙头企业的认可与支持；第六，多方主体纷纷开始解决社会问题。从纵贯过程看，社会问题的形成是一个从少数群体感知到多数群体了解，从感受、认识与接受逐渐演变到呼吁和行动的过程。但环境污染引致的社会问题，比之“纯”社会问题，较多地涉及对污染的科学认知和技术呈现事项。由环境污染转变为社会问题，既受制于科技，也受制于社会结构。

3.环境污染带来的人体危害

生猪养殖会带来严重的大气污染、水污染、土壤污染等危害，这些污染都会直接或间接对人体产生影响。清洁的空气是人类生存的一个环境要素。随着生猪养殖规模化程度不断扩大，产生了许多有害物质没有及时处理，排放到空气中，当其浓度超过环境自净能力时，空气的正常组成就会发生变化，正常的生态系统就会失衡，从而影响到人们的生活。这种大气污染对人体健康的危害可分为急性中毒和慢性危害。慢性危害往往难以发现，人们呼吸的有害物质会与人体呼吸道黏膜接触，主要刺激眼睛、呼吸道黏膜，引起慢性支气管炎、哮喘、眼、鼻黏膜刺激及生理机能障碍而加重高血压、心脏病的病情。水是人类生存的重要自然资源。除供饮用外，更大量的是用于生活、农业生产。但是在生猪养殖生产活动中，大量未经处理的废水、生活污水直接排入附近水域，当数量超过水体的自净能力，就会造成水体污染，直接或间接危害人体的健康。其中，一些养殖主体为增加利润，喂养生猪所需的饲料、兽药中也含有大量的毒性化学成分，这些成分随水体进入水域，人们通过饮水或食物链便可能造成中毒。同时，这些有毒成分也成为土壤的主要化学性污染物。土壤污染往往容易被人们忽视，这种危害极大的污染就在这样的“温床”上趁机蔓延开来。重金属中的汞、砷、镉、铬、铅等进入土壤后可以被作物吸收积累，通过地表水和地下水或通过食物链间接危害人体健康。

(三)我国生猪养殖污染治理措施

近年来,我国生猪规模养殖行业稳定发展,保证了猪肉的供给,与此同时,所残留的大量污染物没有得到有效的处理,成为农村环境治理的难点。国务院办公厅出台《关于加快推进畜禽养殖废弃物资源化利用的意见》[①],明确我国生猪养殖污染的治理方向,为污染防治工作提出了四大要求。

1.建立健全生猪养殖污染物资源化利用制度

第一,严格落实规模养殖环评制度。严格考量规模养殖对环境的影响,合理调整生产布局,通过新建或改建养殖场,协调生猪规模养殖与环境之间的关系,对违法行为及时予以处罚。第二,完善污染监管制度。建立完善的信息系统和管理平台,通过实地、网络对养殖场排污情况进行实时监控,对养殖场的排污设备严格监管,依法发放许可证等。第三,建立属地管理责任制度。地方各级政府以中央文件为指令,根据各地的实际情况对本地的生猪规模养殖情况进行负责,完善政策措施,加大资金投入,强化日常监管,确保各项工作落实到位。第四,健全绩效评估制度。建立规模养殖绩效评估制度,纳入地方政府的绩效考核结果中,重视考核结果并对此进行嘉奖和处罚。

2.加强财政投入,强化组织领导

启动中央财政畜禽粪污资源化利用试点,鼓励各地政府加大对规模养殖的资金补贴,对其装备实行敞开式补贴,缓解养殖户的资金压力。地方政府要联合第三方机构、社会组织对养殖场建设、排污设备、有机化肥农药加大投入,设立环保投资基金,创新资源利用化设施建设的新模式。

① 中国政府网:《关于加快推进畜禽养殖废弃物资源化利用的意见》,2017 年 6 月 12 日,http://www.gov.cn/zhengce/content/2017－06/12/content_5201790.htm.

各级政府要根据中央意见，严格落实职责分工，抓紧完善各地政策措施，及时向上级汇报。

3.加快规模养殖转型升级

对生猪养殖的布局进行优化和调整，转移到环境承载力大和粮食主产地区。着重发展标准化养殖，使用自动化设备进行饲养，以节约环保为理念，推广节水节能设备，在保护环境的基础上节约资源。加强养殖场的精细化管理，以标准化、规范化为基础，提高整体的生产性能。重点关注地区养殖场的设备维修和升级，支持资源利用设施建设，加快生猪养殖的转型升级。

4.加强科技及装备支撑

在技术方面，组织发展生猪养殖资源利用的先进技术、工艺和设备，加强多种技术的整合，制定有关标准，以来提高资源转化利用效率。加大技术培训力度，加强示范指导，提高农场粪便资源利用率。在饲料方面，开发安全环保的新型产品，并正确使用添加剂，以保证生猪食用物的安全。

四、福建省生猪养殖污染及其治理措施

(一)福建省生猪养殖的生产现状

生猪养殖是福建省畜牧业发展的主导产业，是农业经济发展与农民创收的产业。农业部出台的《全国生猪优势区域布局规划(2008—2015年)》，将福建省等19个省定为生猪生产优势区域重点发展，这一规划加快生猪养殖模式的转变，提升了生猪规模养殖的标准化水平，促进国内生猪养殖的发展进程。

近年来，我国生猪养殖行业受生猪存栏量和出栏量生猪价格周期波动，环保政策的施压以及“非洲猪瘟”的突袭等影响，均有小幅度的下降，

对福建省生猪养殖也有了不小冲击。福建省生猪存栏量和出栏量都呈下降趋势。

根据福建省农业发展规划："十三五"期间福建省统筹兼顾环境承载能力、生猪保有量和消费需求，合理划分禁养区、限养区和可养区，对生猪养殖实行总量控制，年出栏量控制在 2000 万头以内。2005—2013 年，福建省生猪出栏量产出稳定，呈逐渐上升趋势，其中，2012 年、2013 年出栏量均破 2 000 万头；2015 年起，出栏量呈现出下降趋势，2019 年末福建省生猪出栏量 1297.26 万头，下降 8.7%。2012 年起，福建省生猪存栏量呈不断下降趋势，2019 年末生猪存栏量 641.52 万头，下降 19.8%。图 3-4、图 3-5、图 3-6 分别为 2005—2019 年福建省生猪出栏量、存栏量及猪肉产量情况分布。

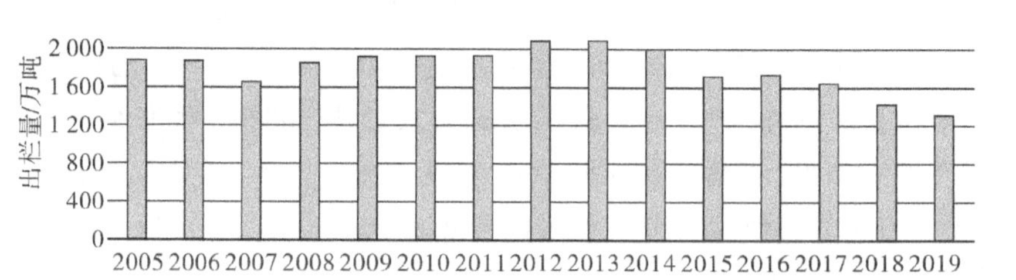

图 3-4　2005—2019 年福建省生猪出栏量

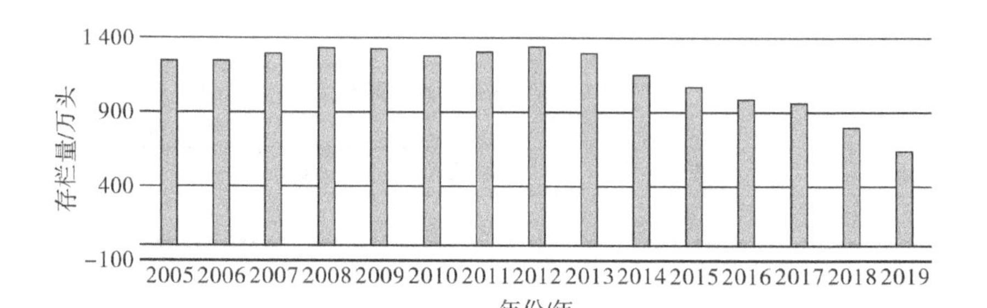

图 3-5　2005—2019 年福建省生猪存栏量

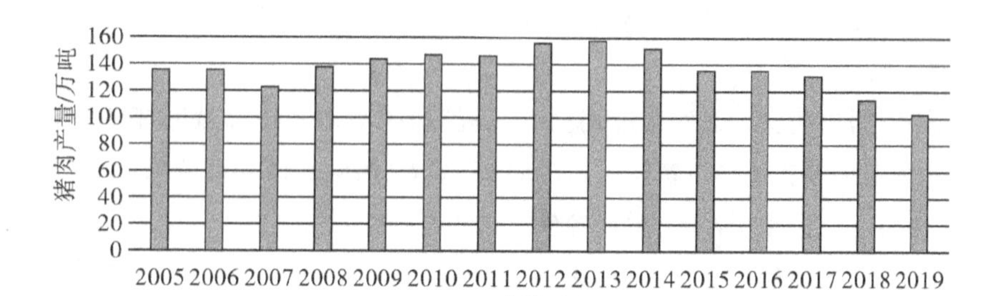

图 3-6　2005—2019 年福建省猪肉产量情况

(二)福建省生猪养殖污染特征

根据《2018 年福建省国民经济和社会发展统计公报》,福建省 2018 年年末生猪存栏量 799.9 万头;生猪出栏量 1421.34 万头①。据此,对福建省生猪养殖粪污产生量及总氮、总磷排放量进行测算。根据农业部办公厅关于印发《畜禽粪污土地承载力测算技术指南》的通知(农办牧〔2018〕1 号),粪便、尿液产生量系数参照《畜禽养殖业污染治理工程技术规范(HJ497—2009)》测算,畜禽污染物产生系数如表 3-1 所示②。经测算,2018 年福建省生猪养殖粪便年产生量 1 800 万吨、尿液年产生量 2 970万吨(不含废水量),粪尿中含总氮(TN)22.50 万吨、(TP)总磷2.715 万吨。

表 3-1　畜禽污染物产生系数

单位:kg/(头·天)

畜禽种类	粪便	尿液	TN	TP
猪	2.0	3.3	0.025	0.003

① 福建省统计局.《2018 年福建省国民经济和社会发展统计公报》,福建省统计局网,2019 年 2 月 28 日,http://tjj.fujian.gov.cn/xxgk/tjgb/201902/t20190228_4774952.htm.

② TN、TP 的产生系数按照农业部《第一次全国污染源普查畜禽养殖业产排污系数与排污系数手册》测算。

(三)生猪养殖粪污污染治理措施

2017 年 9 月福建省政府办公厅印发《福建省加快推进畜禽养殖废弃物资源化利用实施方案》,重点部署了推进生猪养殖废弃物治理与资源化利用的主要任务。结合福建省各地区贯彻落实该方案的具体实践,本研究从以下四个方面概括福建省生猪养殖废弃物治理与资源化利用的主要措施。

1.调整优化生猪养殖布局

针对福建省生猪养殖存在的零散问题,2017 年起福建省大力度开展生猪养殖布局优化调整工作。首先,根据土地承载能力确定畜禽养殖量和养殖规模,实行以地定畜、以种定养,督促超载区域调减养殖总量,促进种养业在布局上相协调,在规模上相匹配。其次,在生猪养殖禁养区、限养区及可养区划分基础上,根据土地承载能力进行规划引导,严控生猪养殖总量,推进畜牧业结构调整、绿色发展。再者,科学编制种养循环发展规划,精准规划引导畜牧业发展,超过土地承载能力的区域,调减养殖总量。

2.开展生猪标准化规模养殖改造

2017 年以来福建省以转变发展方式、提高畜禽生产能力、发展现代畜牧业为核心,坚持“生态先行、安全为重、提质增效、绿色发展”目标,通过政策引导、资金支持、科技支撑、示范带动,以及专家现场督促、指导、验收等在全省开展畜禽养殖标准化示范创建。通过培训讲座、专家指导、现场考核与验收,2018 年福建省创建国家级和省级畜禽标准化示范场 163 个,其中,国家生猪养殖标准化示范场 12 个、省级生猪养殖标准化示范场 151 个。生猪标准化规模养殖建设内容包括畜禽良种化、养殖设施化、生产规范化、防疫制度化、粪污无害化等,对所有生猪规模养殖场逐场进行标准化改造,提升粪污处理利用设施装备水平,助力畜牧业转型升级。

3.推进生猪养殖粪污资源化利用

2018 年福建省组织实施 17 个畜牧重点县粪污资源化利用整县推进

项目，基于此，2019 年 3 月福建省政府办公厅出台《福建省畜禽粪污资源化利用整省推进实施方案（2019—2020）》，统筹推进 74 个畜牧县畜禽粪污资源化利用，实施国家畜牧重点县和省级畜禽粪污资源化利用整县推进项目建设。其次，加大措施促进沼液多样化利用，鼓励沼液和经无害化处理的畜禽养殖废水作为肥料还田利用，支持建设完善沼液储存运输配套设施，在消纳地设立储液池，铺设喷灌管网，配置沼液运输车辆，积极培育发展沼液配送服务组织，解决沼液还田“最后一公里”问题和异地消纳问题。再者，以规模养殖场和生态养殖小区为重点，健全制度体系，建立长效机制，强化责任落实，完善扶持政策，严格执法监管，加强科技支撑，强化设备保障，加快推进畜禽养殖废弃物资源化利用，持续提高畜禽养殖废弃物综合利用率和规模养殖场粪污处理设施装备配套率，加快构建种养结合、生态养殖、农牧循环的可持续发展新格局。

4.完善生猪养殖污染监管考核等制度建设

首先，建立生猪养殖污染监管制度。严格落实畜禽养殖档案管理制度，加快建设畜禽规模养殖场信息直联直报平台，实施畜禽规模养殖场分类管理，实现精准及时监管。其次，建立生猪养殖废弃物资源化利用绩效考评制度。以规模养殖场粪污处理、有机肥推广应用、沼气和生物天然气使用等指标为重点，建立畜禽养殖废弃物资源化利用绩效评价考核制度。

五、福建省生猪养殖环境承载力分析

2017 年福建省对中央第五环保督察组反馈的畜禽养殖污染问题进行了全面整改，于 2016 年共关闭拆除生猪养殖场 2.33 万家，削减生猪 544.5 万头，约占 2017 年出栏总量的 33.5%，已全面完成生猪养殖场关闭拆除和规模养殖场标准化改造工作，生猪养殖基本实现了达标排放。但该区域受环境条件和生猪生产发展空间的限制，区域布局不尽合理，粪便综合利用水平较低，污染源排放依然存在，环境污染负效应的风险不容小觑。生猪养殖与水环境、土壤环境和大气环境保护矛盾比较突出。据《福建省第二次全国污染源普查公报》①数据显示，2017年福建省农业源水污染物排放量中化学需氧量12.64万吨，氨氮0.88万吨，总氮10.59万吨，总磷1.13万吨；其中，畜禽养殖业水污染物排放量化学需氧量高达11.64万吨，几乎占据农业源水污染物排放量中化学需氧量总量，氨氮0.25万吨，总氮0.94万吨，总磷0.19万吨。由此可知，畜禽养殖污染是农业源污染的主要组成部分，这表明畜禽养殖污染是福建省农村环境污染的主要来源，科学测算其环境承载水平可以进一步分析当前生猪养殖所带来的环境污染风险。

(一)生猪养殖的土壤环境总负荷

依据环境承载力内涵，环境承载力包括水资源、土壤资源和大气资源等承载力，对不同承载力做出量化评价有利于直观分析该地区环境承载力的具体情况。本节拟对土地资源、水资源、大气资源3个单因素进行对应的承载力评价，得出相应的承载力水平值，以此来衡量福建省生猪养殖行业的土壤、水体以及大气环境的污染状况。选取福建省2017年生猪养殖的相关数据，测算出福建省当前的生猪粪便污染负荷。农业生产系统中氮、磷平衡状态，是决定作物产量、土壤肥力以及对农业环境影响的重要因素(陈敏鹏，2007)，因此以生猪粪便污染负荷的估算值为基础，对生猪粪便所造成的氮、磷环境负荷进行评估。

所谓土壤氮磷承载风险指的是在一年时间内，某地区土壤可以承载的氮磷养分投入量超出或者是达到该地区粪肥年施氮(磷)限量标准(李贵美等，2011)。计算土壤的氮磷承载负荷的步骤为：首先，计算出当地畜禽粪便的产生量及氮、磷含量；接着将其他的畜禽粪便转换成猪粪当量；最后将畜禽粪便的猪粪当量的耕地负荷除以农田的施肥量的最大值$30t/hm^2$(朱建春等，2014)。

---

① 福建人民政府.关于发布《福建省第二次全国污染源普查公报》的公告[EB/OL].[2020-12-22].http://www.fujian.gov.cn/zwgk/tzgg/202012/t20201221_5496620.htm.

1.畜禽粪便的产生量及氮、磷含量

当前畜禽粪便的产生量主要通过两种计算方法进行计算，第一种是以畜禽的存栏量为基础，通过存栏量、日排泄系数($kg \cdot d^{-1}$)以及饲养周期(惯定为 365 天)三者的乘积来计算畜禽年粪便量(张绪美，2007)；另一种为本书采用许俊香等(2005)的畜禽粪便量的计算公式，在畜禽养殖数量的选择上，主要是根据畜禽的养殖用途来确定选择存栏量还是出栏量参与计算(朱建春等，2014；许俊香等，2005)，最终采纳的公式为：

$$畜禽粪便量=畜禽出栏量\times日排泄系数\times饲养周期 \tag{3-1}$$

本书根据国家环保总局公布的畜禽饲养周期数据，确定各类畜禽饲养周期、出栏存量的取舍、畜禽排泄系数标准如下表 3-2 所示。

表 3-2 各类畜禽饲养数据及排泄系数

种类	饲养周期/d	数量	年粪便排泄量/(t/a)	总氮含量/%	总磷含量/%
猪	199	出栏量	1.93	0.238	0.074
肉牛	365	年末存栏量	7.70	0.351	0.082
羊	365	年末存栏量	0.87	1.104	0.220
兔	90	年末数	0.04	0.874	0.297
禽类	210	年末数	0.06	1.250	0.940

根据以上方法，测算出福建省 2017 年畜禽粪便粪尿总量和氮磷总量的结果，见下表 3-3 所示。

表 3-3 福建省 2017 年畜禽粪便粪尿总量和氮磷总量

畜禽种类	粪尿量/万(t/a)	总氮量/万(t/a)	总磷量/万(t/a)
猪	1 690	4.02	1.25
肉牛	251.4	0.88	0.21
羊	77.46	0.86	0.17
兔	4.15	0.036	0.012
禽类	597.96	7.47	5.62

注：基于《福建统计年鉴》(2018)中的畜禽种类所汇总。

从全省的范围来看，2017 年福建省生猪粪尿量为 1 690 万吨，总氮量为 4.02 万吨，总磷量 1.25 万吨，均居于畜禽粪尿量首位，且数值远超过其余畜禽的粪尿排放，可见其对环境的影响是最大的。其余畜禽粪尿排放量由多到少分别为：禽类＞肉牛＞羊＞兔。第二名是禽类，其粪尿总量达 597.96 万吨，总氮量(7.47 万吨)和总磷量(5.62 万吨)超过生猪养殖的氮磷排放，但由于禽类日排放量较小，排泄系数低，所以总排放量低于生猪。因此，福建省在畜禽污染排泄方面，以生猪粪尿为主，同时兼顾羊和牛的排泄情况。

在计算耕地负荷时，一般来说，由于农户对猪粪的农田施用量掌握状况较好，因而通常情况下会首先将畜禽的粪便量换算为猪粪当量(畜禽粪尿排泄系数如表 3-4 所示)。其算法一般是将畜禽粪便猪粪当量的耕地负荷除以农田有机肥理论最大适宜施肥量(一般为 $30/t \cdot hm^{-2}$)，其比值 R 即为区域畜禽粪便负荷量承受程度。当 R 值小于 0.4 时，其对周围环境的影响基本可以忽略不计；当 R 值小于 0.7 时，为Ⅰ级，此时畜禽粪便对周围环境的影响较小；当 R 值超过 0.7 不到 1 时，为Ⅱ级，说明畜禽粪便对周围环境已经存在一定的影响；而当 R 值在 1.0～1.5 时，为Ⅲ级，表明其影响较为严重；当 R 值在 1.5～2.5 时，为Ⅳ级，就表明其影响严重；一旦 R 值超过 2.5 时，为Ⅴ级，则表明影响非常严重，具体可见表 3-5。

表 3-4　畜禽粪尿排泄系数

种类	猪	牛	羊	兔	家禽
系数	0.75	0.96	1.23	0.15	2.10

表 3-5　区域畜禽粪便负荷量承受程度

R 值范围	＜0.4	0.4～0.7	0.7～1	1.0～1.5	1.5～2.5	＞2.5
严重程度	忽略不计	影响较小	有一定影响	较为严重	严重	非常严重
等级	0	Ⅰ	Ⅱ	Ⅲ	Ⅳ	Ⅴ

其中，猪粪当量采用的公式为：

$$\text{猪粪当量}=\text{当年各类畜禽粪尿排泄量}(t)\times\text{换算系数}\times 1\ 000 \tag{3-2}$$

$$\text{畜禽粪便土地负荷承载程度}=\frac{\text{猪粪当量负荷}}{30/t \cdot hm^{-2}} \tag{3-3}$$

2.畜禽粪便土地负荷承载程度结果分析

根据区域畜禽粪便的负荷量承受估算公式，估算出福建省各区域的畜禽粪便负荷量承受程度如表 3-6 所示。总体来看，福建省畜禽土地环境污染压力较小，R 值为 0.87，维持在Ⅱ级标准，这表明福建省生猪养殖对土壤的承载压力有一定影响，福建省农田环境对畜禽粪便负荷量普遍承受程度较高，但农田畜禽粪便总量还需要进一步控制。从各区域畜禽粪便负荷量承受程度来看，城市之间存在差异性，各地区的土地资源、养殖情况、粪便处理等差异造成对环境的影响存在空间异质性。厦门、福州、漳州、三明、莆田和宁德 6 个城市的土地承载压力较小，R 值在 1.00 以内，均维持在Ⅱ级预警标准以下；其中，宁德市的土地环境压力最小，畜禽粪便污染对环境的影响忽略不计。主要原因是以上城市沿海分布，造成水体污染更为严重。泉州、南平两市畜禽土地承载压力较为严重，R 值分别为 1.04、1.00，达到Ⅲ级预警标准；龙岩市畜禽土地承载压力严重，R 值为 1.54，达到Ⅳ级预警标准。主要原因在于龙岩是生猪养殖的主产区，2017 年生猪存栏量位居全省第一，年出栏量高达 450 万头，占全省生猪出栏量的 28%。畜禽污染对土地资源带来严重的威胁，应当对除宁德地区的其他城市的农田畜禽粪便总量加以控制。

表 3-6　2017 年福建省各地区畜禽粪便土地负荷承载程度

区域	猪粪当量（万 t/a）	畜禽粪便负荷量承受程度（R 值）	影响等级
福建省	3 482.02	0.87	Ⅱ
福州市	399.35	0.83	Ⅱ
厦门市	55.65	0.96	Ⅱ
泉州市	454.24	1.04	Ⅲ
莆田市	130.83	0.56	Ⅰ
漳州市	411.48	0.74	Ⅱ
宁德市	152.66	0.25	0
南平市	698.11	1.00	Ⅲ
三明市	427.04	0.62	Ⅰ
龙岩市	779.28	1.54	Ⅳ

3.畜禽粪便的土壤氮磷负荷

据王方浩等(2006)、朱建春等(2014)的研究显示，土壤的氮磷负荷能更准确地反映出土壤的环境污染状况。因此，在对土壤负荷量承受程度测算的基础上，本节还将就生猪养殖所带来的土壤氮磷负荷进行进一步估算，如公式(3-4)所示。在对土壤氮磷负荷估算的过程中，根据国外学者已有的研究，(王贤荣，2017)认为，一旦化肥年施氮(N)量超过 150～180 kg/hm^{2}则会到周围环境造成一定的污染。欧盟则规定，其控制标准极限值应定为 170kg/hm^2；而磷的单位耕地面积负荷的纯磷养分量则 35 kg/hm^2。(王方浩等，2006；吴贤荣，2000)经过测算，福建省各地区的氮、磷单位负荷数据如表 3-7 所示。

$$\text{畜禽粪便氮磷的环境负荷}=\frac{\text{畜禽粪便氮磷含量}}{\text{耕地面积}} \tag{4}$$

表 3-7　2017 年福建省各地区畜禽粪便中氮素、磷素的单位负荷

区域	氮(N)素单位负荷/(kg/hm^2)	是否超标	磷(P)素单位负荷/(kg/hm^2)	是否超标
福建省	99.15	未超标	54.24	超标
福州市	88.52	未超标	39.84	超标
厦门市	118.04	未超标	59.41	超标
泉州市	89.88	未超标	35.89	超标
莆田市	71.83	未超标	37.42	超标
漳州市	98.12	未超标	58.05	超标
宁德市	27.04	未超标	12.26	未超标
南平市	151.58	未超标	98.26	超标
三明市	46.43	未超标	20.38	未超标
龙岩市	133.08	未超标	62.57	超标
平均值	92.37	未超标	47.83	超标

注：本书中所采用的年施氮(N)量的标准为 170 kg/hm^2，年施氮(P)量的标准为 35 kg/hm^2。

4.氮磷负荷研究结果与特征分析

2017 年福建省的土壤氮素、磷素单位负荷分别为 99.15 kg/hm^2、54.25 kg/hm^2，其中土壤氮素单位负荷未超标，而磷素单位负荷超过限定标准。从区域分布来看，2017 年福建省各市的土壤氮素单位负荷均未超过限定标准。各市氮素负荷由小到大依次是宁德＜三明＜莆田＜福州＜泉州＜漳州＜厦门＜龙岩＜南平。其中福州、泉州、莆田、宁德、三明 5 地市的氮素单位负荷低于全省平均水平，其原因是该区域的有效耕地面积位居全省前列，消纳畜禽粪便的水平较高。

2017 年福建省整体的土壤磷素单位负荷超标严重。各市磷素负荷由小到大依次是宁德＜三明＜泉州＜莆田＜福州＜漳州＜厦门＜龙岩＜南平。其中，除宁德、三明地区磷素单位负荷在标准值之下，其余 7 地市的磷素负荷均超过标准值，南平市的磷素负荷最高达 98.26 kg/hm^2，表明该地区的耕地已受到不同程度的污染。土壤磷素单位负荷超标严重的主要原因在于，福建省是林业资源大省，全省多丘陵、山地，宜林地约占土地总面积的 74%，而宜耕土地仅占土地总面积的 12.5%，全省范围内有效耕地面积减少且土地资源利用低效，可容纳废气的农地面积也在减少，导致耕地磷负荷增加。同时，依据 2017 年生猪出栏量可知，南平、龙岩、福州和漳州是生猪养殖大市，生猪粪便中含磷量较高，厦门的生猪养殖出栏量虽不及其他地市，但由于其耕地面积小，也导致土地磷素单位负荷严重超标。对此，要针对以上重点地区对各地区磷素污染情况采取有效措施，降低土壤污染风险。

(二)生猪养殖的水环境承载压力

1.研究方法与数据来源

水环境承载压力是指在某一区域范围和某时间段内，稀释排入水体中的畜禽粪便所需的地表水资源总量与该区域可用于稀释污染物的地表水资源总量的比值，其前提为假定在当前的水质环境未发生改变的情况下。水体是农业污染物的重要接纳体，其中畜禽养殖污染率占到 40%～50%。水环境承载压力也是养猪业所造成的环境承载压力的重要组成部分之一。本节中通过测算福建省整个畜禽业对水环境所造成的承载压力也在一定程度上反映出福建省生猪养殖所带来的水体污染。

结合国内已有研究，本节中所采用的畜禽粪便水域环境污染测算方法，主要是稀释流入水体中的各类畜禽粪便污染物总量，该类污染物所需的地表水资源量与当地自身的地表水资源总量进行一定的数值比较。因此，我省各地区畜禽水环境承载压力的计算公式为：

$$W=\frac{L_{required}}{L_{water}} \tag{3-5}$$

其中，W 表示区域水环境承载压力指数；$L_{required}$ 表示既定水环境标准下稀释畜禽粪便所需要的地表水资源量，而 L_{water} 则表示各地区的地表水资源总量。既定水环境标准具体指标见表 3-8。

表 3-8　地表水环境质量标准

COD	TP	TN	BOD_5	NH_4^+-N
20 mg/L	0.2 mg/L	1 mg/L	4 mg/L	1 mg/L

在上式中，若 W 的取值大于 1，则代表既定水质标准下，排入水体的畜禽粪便承载超标；若 W 的取值小于或等于 1，则表示当前排入水体中畜禽粪便对水体未造成污染。

其中，畜禽的粪便排泄量的计算方法同上一节公式(3-2)，畜禽的生产周期同上一节，依然采用的是牛、羊为 365 天，猪为 199 天，家兔 90 天，家禽 210 天。由于当前猪场、牛场和养羊场的粪污都会在进行固液分离后，对养殖场用水进行冲洗，因而在考虑猪、牛、羊的排泄系数时将猪粪、猪尿分开，羊粪、羊尿，牛粪和牛尿分别分开进行计算。而家兔、家禽的粪污基本上采用的是干清粪技术，因而对禽粪和禽尿未进行分开。其中，畜禽的日排泄系数见表 3-9，畜禽粪尿中污染物平均含量见表 3-10。在对福建省各地地表水资源量进行查阅的基础上，通过测算，福建省各地区的畜禽水环境承载压力值见表 3-11 所示。

表 3-9　畜禽的日排泄系数

牛粪	牛尿	猪粪	猪尿	羊粪	羊尿	鸡粪	兔粪
28.07	2.65	2.65	3.6	1.6	0.7	0.11	0.15

注：畜禽粪便污染物含量主要的参照标准为原国家环境总局文件(环发〔2004〕43 号)。

表 3-10　畜禽粪尿中污染物平均含量

单位:kg/t

种类	TN	TP	COD	BOD_5	NH_4^+-N
猪粪	5.88	3.41	52.00	57.03	3.08
猪尿	3.30	0.52	9.00	5.00	1.43
牛粪	4.37	1.18	31.00	24.53	1.71
牛尿	8.00	0.40	6.00	4.00	3.47
羊粪	7.50	2.60	4.63	4.10	0.80
羊尿	14.00	1.96	4.63	4.10	0.80
禽粪	10.40	5.80	45.70	38.90	2.80
兔粪	7.50	2.60	4.63	4.10	0.80

表 3-11　2017 年福建省水资源承载力压力指数

区域	地表水资源/亿 m^3	W 值	是否超标
福建省	1 054.23	2.24	超标
福州市	94.81	2.95	超标
厦门市	8.93	5.64	较严重超标
泉州市	83.20	3.08	超标
莆田市	31.35	3.70	超标
漳州市	95.45	3.17	超标
宁德市	120.49	0.98	未超标
南平市	252.22	1.95	超标
三明市	196.38	1.12	超标
龙岩市	169.29	3.05	超标

注:地表水资源总量数据来源于《2017 福建省水资源公报》。

2.水污染承载结果分析

福建省地处南方水网区域,河网密布,区域内流经 12 条主要河流,水污染治理是福建省环境污染治理的重中之重。专家解释:“一头猪的污染物排放量相当于 6～8 人排放,畜禽养殖污染不治理好,水环境将承载巨大压力。”根据生猪养殖水体污染测算结果可知,福建省的水环境承载面临严重的超载现象,水环境治理成为生猪养殖环境的主要约束。水体的污染相较于土壤污染范围更广,程度更重,任务更重。从各地市水资源承载力来看,仅有宁德市的水体污染未超标,但也接近超标临近值;福州、泉州、莆田、漳州、南平、三明和龙岩均存在 2～3 倍程度的超标;厦门生猪养殖水体污染情况为严重超标,水资源承载力压力指数高达原值 5 倍。厦门地表水系不发育,人均水资源占有量少,且位于九龙江下游,一是因为沿岸畜禽养殖业快速发展,畜禽养殖污染严重,流域生猪养殖基数大,多数养殖场污染治理设施不完善,畜禽养殖污水超标甚至直排现象严重;二是因为流域沿岸人口不断增长,使得流域内的养殖废水和生活污水迅速增加,水质中的氮、磷超标严重,厦门北溪引水水质受到影响。

(三)生猪养殖温室气体的排放

1.研究方法与数据来源

养猪业的规模不断扩大,由畜禽粪便等废弃物处置不当而产生的温室气体也成了重要的碳源,从而导致了气候不断变暖。在生猪养殖中,碳排放量是福建省生猪养殖业衡量污染系数最为基础的数据指标。本节采用福建省 2003—2017 年生猪出栏量(《福建统计年鉴》)以及 IPCC(政府间气候变化专门委员会)相关指标测算出福建省生猪养殖的碳排放量。在计算碳排放量时不计算土地、水、草地等其他污染。生猪养殖过程中的碳源计算包括三部分,分别是肠道发酵、猪粪储存、能源耗费。本书综合蒋礼(2016)的畜禽养殖碳排放量的计算方法,根据《2006 年 IPCC 国家温室气体清单指南》计算参数,得出福建省生猪养殖业碳排放的具体公式,见表 3-12 至表 3-14。

表 3-12　生猪养殖碳排放公式

公式	解释名称
$Q_{emi}=Q_{pro}-Q_{use}$　(3-6)	Q_{emi}生猪养殖碳排放量 Q_{pro}生猪养殖碳产生量 Q_{use}沼气使用而减少的碳排放量
$Q_{pro}=Q_f+Q_m$　(3-7)	Q_f生猪肠道发酵甲烷排放量 Q_m生猪粪便管理系统碳排放量
$Q_f=EF\times$生猪出栏数$\times GWP_{CH_4}/1\ 000$　(3-8)	EF 为生猪肠道发酵排放因子 GWP_{CH_4}为 CH_4的全球增温潜势值
$Q_m=CMP_m=CE_{Mm}+CE_{Nm}+ER_{mf}$　(3-9)	CMP_m为生猪粪便资源化利用的碳排放量 CE_{Mm}为粪便管理系统产生的 CH_4的量 CE_{Nm}为粪便管理系统产生的 N_2O 的量 ER_{mf}为沼气代替化石燃料产生的碳排放量
$CE_{Mm}=\sum\left(RQ*\frac{FP}{365}\right)EF_{Mmm}\times GWP_{CH_4}/1\ 000$　(3-10)	RQ 为生猪的饲养量(存栏) FP 为生猪饲养期 EF_{Mmm}为粪便管理系统 CH_4 排放因子
$CE_{Nm}=\sum(RQ\times FP\times DN\times GW)\times EF_{Nmm}\times(44/28)\times GWP_{N_2O}/1\ 000$　(3-11)	DN 为生猪日均氮排放量 GW 为生猪平均体重 44/28 为 N_2O 与 N 的转换系数 EF_{Nmm}为粪便管理系统 N_2O 排放因子 GWP_{N_2O}为 N_2O 的全球增温潜势值
$Q_{use}=ER_{mf}=\left(CE_{Mm}\times CV_m\times\frac{\eta_r}{\eta_l}\right)\times EF_l\times R_0\times(44/12)$　(3-12)	CV_m为沼气热值 η_r为沼气热效率 η_l为液化石油气热效率 EF_l为液化石油气的碳排放因子 R_0为液化石油气的氧化率 44/12 为 C 和 CO_2的转换系数

注：EF_{Mmm} [$kgCH_4$/(头・a)]为 4.00、EF_{Nmm} [kgN_2O-N/(头・a)]为 0.002、EF [$kgCH_4$/(头・a)]为 1、DN[kgN/(10^3kg・d)]为 0.42、GW(kg)为 100、CV_m 为 20934 kJ/m^3、η_r为 55%、η_l为 55%、EF_l为 0.017tC/GJ、R_0为 100%、GWP_{CH_4}为 21、GWP_{N_2O}为 310。

表 3-13　生猪养殖碳排放计算参数(一)

	$EF_{M\,mm}$/[$kgCH_4$/(头·a)]	$EF_{N\,mm}$/[kgN_2O-N/(头·a)]	EF/[$kgCH_4$/(头·a)]	FP/d	DN/[kgN/(10^3kg·d]	GW/kg
生猪	4.00	0.002	1	200	0.42	100

数据来源:《2006 年 IPCC 国家温室气体清单指南》。

表 3-14　生猪养殖碳排放计算参数(二)

	CV_m	η_r	η_1	EF_1	R_0	GWP_{CH_4}	GWP_{N_2O}
生猪	20 934 kJ/m^3	55%	55%	0.017 tC/GJ	100%	21	310

数据来源:相关文献。

2.生猪养殖碳排放结果分析

福建省 2003—2017 生猪养殖碳排放结果如表 3-13 所示。从历史存栏数据分析,可以看出福建省 2003—2009 年生猪存栏量均维持在 1 800 万头左右,至 2012 年突破 2 000 万头,2013 年之后生猪存栏再度回落,截至 2017 年底生猪存栏量降至 1 624 万头。生猪养殖碳排放结果与年存栏量情况大致相同,2003 年以来,生猪养殖碳排放量呈现逐年上升的趋势,直至 2012 年达到碳排放高峰,随后呈现下降趋势。这其中的主要原因在于,自 2015 年 1 月 1 日《环保法》开始实施,畜禽污染便进入了环保黑名单。农业部先后出台《关于促进南方水网地区生猪养殖布局调整优化的指导意见》《全国生猪生产发展规划纲要(2016—2020 年)》《关于加快推进畜禽养殖废弃物资源化利用的意见》《畜禽粪污资源化利用行动方案(2017—2020 年)》等政策文件,受环保政策、价格波动、猪瘟等因素的影响,生猪养殖存栏量出现波动性变化,生猪养殖碳排放随之变化,呈现出碳排量逐年减少,环保成效效果显著,有利于生猪养殖业的健康良性绿色发展。

表 3-15　福建省 2003—2017 年生猪养殖碳排放量

年份/年	生猪存栏量/万头	生猪养殖碳排放量/千克
2003	1 603.10	9 897.44
2004	1 725.90	10 357.69
2005	1 879.00	10 325.59
2006	1 866.10	11 006.44
2007	1 645.90	10 689.32
2008	1 840.13	10 935.94
2009	1 800.00	10 866.79
2010	1 963.31	10 514.52
2011	1 950.43	10 721.89
2012	2 069.05	11 078.76
2013	2 092.05	10 712.02
2014	1 990.47	9 500.98
2015	1 707.76	8 810.39
2016	1 720.52	8 127.73
2017	1 624.17	7 963.90

六、福建省生猪养殖碳排放的库兹涅茨曲线特征

(一)养殖污染与经济增长的理论分析

2008 年农业部出台的《全国生猪优势区域布局规划(2008—2015 年)》,将福建等 19 个省定为生猪生产优势区域重点发展。这一规划促进了福建省生猪模式的转变,提升了生猪规模养殖的标准化水平,推进福建省生猪养殖规模化的发展进程,但产能提高的同时也造成了严重的环境污染负效应。在当今非洲猪瘟疫情背景之下,地方政府纷纷引入环境规制、政策补贴等外部工具的干预,如何满足供应要求并兼顾好经济与生态的平衡,是新环境下福建省生猪养殖业发展面临的新挑战。

福建省畜禽养殖业总体发展速度颇快，全省农林牧渔业总产值由1990年227.12亿元上升至2019年4 636.57亿元。其中农业产值所占比重均高达50%，肉类产品占主要农产品首位，猪肉总量占肉类第一。随着农业的规模化发展，生猪养殖也趋于规模化，产能平稳上升，但污染源排放并未得到有效控制。环境库兹涅茨曲线反映环境污染和经济发展之间的关系，是有效判断当下污染与经济发展的重要理论。本书首先通过分析养殖污染与经济发展的环境库兹涅茨曲线，得出福建省生猪养殖EKC曲线存在的拐点。其次应用灰色关联分析方法将福建省生猪养殖污染和养殖规模、产业结构、技术水平、城镇化水平的数据比对，旨在得出福建省生猪养殖污染面源影响因素之间的关联度，为环境污染防治提供科学的依据。

自20世纪90年代起，环境质量和经济发展就受到广大学者的关注。Dasgupta和Heal(1979)认为经济增长与环境调节之间存在良性互动的关系。Beckerman(1992)认为，资源保护技术受经济发展的制约，贫穷国家与富裕国家在环境治理技术方面有明显的差距。Grossman和Krueger(1995)针对北美自由贸易区环境问题，首次证实环境质量与人均收入之间存在密切关联。Panayotou(1993)借用早前库兹涅茨界定的人均收入与收入不均等之间的倒U形曲线，首次将环境质量与人均收入间的关系称为环境库兹涅茨曲线(EKC)。此后，环境库兹涅茨曲线被广泛应用于环境保护与经济发展的研究中，对不同类型经济增长与生态平衡的发展提供更深刻的科学依据。

在环境污染与经济发展关系中，国内学者的研究主要集中在污染排放和经济发展水平之间的关系，农业面源污染与农业经济的曲线论证，工业“三废”污染的环境库兹涅茨分析等方面。杜红梅、蒋礼(2016)通过研究湖南省生猪养殖污染与农业经济增长的关系，得出湖南省及其各主产区养殖污染与经济发展的关系，指出畜牧业面源污染的危害难以消除，政府必须要在经济发展与控制畜牧业污染排放之间做出权衡，为湖南省农业经济发展提出科学的政策建议。

国内外学者关于生猪养殖污染因素均展开了大量研究，由于国内外所面临的养殖环境、养殖模式、粪污处理等方式的不同，养殖污染的影响因素也不尽相同。发达国家的畜禽养殖开始较早,引发学者对环境污染问题的关注也早于国内。国外学者对生猪养殖污染的影响因素主要包括立法情况、废料处理水平、智能化应用水平等。美国通常会采用立法来规制生猪养殖,通过一系列政策手段规制环境污染的情况。发达国家主要采用智能化管理系统、自动分阶段饲养系统、猪场环境监控系统等现代化技术手段对生猪养殖进行实时精准的饲养和检测,通过技术手段的提升来减少污染的排放。(周志波,2019)国内学者研究农业碳排放的影响因素主要包括经济发展、养殖规模、产业结构、农业技术条件、教育水平、农业劳动力规模、城镇化水平等(赵宇,2018;蒋礼,2016;何炫蕾,2018)。经济目标是不少企业发展首要考虑的因素,利益驱动下一些养殖企业肆意扩大养殖规模,追求高产增加环境污染风险,使农村环境污染加重。污染治理的成本已成为养殖过程中要考虑的重要因素,适度养殖对当地污染治理有重要的参考意义(田文勇等,2019)。

当前非洲猪瘟疫情的形势依旧严峻,生猪市场供应形势紧张。生猪产能依旧是我国农业生产的关注重点,“加速恢复生猪生产”不是一句口号而是真正体现在政府工作报告中。在此背景下,我国生猪养殖的参与主体在不断扩大,不少行业巨头纷纷加入养猪行业,与此同时,养殖带来的环境污染问题也不容忽视。

当前我国生猪养殖业正处于产业结构调整和优化的关键点,合理配置产业结构会提升好环境资源的充分使用率,发挥生产工作中最大效能,转变当前农业生产结构。技术水平的改进是养殖环节中综合水平的体现,是行业发展中的一项重要指标,它可以带动生猪养殖行业的技术革新,提高技术人员的整体素质,带动产业方式的转变,提高污染治理的水平。冷碧滨等(2018)通过 DEA 模型对我国各地区大规模型的生猪养殖技术进行测量,研究表明我国东中部与西部地区在养殖技术效率方面存在较大差距,极其有必要因地制宜进行相应的养殖污染治理措施设计。

综上所述,现有文献关于农业面源污染与经济发展关系展开了丰富的研究,为本书的研究提供了方向和理论支持,基于农业污染的研究框架下进一步探究生猪养殖的污染情况。但关于生猪养殖产业与经济发展变动关系的研究尚且少见,生猪养殖业在我国经济社会发展中占据重要作用，有必要对此展开相关研究以丰富环境与经济协调发展的理论研究。此外，少数关注特定畜牧养殖产业与经济发展关系的研究表明由于环境和经济禀赋的差异，该问题往往具有明显的区域特征，福建省作为全国首个生态文明试验区，研究其生猪养殖库茨涅茨曲线特征具有较强的示范效应。因此，以福建省生猪养殖业为研究对象，探究生猪养殖碳排放与农业经济发展之间的关系，判断库兹涅茨拐点是否已经存在，并进一步分析福建省生猪养殖碳排放影响因素之间的关联度，为实现福建省生猪养殖产业发展与生态保护协调发展提供切实可行的建议。

(二)生猪养殖碳排放影响因素

1.经济发展：人均农业总产值

福建省经济发展与农业生猪养殖碳排放存在长期紧密的联系，经济水平的提升一方面影响着农业产量的增产速度，另一方面也加剧了污染源的排放。当前，我国经济从高速度增长转变为高质量发展，这也意味着当前的经济发展更为注重与生态关系的平衡，注重农业的可持续发展。农业总产值直观地反映了一年内农村经济发展的情况，为提高指标的准确性，本书选取人均农业总产值来反映当前福建省农村的经济发展情况，即当年农业总产值与当年农村人口总数之比，体现真实的农业经济情况。

2.产业结构：牧业总产值占农业总产值比重

生猪养殖是我国畜牧业的支柱性产业，占畜牧业产值中的最大比重。要从源头上降低养殖污染，必然要对产业结构的分配情况深入分析。环保政策的收紧、养殖行业门槛的抬高，产业结构也随之不断调整。生猪养殖结构逐步从金字塔形变为纺锤形。产业结构的调整对碳排放是否有显著的影响，对产业结构调整具有重要的借鉴意义。由于福建省生猪产值数据的不完善性，遵循数据真实性、可得性原则，且1990—2012年生猪产值与牧业产值比重始终保持在70%左右，故选用牧业总产值代替生猪产值，牧业产值与农业总产值的比重来反映生猪产业结构的分配情况。

3.养殖规模：福建省生猪养殖出栏量

过去几年，国内生猪养殖散养户加速退市，规模化养殖发展迅速。不计政策限制、技术水平等外部影响，养殖规模的大小可以直观反映碳排放量的多少。本书选取福建省生猪出栏量来表示养殖规模，出栏数衡量生猪养殖最基本的指标，可以从总体上反映福建省生猪养殖规模的变化和生猪产业的发展水平。可以理解为，生猪出栏量越多，养殖规模越大。

4.技术水平：年末农业机械总动力

技术水平已成为衡量一个产业水平高低的重要因素。技术的进步是一把双刃剑，一方面可以加大产量，提高生产效率，促进农业生产，与此同时，高频使用先进技术可以大幅度提升资源的利用率，减少因设备带来的二次污染；但另一方面，农业耕作力度加强，农业机械化设备的过度且不规范的使用，也会对农村环境带来严重的威胁。农业机械化水平是反映农业生产现代化的重要表现，农业机械总动力作为农、林、牧、渔业的各种动力机械的动力总和，能够直接反映出一年内农业机械化的变化程度。由于生猪养殖所需要的技术设备种类多，无法以某一设备的技术参数来判断水平的高低，所以选取农业机械总动力来表示技术水平。

5.城镇化水平：城镇人口与年末常住总人口之比

如今，农村生活日益好转，出现大批农村劳动力向城市转移的现象，城镇化率逐年提高。城镇化水平是衡量一个国家或地区经济发展水平的重要指标，对农业可持续发展有双重影响。随着城镇化水平的提高，农业人口逐渐减少，从事养殖产业的人口减少，养殖规模得到有效控制，养殖所产生的碳排放也会得到适当的控制。从另一层面分析，为保持原有产量，养殖户需通过扩大养殖规模、加快生产速度等方式扩大生产，从业人口的减少也使得农村劳动力成本迅速提升，这就意味着养殖户要通过经济获益的方式来抵消放弃对外打工的机会成本，是农村生态环境的潜在威胁。本书选取福建省年末城镇常住人口与年末常住总人口之比来衡量城镇化水平的发展趋势，进一步分析城镇化水平与碳排放是否有关联。

（三）环境库兹涅茨曲线分析的模型构建

1.环境库兹涅茨方程

库兹涅茨曲线（EKC）主要用于反映当地环境污染与经济发展之间的关系，可以直观体现该地的环境污染状况，对做好经济与环境之间平衡发展有重要的启示意义。本书将环境污染与经济发展的关系式拟设定为：

$$Y=a_0+a_1X+a_2X^2+a_3X^3+\lambda \tag{3-13}$$

其中，Y 指标表示环境污染；X 指标表示经济发展情况；a_0，a_1，a_2 为模型系数；λ 为随机误差项。模型系数根据实际情况不同而变化，可反映出环境污染状况与经济发展之间的关系，见表 3-17。

表 3-17　库兹涅茨曲线关系分解

系数关系	曲线关系
若 $a_1=a_2=a_3=0$ 时	两者之间无关系
若 $a_1>0$，$a_2<0$ 且 $a_3=0$ 时	两者之间存在 EKC 关系（倒 U 形）
若 $a_1<0$，$a_2>0$ 且 $a_3=0$ 时	两者为 U 形关系
若 $a_1>0$，$a_2<0$ 且 $a_3>0$ 时	两者为 N 形曲线关系
若 $a_1<0$，$a_2>0$ 且 $a_3<0$ 时	两者为倒 N 形曲线关系

根据（3-13）式可得出环境库兹涅茨曲线的转折点（TP）为：

$$X=-\frac{a_1}{2a_2} \tag{3-14}$$

2.灰色关联分析

灰色关联旨在分析某些可能存在相互作用因素之间的关联程度，通过生猪养殖的碳排放量及其影响因子的灰色关联度来进一步分析环境库兹涅茨曲线的成因。目前多学者对灰色关联分析的具体步骤均有详细的介绍，本书将不再对具体公式展开罗列，见表 3-18。

表 3-18　生猪养殖灰色关联分析步骤分解

步骤	备注
确定分析数列，对数列进行赋值	参考数列（母序列）：生猪养殖碳排放比较数列：养殖规模、产业结构、技术水平、生产效率、城镇化水平
数据无量纲化处理	本书选用均值法
计算关联系数，得出分辨系数 ρ	通常 ρ 的取值在(0,1)，当 ρ 值越趋近于 0，表示分辨能力越高。通常取 $\rho=0.5$
计算关联度 r	—
对关联度进行排序	—

（四）生猪养殖碳排放库兹涅茨曲线特征结果分析

1.福建省生猪养殖业碳排放与经济增长的 EKC 模型拟合

在实际模型的构建中，分别对线性模型、二次曲线模型、三次曲线模型进行回归分析。分析可知线性回归模型下的显著性 Sig 为 0.667＞0.05，因此在此关系式中线性回归模型不适用。二次曲线模型和三次曲线模型的 Sig 均为 0.000，表示均通过显著性检验，其中二次曲线 R 方为 0.755，三次曲线 R 方为 0.792。结果表明三次曲线模型的拟合效果最佳，其修正拟合优度均要大于线性模型和二次曲线模型，同时方程 R 方和各项系数均能通过显著性检验。见表 3-19、表 3-20：

表 3-19　福建生猪养殖碳排放量 EKC 模型汇总

方程	R 方	模型汇总				
		R^2	F	df_1	df_2	Sig
线性	0.007	−0.030	0.189	1	27	0.667
二次曲线	0.755	0.736	40.072	2	26	0.000
三次曲线	0.792	0.767	31.668	3	25	0.000

因变量：生猪养殖碳排放量（tCO_2），自变量：农村人均农业总产值[元/(人・年)]。

表 3-20　福建生猪养殖碳排放量 EKC 参数估计

方程	参数估计值							
	常数	Sig	A1	Sig	A2	Sig	A3	Sig
线性	9 347.666	0.000	−0.012	0.667	—	—	—	—
二次曲线	7 526.401	0.000	0.495	0.000	−1.720E−5	0.000	—	—
三次曲线	6 993.211	0.000	0.724	0.000	−3.702E−5	0.001	4.369E−10	—

因变量：生猪养殖碳排放量(t)，自变量：农村人均农业总产值[元/(人·年)]。

(1)模型拟合结果

本书基于环境库兹涅茨倒 U 形曲线假说，运用 SPSS 22.0 软件进行计量模型估计，其拟合方程为：

$$Y=0.724X-3.702E-5X^2+6993.211 \tag{3-15}$$

通过公式可计算出相应的转折点为 9 778 元。根据转折点数据得知，在福建省人均农业总产值超过 9 778 元/年时，福建省生猪养殖碳排放量会呈现逐渐降低的趋势。2009 年起，该省生猪养殖碳排放的环境污染进入转折期。福建省生猪养殖碳排放量与农村人均农业总产值之间存在显著的倒 U 形曲线，R 方为 0.792，拟合结果图 3-7 所示，对环境库兹涅茨曲线具有充分解释。

(2)曲线拟合特征

从表 3-19 可以看出，生猪养殖碳排放与农村人均农业总产值的关系符合库兹涅茨曲线特征，当农业经济发展水平与碳排放量到达一定拐点后，碳排放量会随经济的发展而减少，两者呈现倒 U 形关系。这表明福建省农村经济呈现不断增长的趋势，同时生猪养殖碳排放量在逐步减少。主要原因是有以下两方面：第一，养殖户环境保护的意识逐渐增强，认识到环境保护的重要性，对规范养殖的了解越来越深入，更重视生态环境与养殖污染之间的关系。第二，政府将生态效益纳入首要考虑因素，更加重视对养殖污染的环境规制与产业补贴，加强对环境污染排放的监管，加大对环保硬件设施的技术及资金投入，更加重视对养殖户的思想教育和技能提升。

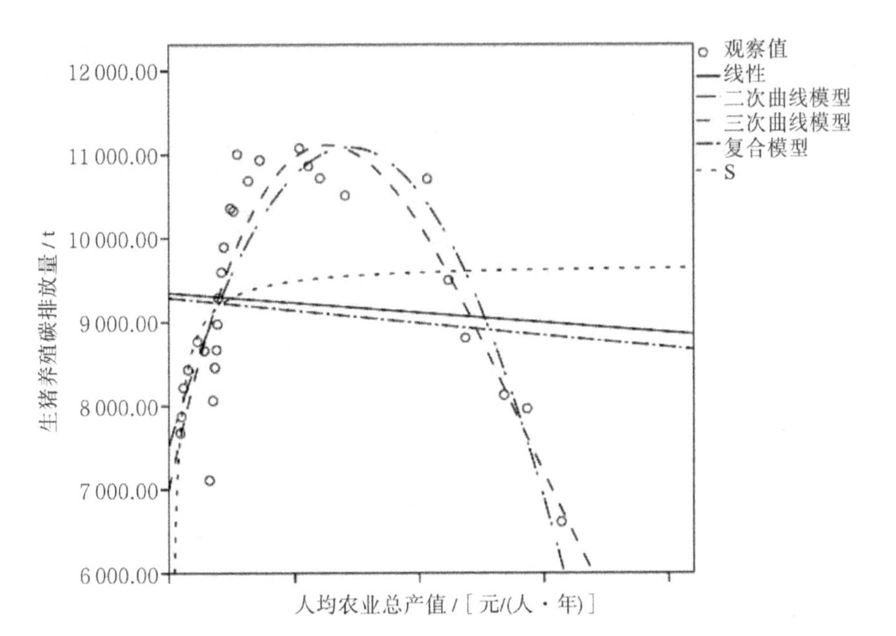

图 3-7　生猪养殖碳排放与人均农业总产值之间的模型拟合结果

2.灰色关联分析

(1)相关性分析

在进行灰色关联分析之前,本书通过皮尔斯相关性检验变量之间是否存在相关关系,可以为灰色关联分析的结果做参考,见表 3-21。

表 3-21　相关性分析

		养殖规模	产业结构	技术水平	城镇化水平
福建省生猪养殖碳排放量	皮尔森相关	0.752**	0.51**	0.447*	0.445*
	显著性	0.000	0.004	0.015	0.015
	N	29	29	29	29

说明:*、** 分别表示在 5%、1%水平上显著。

从表 3-21 可以看出,养殖规模、产业结构、技术水平和城镇化水平的关系,四个自变量的显著性均小于 0.05,说明这四个自变量与生猪养殖碳排放量之间存在显著相关性。

(2)灰色关联分析

本书以福建省 1990—2019 年生猪养殖的相关数据为样本，筛选样本数 29 个，且每个样本由养殖规模、产业结构、技术水平、城镇化水平四个指标构成。本书利用灰色关联分析分析生猪养殖污染排放的影响因素之间的关联程度。对样本数据进行均值化处理后计算得出样本数据关联因子与关联度，见表 3-22、表 3-23、表 3-24。

表 3-22　样本数据均值化处理

年份	碳排放量	养殖规模	产业结构	城镇化水平	技术水平
1990 年	0.83	0.53	0.92	0.40	0.59
1991 年	0.85	0.56	0.86	0.40	0.62
1992 年	0.89	0.61	0.86	0.41	0.65
1993 年	0.91	0.67	0.83	0.44	0.70
1994 年	0.95	0.74	0.91	0.45	0.73
1995 年	0.94	0.66	0.89	0.45	0.76
1996 年	0.77	0.69	0.91	0.46	0.79
1997 年	0.87	0.85	1.04	0.47	0.80
1998 年	0.92	0.90	1.02	0.48	0.82
1999 年	0.94	0.96	1.00	0.49	0.84
2000 年	0.97	0.89	1.04	1.00	0.88
2001 年	1.01	0.95	1.05	1.02	0.89
2002 年	1.04	0.98	1.05	1.06	0.92
2003 年	1.07	1.06	1.07	1.09	0.96
2004 年	1.12	1.14	1.17	1.12	0.99
2005 年	1.12	1.24	1.02	1.14	1.01
2006 年	1.19	1.23	0.93	1.16	1.04
2007 年	1.16	1.08	1.07	1.17	1.07
2008 年	1.18	1.21	1.26	1.20	1.12
2009 年	1.18	1.18	1.09	1.24	1.18
2010 年	1.14	1.29	0.97	1.38	1.21
2011 年	1.16	1.28	1.08	1.40	1.26
2012 年	1.20	1.36	1.00	1.44	1.29

续表

年份	碳排放量	养殖规模	产业结构	城镇化水平	技术水平
2013 年	1.16	1.38	0.98	1.46	1.35
2014 年	1.03	1.31	0.92	1.49	1.38
2015 年	0.95	1.12	0.98	1.52	1.39
2016 年	0.88	1.13	1.10	1.53	1.28
2017 年	0.86	1.07	1.03	1.56	1.24
2018 年	0.72	0.94	0.91	1.59	1.24

表 3-23　关联系数结果

年份	养殖规模	产业结构	城镇化水平	技术水平
1990 年	0.824	0.929	0.768	0.856
1991 年	0.829	0.960	0.760	0.859
1992 年	0.838	0.955	0.749	0.856
1993 年	0.856	0.973	0.749	0.869
1994 年	0.871	0.990	0.739	0.869
1995 年	0.836	1.000	0.745	0.891
1996 年	0.947	0.970	0.822	0.986
1997 年	0.987	0.936	0.779	0.950
1998 年	0.989	0.846	0.765	0.940
1999 年	0.988	0.946	0.760	0.939
2000 年	0.944	0.947	0.981	0.939
2001 年	0.961	0.945	0.991	0.928
2002 年	0.961	0.895	0.990	0.924
2003 年	0.990	0.948	0.989	0.927
2004 年	0.991	0.879	0.997	0.915
2005 年	0.923	0.890	0.986	0.928
2006 年	0.976	0.933	0.977	0.903
2007 年	0.952	0.982	0.990	0.943
2008 年	0.982	0.868	0.988	0.958
2009 年	0.995	0.893	0.959	0.997
2010 年	0.903	0.878	0.857	0.950

续表

年份	养殖规模	产业结构	城镇化水平	技术水平
2011 年	0.921	0.929	0.856	0.936
2012 年	0.898	0.960	0.858	0.938
2013 年	0.868	0.955	0.823	0.885
2014 年	0.835	0.973	0.755	0.803
2015 年	0.894	0.990	0.716	0.764
2016 年	0.849	1.000	0.685	0.782
2017 年	0.873	0.970	0.670	0.790
2018 年	0.867	0.936	0.620	0.732

表 3-24　关联度结果

评价项	关联度	排名
养殖规模	0.915	2
产业结构	0.937	1
城市化率	0.839	4
技术水平	0.895	3

从表 3-24 可以看出，产业结构、养殖规模、技术水平和城镇化水平对福建省生猪养殖碳排放均有较高的关联度。产业结构的关联度最高(0.937)，说明产业结构的合理分配是控制碳排放的主要因素。抑制生猪产业发展，会直接导致猪肉产量下降，影响肉制品食品的消费结构，扩大生猪养殖产业，又会加剧碳排放造成环境污染。要注重农业产业结构的合理化，政府既要从经济效益出发，满足农业资源的合理利用，减少浪费，还要考量社会效益的需求，争取生态环境的改善和提升，实现经济与生态双重效益。养殖规模(0.915)的大小与碳排放量直接相关，一些以养殖生猪来维持日常生活开销的散养户由于缺乏成熟的养殖技术与专业的污染排放设备，不重视废弃物的排放，久而久之，对周边环境造成严重的破坏。中大型养殖场有明显的存栏数量优势，但同时数量越多，废弃物越多。要达到最优养殖规模的标准，这需要政府有关部门合理设置出一道红线，各养殖户不能一味追求经济效益而扩大养殖规模，要遵循科学最优养殖规模，不违法扩建。农业技术水平(0.895)的提高对生猪养殖碳排放也有很

大影响。农业机械化水平的提升，一方面增加了生猪养殖的产量，提高养殖规模化的程度，保证农产品产出的效率，增加农民的收入；另一方面，农业机械化会破坏土壤结构，造成土壤养分流失，且使用、管理和维护机械化设备的成本过高，资金投入不足，会严重影响农机化的普及和技术的革新。城镇化水平(0.839)逐步提高，大量年轻农民工进城谋生，农村劳动力老龄化加剧，“空心村”的面积逐步扩大，威胁到农业生产和生活。

基于福建省历年数据统计研究福建省生猪养殖污染与农业经济发展的关系，分析生猪养殖碳排放量的影响因素关联程度。结论显示：(1)福建省生猪养殖碳排放量与农村人均农业总产值之间存在显著倒U形曲线关系。福建省农村人均农业总产值超过 9778 元/年时，福建省生猪养殖碳排放量会呈现逐渐降低的趋势。2009 年开始，该省生猪养殖碳排放的环境污染进入转折期。(2)通过灰色关联性分析得出评价项与生猪养殖规模的关联情况，结果表明产业结构 0.937，养殖规模 0.915，技术水平 0.895，城镇化水平 0.839。其中，产业结构的综合评价最高，说明生猪养殖碳排放量与生猪产业结构关系最为密切。

福建省生猪养殖产业占牧业总产值首位，随着产业规模化程度越来越高，环境问题始终是农业生产中必不可少的关注点，因此，得到以下启示。

第一，合理配置生猪养殖产业结构。调整产业结构保证资源得到合理的使用，促进福建省生猪规模养殖的进一步发展。政府要通过升级政策补贴、资金补助、引入援助等形式对养殖户和第三方进行引导，发展绿色经济，低碳经济，降低生猪养殖污染的减污减排。

第二，严格控制养殖规模。一味地扩大生猪养殖产业的占比对环境破坏是极大的威胁，政府应对生猪养殖的生产与需求做合理的计划，根据土地承载能力进行规划引导，严控生猪养殖总量，推进畜牧业结构调整、绿色发展。

第三，加大对养殖、环保等技术的改进。有关部门应提高农业机械装备的水平，加强农业资源的利用效率，提高农业生产效率，大力推广科技清洁的技术手段，重点提升环保技术的实操，推进生猪养殖粪污资源化利用，加快构建种养结合、生态养殖、农牧循环的可持续发展新格局。

第四，引入高素质人才。联合各大商业银行、企业、科研所等对养殖场实行经济扶助，设备赞助，技术指导，人才培养。其中，要加大对技术人员的培训力度，着力培养“高质量、高素质”人才，为生猪养殖增产提供技术性人才，实现农村人才回流。

第五，完善生猪养殖污染的制度建设。建立污染监管制度、档案管理制度、绩效考核制度，提高信息水平一体化和便捷化。对规模养殖场开展分类管理，精准监测。通过生猪养殖户、政府与第三方企业的齐心协力，为农业经济发展和环境保护打造一片平衡、循环、绿色、生态的养殖新天地，实现经济效益与生态效益的双达标。

第四章　理论基础与模型构建

一、研究的理论基础

(一)外部性理论

“外部性”概念最初源于英国剑桥大学马歇尔《经济学原理》一书,而后庇古从福利经济学角度系统地研究了外部性问题,通过分析私人与社会边际净产值的不一致来阐述外部性。随后,有兰德尔、萨缪尔森和诺德豪斯等学者对外部性的概念从不同角度予以界定,但其本质仍然较为一致,即认为外部性指企业或个人向市场之外的其他人所强加的成本或利益。后来经过阿温·杨格、鲍莫尔、科斯等人的继承和发展,外部性理论趋于完善。环境资源的公共物品性质和产权模糊性是使其产生外部性的经济根源。在市场经济体系中,资源的有效配置取决于生产者和消费者利益的最大化,而成本成为衡量供求双方利益最大化的基础。由于不完全市场的存在,环境资源配置市场的生产和消费成本不再准确依赖双方的供需曲线而形成,而是存在明显的成本或收益溢出现象。

依据外部性的内涵,外部性效应通常分为正外部性和负外部性。即当一个主体的行为使他人收益,结果是社会效益大于行为主体私人效益时为外部经济性;而当一个主体行为使他人受损,使得社会成本大于私人成本时为外部不经济。很显然,畜禽养殖污染是典型的负外部性效应。

对照鲍莫尔和奥茨(1988)给出的外部效应认定的必备条件:当一个主体的生产活动或消费行为进入了其他主体的利润函数或效用函数时,即存在外部效应。对照之下,畜禽养殖的负外部性表现为养殖户行为进入并影响了其他养殖户或非养殖户的生产函数,或者进入并影响了非养殖户的效用函数。前者有如对于各养殖户在公共环境的排污使用上具有一定的竞争性,再如养殖户对非养殖户(农户)稻田过度排污造成作物减产;后者如养殖生产产生的空气恶臭和水质污染等对其他非养殖户的生活舒适度的影响。此外,源于环境资源的公共物品性质和产权模糊性,难以对因养殖污染造成生产函数和效应函数的损失进行市场定价,即不存在畜禽养殖户与被污染农户之间的补偿与受偿机制。

图 4-1 所示为畜禽养殖的负外部性效应。横轴表示养殖量 Q,在畜禽养殖的负外部性效应研究中可代表排污量,纵轴表示价格 P,因为缺乏对外部性内部化进行调节的市场机制,畜禽养殖户将依据自身利润最大化原则选择在边际私人成本 MPC 和和边际收益 MB=P_2 相等的最优养殖量 Q_2 进行生产决策。但由于畜禽养殖污染具有负外部效应,边际社会成本 MSC 大于边际私人成本 MPC,其差额就是外部环境成本 MEC。由边际社会成本与边际收益所确定的社会最优养殖量为 Q_1,由此,私人最优养殖量显然大于社会最优养殖量。根据庇古纠正外部不经济性的思路,通过向养殖户征收排污税费,将污染的外部环境成本 MEC 内化到养殖户的经营成本之中,即通过增加税费使 MPC 无限地向 MSC 逼近,从而使得私人最优饲养量 Q_1 调整为社会最优饲养量 Q_2。

(二)行为经济学理论

行为经济学是在西方主流经济学,特别是在对新古典经济学进行反思和批评的过程中兴起的。它试图在心理学关于人的行为研究基础上,探讨各种心理活动特征对经济活动当事人的行为选择或决策模式的影响(黄祖辉,胡豹,2003);不同的心理活动与相应的行为决策模式具有内在关联性,从而表现出相应的行为特征,而这些行为特征又通过决策后果反映到具体的经济变量之中。行为经济学是基于传统消费者决策模型在一

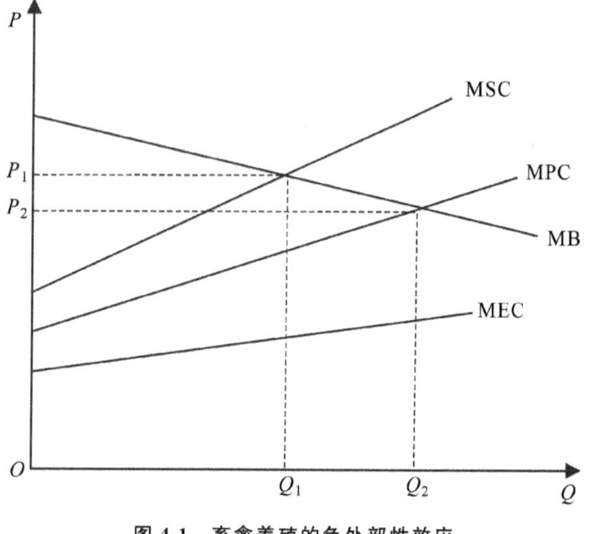

图 4-1 畜禽养殖的负外部性效应

些问题上对人类行为的实证描述不够充分，由此开始注意到人们的行为在理性、自我控制和自利方面是有限的，这些都与传统的经济模型相悖。具体地，学者们观察到人们在做决策时，一般是采取试探方法或根据经验；且对事物的各种可能性估计存在偏差；或者是囿于诸多不相干的信息（刘凤良等，2008）。因此，人们往往由于有限理性而不能达到期望效用的最大化。再者，经济主体决策常常会与他们长期的利益背道而驰，成瘾行为、储蓄不足和拖拉延迟等现象都与经济主体的非完全自控密切相关。行为经济学认为行为主体在进行决策时通常会考虑社会因素，表现出关心别人的福利。

依据上述与传统经济学模型相背离的基本点，行为经济学更加侧重对影响行为主体经济决策的心理因素和社会因素进行考察，以此探究人们决策过程中的"黑箱子"。行为经济学的核心观点是：经济现象归根到底来自经济活动中当事人的行为，由于当事人只能进行有限理性决策；而且这种有限理性的决策不仅体现在目的上，而且体现在过程中。在决策过程当中，当事人的心理活动特征与决策程序、决策情景都会产生互动，最终影响到决策的结果；个体当事人决策结果的变化引发总量结果的变化，对经济总量的理解需回溯于对个体行为的理解。在个体行为到经济总量形成的过程当中，有限理性和学习过程会导致决策的偏差以及结果演变路径的随机性，从而产生异常行为，这种异常行为增添了经济现象的复杂性，同时加剧了有限理性的约束。由此可见，行为经济学强调心理特征、行为模式、决策结果之间是互动的和关联的。这一点与新古典经济学关于偏好稳定和理性人等基本假定相矛盾。对行为经济和新古典经济学的硬核进行对比如表 4-1 所示（刘凤良等，2008）。可见，虽然同样坚持主观价值论，但行为经济学更加强调有限理性、偏好、禀赋内生化等基本假定。在这些基本假定的指导下，行为经济从选择及相应的决策行为出发分析问题，可同时分析几个行动，而新古典经济学则只能从交易出发来分析问题。其次，行为经济学不再假定要素产品同质，认为决策过程中可能出现路径依赖，也可能出现随机选择，而不像新古典经济学那样假定均衡存在。最后，与新古典经济学不同的是，行为经济学放弃边际分析方法，而更加寻求非线性和动态的求解方式和实证方式。

表 4-1　行为经济学和新古典经济学比较

类别	硬核	保护带	研究方法
新古典经济学	理性经济人假定；偏好和禀赋分布外生；主观价值论；交易关系为中心等	均衡；边际效用或产量递减；要素和产品自由流动；要素和产品同质；价格接受者等	方法论个体主义；边际分析方法；静态和比较静态分析为主；线性规划和动态规划
行为经济学	有限理性假定；可能追求利他行为和非理性行为；偏好和禀赋内生；学习过程；主观价值论等	非均衡；非线性效用函数；要素和产品异质；随机性；路径依赖；现实市场和组织；有限套利等	方法论个体主义；演化分析；非线性规划；实验和微观计量为主

（三）环境规制理论

政府规制是在市场经济条件下，政府利用强制权对微观经济主体进行的直接经济、社会控制或管理。其规范目标是克服市场失灵，包括克服微观经济无效率（自然垄断、外部性、公共品、信息不对称）和社会不公平，实现社会福利的最大化，即实现公共利益，而实证目标则是侧重于利益集团的利益，最终实现财富再分配。环境规制是社会性规制的一项重要内容，最初由来于西方经济发展过程中日益严重的环境污染问题。20 世纪 70 年代开始，西方关于安全、健康、环境的社会性规制不断增加，自此环境规制的概念及其研究拉开序幕。根据规制的基本要素，探求环境规制的内涵。首先，环境污染的外部性内部化的基本目标是实现在经济活动中保护环境和促进社会福利；其次，社会公共机构是环境规制的主要主体，规制对象可以是企业也可以是消费者。综上所述，环境规制是指由于环境污染具有负外部性，政府通过制定相应的政策和措施，对行为主体的经济活动进行调节，以达到保持环境和经济发展相协调的目标。

古典经济学形成时期，环境问题开始被纳入经济学家的视野，马尔萨斯、李嘉图、穆勒等古典经济学先驱们对资源与环境问题都进行过比较深入的思考。无论是“资源绝对稀缺论”“资源相对稀缺论”，还是“稳态经济说”都隐含着关于环境与经济发展如何协调的朴素理念。庇古是真正意义上对环境问题进行经济学分析的经济学家，庇古税的提出为纠正环境外部影响提供了一种分析思路。随后，20 世纪 60 年代科斯从产权的角度出发提出了解决外部性的另一路径。自此，以这两种理论思想为基础，泰坦伯格、鲍莫尔、奥茨等展开了传统环境规制的理论研究，经济学家们多从公共经济学角度出发，将环境看作公共物品，或利用政府干预或利用市场力量试图解决环境问题上的市场失灵。20 世纪 80 年代，以拉丰、梯若尔为代表提出的委托代理理论、信息经济学以及机制设计等现代经济学研究方法在环境规制中的应用，使得环境规制理论的研究变得更现实。在研究方法上也逐步从规范研究转变为实证研究，从定性研究转变为定量研究，环境规制理论研究得到了很大拓展(赵敏，2013)。

环境规制需求源于现实中的稀缺性、负外部性、产权不明晰以及污交易费用昂贵等问题。首先，环境资源的稀缺性体现在环境自然资源自身总量的绝对稀缺性和较于人类无限欲望的相对稀缺性。环境资源的供给受自然规律的支配，对其消耗要与其自身生长周期相适应，超过自身再生的界限，将永久性地破坏环境容量。其次，如前关于外部性理论的阐述，由于环境使用中负外部性的存在导致市场失灵，开展政府环境规制成为环境外部性内部化的必要手段。再者，由于环境资源具有极强的公共性，不具备一般产权制度所具有的特征。在多数情况下，环境资源的产权是不确定的，从而限制了产权制度功能的发挥。由于产权关系模糊，在实践中也被当作公共资源被过度使用。通过图示（图 4-2 和图 4-3）对照私人物品和公共物品总需求曲线可见，私人物品的总需求曲线是在价格水平上相加，而公共物品的总需求曲线是在数量上垂直相加的。著名的“公地悲剧”即是对环境资源过度使用，最终造成公用资源破坏的形象说明。依据科斯产权理论解决这一问题的办法是明晰公共资源的产权，通过各种标准或付费方式等政府力量对公共资源的使用进行规制。最后，环境资源负外部性是对社会公众公共利益的损害，而公众由于与生俱来的分散性、弱组织性、信息不对称性以及集体行动困境的存在，反污染行为往往需要高昂的交易费用，结果使得在缺乏政府规制的情况下污染行为能够得逞。

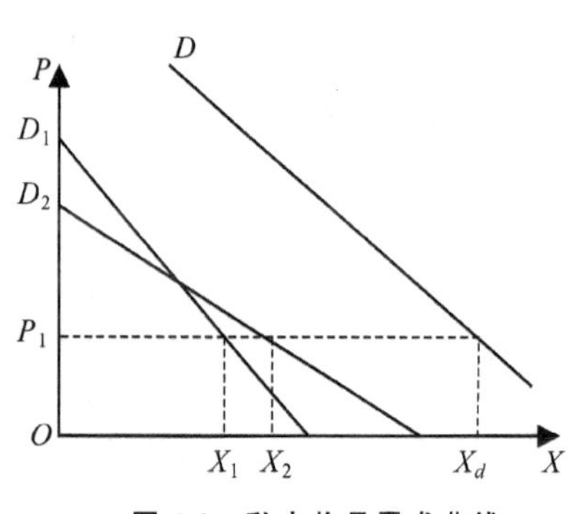

图 4-2　私人物品需求曲线

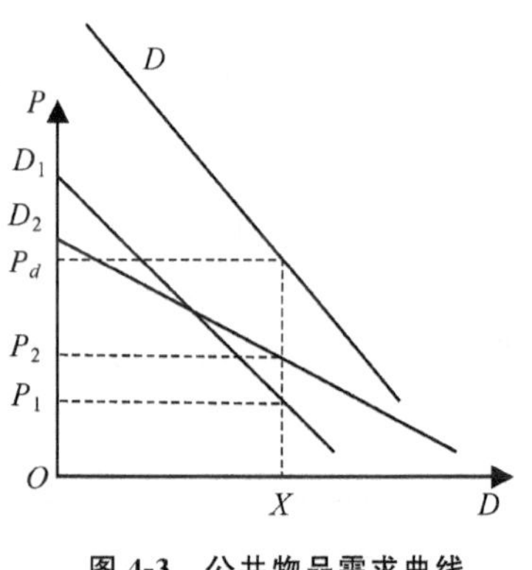

图 4-3　公共物品需求曲线

环境规制的实施手段主要有命令与控制型和以市场为基础的激励型环境规制。其中命令与控制规制手段一般包括标准、配额使用限制、许可证等；基于市场的环境规制手段一般包括污染权交易制度、押金一返还制度、签订资源协议、环境税费、补贴等制度。总体而言，环境规制主要通过界定环境资源的产权、对环境资源合理定价以及污染者付费制度来纠正市场失灵，实现环境资源的可持续利用。

(四)农户行为理论

农户是迄今为止最古老、最基本的集经济与社会功能于一体的单位和组织,是农民生产、生活、交往的基本组织单元(翁贞林,2008)。关于农户行为的“理性”与“非理性”的争议由来已久却历久弥新。首先是以T.W.舒尔茨(Schultz,1964)为代表的理性小农学派认为小农不仅在传统农业范围内有进取精神,并且能够最大限度地利用生产机会和资源谋取利益。农户经营中基本能实现生产要素的合理高效配置。由于基础禀赋的问题,小农是“贫穷而有效率的”,是理性的经济人。该学派还指出传统农业的停滞并非由于小农缺乏进取心和努力不足,以及缺乏自由竞争的市场经济,而是由于传统投资边际收入递减的缘故。与之相反,以俄国农业经济学家恰亚诺夫为代表的组织与生产学派认为小农行为决策是“非理性”的。小农生产目的主要是满足家庭消费,等同于自给自足的自然经济。由此,相比理性人的利益最大化目标,生产的最低风险将成为“非理性”小农生产过程中追求的主要目的。当家庭需要得以满足后小农将缺乏增加生产投入的动力,因而该学派认为小农经济是保守的、落后的、非理性,并且是低效率的。在这种情况下,小农生产的最优化选择就取决于自身的消费满足与劳动辛苦程度之间的均衡,而不是成本收益间的比较。该学派特点是强调坚守小农的生存逻辑,亦称“生存小农”学派。

这两种早期的农户行为观点具有一定的片面性。美籍华人(黄宗智,1986)在对恰亚诺夫和舒尔茨学说反思的基础上,对农户的经济行为提出了新的全面理解,认为小农家庭在边际报酬十分低的情况下继续投入劳动力,可能只是由于小农家庭没有相对于农业经营更高的劳动投入边际报酬。一方面,由于耕地资源的稀缺性所带来的生存压力会导致农户将大量的劳动力投入农业生产中,直到它的边际产品接近零;另一方面,如若处于最适宜的农业劳动力投入水平,小农家庭所拥有的过剩劳动力在市场上又没有其他就业机会,农户家庭将剩余劳动力投入极低报酬工作是完全“合理”的,因为这样的劳动力几乎没有机会成本。最后,即使没有人口的压力,仅出于自家干活的刺激不同于为被他人雇佣的缘故,农户也会在报酬低于市场工资的情况下进行工作。况且，随着商品化的发展，以满足家庭消费需要为主的小农农业生产也逐步发展为以追求市场利润为主的经营式农业生产，农户也因此表现出从“非理性”到“理性”的过渡。

虽然家庭养殖户的养殖规模不断加大，但以家庭夫妇或劳力经营为主的养殖模式仍然具有浓厚的小农经营特征。畜禽养殖是典型的农业生产活动，养殖污染需要投入必要的环保成本，因此，选择农户行为理论作为本书的理论基础具有理论适用性，且对规模养殖户污染防治行为具有较强的解释力。

(五)环境承载力理论

“承载力”这一思想最早起源于古时期放牧时代，特指牧场在不遭受任何外力破坏的作用下可以保障畜牧的数量。1921 年美国社会学家 Parker 和 Burgess 在生态学的概念中引入“承载力”，首次提出承载力这一概念，此后逐渐引申出环境承载力。美国科学家 Meadows(1972)提出了“零增长”理论，该理论指出资源的有限性与人口增长之间的矛盾，随后激起了一波讨论的浪潮，环境承载力受到更多学者的关注。1995 年，美国经济学家肯尼斯・约瑟夫・阿罗通过实证分析经济增长与环境承载力存在密切关系，它反映了环境与经济之间矛盾激化所表现的结果(封志明，2017)。承载力是指物体在无外力作用的原始状态下所能承受的最大能力。环境承载力最早是由承载力延伸出来，它是基于“资源观”和“价值观”的前提下，在某一时期，某种环境状态下，某一区域环境对人类社会、经济活动的支持能力的限度，它反映了环境与人类的相互作用关系。环境承载力这一概念已延伸到生态发展的各个领域，具体要素为水资源环境承载力、大气资源环境承载力、土壤资源环境承载力、矿产资源承载力、旅游资源承载力、生态资源环境承载力(如表 4-2 所示)。环境承载力的核心在于依据环境各个要素的承载能力来预测社会经济的发展速度，更有效地解决环境资源与社会资源的矛盾。

表 4-2 环境承载力综合评价指标

A	B	C	D
综合环境承载力	基本承载力 B_1	气候资源丰富度指数 C_1	气候生产力指数 人均氧气量 ……
		水资源丰富度指数 C_2	人均水资源量 地表水资源丰富度 ……
		土地资源丰富度指数 C_3	土壤肥沃度 生物多样性指数 矿产资源丰富度 ……
		社会基础设施指数 C_4	人均道路面积 人均公共绿地面积 ……
	污染承载力 B_2	大气污染指数 C_5	大气功能区环境质量达标率 二氧化硫污染指数 二氧化氮污染指数 ……
		水污染指数 C_6	水功能区环境质量达标率 COD 污染指数 ……
		土地污染指数 C_7	土壤重金属污染指数 土壤农药污染指数 土壤沙化指数 ……
		社会污染指数 C_8	生活垃圾排放指数 工业固废排放指数 噪声污染指数 ……

续表

A	B	C	D
	抗逆承载力 B_3	大气污染调控指数 C_9	工业废气处理率 年二氧化硫削减率 年二氧化氮削减率 ……
		水污染调控指数 C_{10}	废水处理率 ……
		土地污染调控指数 C_{11}	退化土地恢复率 污染土壤治理率 ……
		社会污染调控指数 C_{12}	固废综合利用率 危险废物处置率 ……
	动态承载力 B_4	大气环境质量动态变化指数 C_{13}	3年/5年/10年大气环境质量动态变化指数 ……
		水环境质量动态变化指数 C_{14}	3年/5年/10年水环境质量动态变化指数 ……
		土地环境质量动态变化指数 C_{15}	3年/5年/10年土壤环境质量动态变化指数 ……
		社会经济发展动态变化指数 C_{16}	3年/5年/10年社会经济发展动态变化指数 ……

目前，已有不少研究将环境承载力引入规模畜禽养殖的研究中，环境承载力其特殊属性是有效判断环境与社会经济发展关系的重要指标，与经济发展、养殖规模存在一定关系，对畜禽养殖的研究具有深刻意义。养殖业的污染物排放会对土地、水、大气等造成严重污染，研究环境承载力与养殖规模之间的关系对环境污染有重要的影响。通过相关量化数据可以测算出当前的环境承载力水平，依据有无外部干预，判断环境承载力的警戒状态，进而分析畜禽养殖行为的经济资源与环境资源之间的状态，对水资源环境承载力、土地资源环境承载力、大气资源环境承载力等具体内容加以综合评价，采取合理的养殖模式、干预手段、资源化利用等平衡社会效益、经济效益和环境效益。畜禽养殖环境承载力是一个特别行业的

承载力，其预测模型是科学可行的，它具有承载对象的独特性和动态性、系统的层次性和可调控性、空间的异质性和管制性等特征，有利于治理部门合理规划养殖发展、改善污染防治措施、创新养殖发展模式。环境承载力对生猪养殖有重要的研究意义，它有效地判断了规模养殖的排放物对环境与经济带来的影响，为政府治理污染及防治提供科学的依据。

(六)利益相关者理论

利益相关者理论起于20世纪60年代初，由美国斯坦福研究所首次提出，以英美等西方资本主义国家奉行外部控制型公司治理模式为代表，至20世纪80年代影响迅速扩大，并逐渐影响了各大公司的治理模式的选择。利益相关者理论不是凭空而来的，它是历史发展的必然产物，从私有财产神圣不可侵犯到股东主权，再到“股东利益最大化”，都是将企业视为股东获利的工具和场所，直到20世纪80年代，“股东至上”理论正式受到了利益相关者理论的强烈挑战。利益相关者理论一经兴起，得到了各个学科研究者的关注，逐渐由企业利益相关者的范畴扩大到各行各业的利益相关者的研究。

对利益相关者的概念理解，多位学者从不同层面提出对利益相关者概念的解释。一是基于利益目标的差异化，二是基于资源资产的投入产生，三是企业内部主体的特征。但都以企业和人的行为关系为核心所展开。利益相关者理论与传统的股东至上思想不同，它提倡多个利益相关者的加入与投资，认为企业的发展不单依靠股东的权利，而是离不开各种利益相关者的参与，这些利益相关者与企业的生存和发展密切相关，既承担了企业发展中所面临的各种风险，也为企业发展出谋划策，对企业活动进行制约和监督，同时，企业也应为各种利益相关者提供必要的服务或接受利益相关者的约束。利益相关者的分类方式有多锥细分法和米切尔评分法。多锥细分法是通过不同视角展开分类，以资源拥有形式、企业合同关系、风险承担方式等为标准，更注重企业与利益主体之间的依赖关系；米切尔评分法要求在界定定义的同时进行分类，强调合法、合作、权力、主动、利益等特性，更注重严格的标准化和相关程度。二者包含感性层面和理性层面，缺一不可，在研究中受到广泛的使用。

生猪养殖污染防治问题不单是某一养殖户的行为结果，它更多表现出的是多种不同性质的主体行为的结果，生猪养殖污染防治治理涉及众多利益相关者，而且存在两两相关关系，如政府一养殖户关系、中央政府一地方政府的关系，养殖户主体又包括养殖生产环节和污染防治环节的利益相关者，养殖前后的利益相关者和其他利益相关者。相关利益主体如表 4-3 所示。养殖生产和污染防治环节的利益相关者包括传统养殖户和规模化养殖户，养殖前后的利益相关者包括养殖生产资料经营者和养殖产业化经营者，其他利益相关者包括消费者和其他企业。养殖户是污染防治的直接主体，也是污染治理中最直接的利益主体。养殖户口众多，利益需求差异大，单个养殖户的影响力薄弱，只有广大的养殖户积极参与到污染治理中，污染防治才能发挥出最大的效果。政府是养殖污染防治的组织及监督者，为养殖污染防治行为制定政策制度、总体规划、监督体系、保障措施等工作，并协调养殖户、第三方组织之间的关系，承担着管理者、监督者的角色。农村企业是污染防治过程的调节者，作为一种公益性组织，农村企业可以充分发挥自身价值和作用，为养殖户和政府部门提供不同需求的帮助，通过资金支持、资源供给、组织经营等优势将分散的养殖户统一起来，为其提供技术指导，发挥农村企业在养殖污染防治过程中的价值。公众及社会团体是污染治理组织中的服务者，要积极提高社会组织污染防治的社会意识，各大高校团体、科研机构和媒体应充分做好人才支撑、设备支持、宣传载体等作用，积极配合政府部门做好养殖污染防治工作。这些行为主体直接或间接的影响养殖污染防治的效果，相互之间存在着错综复杂的关系，主体间关系如图 4-4 所示。通过对利益相关者研究模式的分析，进一步探讨养殖行为主体的利益相关关系，从而进一步改善污染防治行为。

表 4-3　生猪养殖污染防治相关利益主体

	组织类型	包含类型	角色定位
主要利益主体	养殖户、种植户	养殖户	生产者
	政府	中央政府、地方政府、村委及相关部门	管理者
	农村企业	农村企业、农业协会	调节者
	公众及社会团体	公众、各大高校、研究所、新闻传媒等	服务者

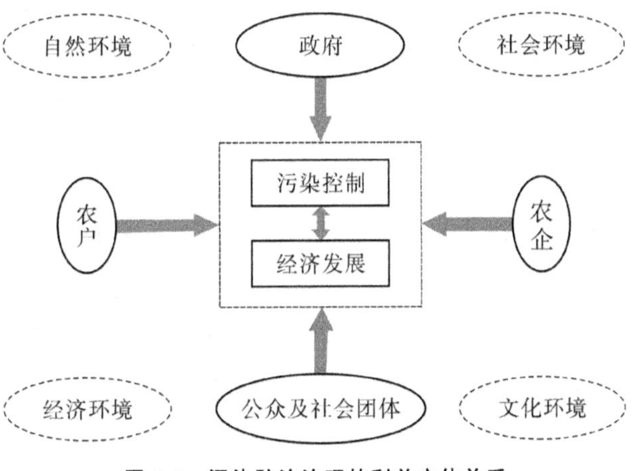

图 4-4　污染防治治理的利益主体关系

(七)博弈论与信息经济学

博弈是指一些人或组织在同等条件下,面对同样的规制,先后或同时,一次或多次的不经商讨地做出各自的选择并实施得出结果的过程。早在中国古代,博弈论思想就已产生,《孙子兵法》算是最早的一部博弈论著作,博弈论较早出现在象棋、赌博等关注胜负问题的游戏活动中,基于经验的把握未形成理论性的意义。1928 年,冯·诺依曼证明了博弈论的基本原理,从而宣告了博弈论的正式诞生。1994 年三位致力于博弈论基础理论研究的经济学家共同获得了诺贝尔经济学奖,使得博弈论作为重要的经济学分支学科的地位和作用得到了最具权威性的肯定。博弈论是研究决策主体的行为发生直接相互作用时候的决策以及这种决策的均衡问题。具体来说，当一个主体的选择受到其他主体的影响，并且会影响到其他主体的选择时的决策问题和均衡问题。博弈可分为合作博弈和非合作博弈，绝大部分博弈分析指的是非合作博弈，即参与方在既定条件下追求自身利益最大化。根据掌握信息程度的不同，博弈可分为完全信息博弈和不完全信息博弈。

博弈论的发展进程速度之快，一方面是受到社会经济中竞争的不断冲击，另一方面是当代社会和经济的信息化发展，信息化作用越来越显著，从而促进了信息经济学的发展要求。从博弈论的观点，信息经济学是非对称信息博弈论在经济学中的应用。信息经济学主要研究什么是非对称信息情况下的最优契约，又称为契约理论或机制设计理论。主要包括委托—代理理论、信息不对称理论、最优激励理论等。参与主体在动态博弈中的行为可能完全不同于静态博弈中的行为。在静态分析中，如果委托人不能观测到代理人的行动，为了诱使代理人选择委托人所希望的行动，委托人必须根据可观测到的行动结果来奖惩代理人，这样的激励机制称为“显性激励机制”。而在多阶段动态博弈中，如果委托代理关系不是一次性的而是多次性的，即使没有显性激励合同，“时间”本身可能会解决代理问题。

在 20 世纪 80 年代，博弈论迅速成为传统经济学的重要组成部分，理论和应用的新发现对非对称信息市场经济行为分析有着重大意义。不完全信息、不对称信息的博弈理论，正是信息经济学最主要的理论基础。因此信息经济学的发展对博弈论的发展起了间接的促进作用。运用博弈论与信息经济学的基本原理分析养殖污染防治的相关问题，对污染防治的对策路径奠定深刻的理论基础。

二、生猪规模养殖污染防治行为理论模型构建

(一)基于扎根理论的理论模型探索研究

1.研究变量筛选

扎根理论最初由 Glaser 和 Strauss(1967)于 1967 年率先提出,他认为社会科学研究的对象不同于自然科学,其研究对象可以是“解释性真实”(interpretive realities)。强调社会科学研究要基于对日常真实生活的仔细观察以及被观察者对事件的理解。扎根理论对于理解社会行为形成机理具有重要意义。扎根理论是基于严谨、规范的研究程序来构建理论的一种质性研究方法,该方法基于实地观察获取的大量广泛定性原始资料,通过对原始资料的系统分析和持续比较,逐步归纳提炼出相关概念和范畴,进一步继续对这些概念和范畴进行理论演绎和归纳,以梳理各个概念、范畴要素之间的相互联系,据此进行理论模型的构建。目前,扎根理论方法被广泛地应用在教育学、心理学、社会学和管理学等诸多学科领域,成为定性研究中较为权威和规范的研究方法。

根据前文对已有研究文献的综述可知,对于畜禽养殖污染防治行为模式,目前还没有成熟的变量范畴和表征量表。而由实地调研和访谈来看,很多养殖户,甚至是畜禽养殖管理部门对养殖污染防治的理解也不尽一致。因而直接设计无差异的结构化问卷对生猪养殖户进行大样本量化研究未必有效。鉴于此,本书通过非结构化访谈方式对畜禽养殖管理部门以及代表性养殖户进行访谈以收集第一手资料,继而运用扎根理论质性研究方法进行研究范畴的界定和变量的筛选。

依据以上对质性研究方法及其应用的介绍,本书采取问题聚焦访谈法和实地观察记录等方法来获取原始的质性资料。结合研究主题设计半结构访谈问卷(如附录 C 所示),利用此,对畜禽养殖管理领域研究专家、

主管部门工作人员以及代表性规模养殖户等进行实地访谈，以获取更加契合实际的资料。深度访谈共形成 43 份文本资料，其中，养殖户访谈资料 34 份，畜禽养殖主管部门工作人员及研究专家共 9 份。随机选择 32 份（26 份养殖户，6 份非养殖户）进行编码分析和变量筛选，剩余 11 份（8 份养殖户，3 份非养殖户）进行理论饱和度检验。表 4-4 所示为受访养殖户的人口统计学特征，表 4-5 所示为畜禽养殖主管部门工作人员及研究专家等的基本特征统计。

表 4-4 受访者人口统计学特征统计（养殖户）

项目	分类	人数	百分比
性别	男	28	82.4
	女	6	17.6
年龄（周岁）	30 周岁及以下	3	8.8
	31～35	15	44.1
	36～40	12	35.3
	40 周岁及以上	4	8.8
受教育程度	初中及以下	9	23.5
	高中	20	58.8
	大专及以上	5	14.7
养殖规模（头）	250 头及以下	7	20.6
	251～500	15	44.1
	501～1500	8	20.6
	≥1 500 头	4	11.8
养殖年限（年）	10 年及以下	4	8.8
	11～15	8	23.5
	16～20	12	35.3
	21 年及以上	10	29.4
养猪年净收入（万元）	10 及以下	7	17.6
	11～20	14	41.2
	21～30	8	23.5
	31 及以上	5	14.7

表 4-5　受访者基本特征统计(非养殖户)

受访者序号	受访者	性别	年龄	学历	工作单位	职务
A01	谢先生	男	53	博士	延平区农业局	副局长
A02	林先生	男	38	本科	炉下镇镇政府	副镇长
A03	陈先生	男	41	本科	太平镇镇政府	武装部部长
A04	谭先生	男	30	本科	邵武市农业局	畜牧站站长
A05	黄先生	男	50	大专	水北镇镇政府	畜牧站站长
A06	李先生	男	54	本科	新罗区农业局	副局长
A07	汤先生	男	38	中专	新罗区岩山镇	畜牧站站长
A08	华先生	男	35	大专	上杭县农业局	畜牧站站长
A09	许女士	女	45	大专	尤溪县农业局	副主任

(1)开放编码

开放式编码(open coding)是在深度访谈收集大量数据和信息的基础上,对原始访谈资料逐字逐句经由编码、标签、登录的步骤,通过持续比较分析从原始资料中发现和归纳相关概念,并界定概念范畴。为了减少研究者的主观偏好和所持有问题态度等的影响,在编码过程中尽量从受访者原话标签编码中发掘初始概念。据此,首先对 43 名被访谈对象的观点陈述进行整理归类,其间为保证概念和范畴的清晰界定,删除回答过于简单或模糊的语句,对有效的访谈内容进行开放式编码,最终共得到 464 条原始语句及相应的初始概念。其次,由于初始概念不仅数量非常庞杂而且不同概念间还存在一定程度的交叉,这需进一步对所得初始概念进行范畴化。范畴化过程中,一方面要剔除重复频次极少的初始概念(频次少于 2 次),仅选择重复频次在 3 次以上的初始概念;另一方面,还需对前后矛盾的个别初始概念进行剔除。表 4-6 所示为最终所得的初始概念和若干范畴。为节省篇幅,此处仅节选每个范畴中的 3 条原始资料语句及相应的初始概念。

表 4-6　扎根理论开放式编码范畴化

范畴	原始语句
沼气厌氧处理	A01 沼气池如果能按要求建设，可以削减 30%～40%的污染物 A06 沼气池的容积和养殖量要有一定的配比(至少 10 头猪/米^3)才能起到作用 A04 沼气池处理是所有其他后续处理的基础
干清粪处理	A02 传统猪舍要完全干清粪比较难，基本上能做到 80%算不错的了 A01 如果能进行干清粪，能减少 30%左右的污染量 A12 现在政府要求要干清粪，但我们用人工的，只能差不多做到一半
好氧处理	A03 沼气池属于厌氧处理，能够降解有机物，还需要进行好氧处理才有可能达标 A05 曝气池主要是用来好氧处理的，消解氨氮等污染物 A09 标准化改造项目都必须有好氧处理流程
能源化利用	A13 沼气池处理后，沼气能拿来做饭和猪仔保温，省下不少电费 A14 沼气肯定用不完，就只能排掉了 A17 沼气自己用不完，会分给邻居一起用
饲料化利用	A19 我会把处理后的污水冲到鱼塘里，鱼苗长得很快 A01 猪一沼一鱼也是生态养殖模式的一种，但是挺难执行的 A12 猪粪便没处理拿去养鱼是不可行的，太肥了，会养死掉的
肥料化利用	A12 堆肥发酵后，会拿去菜园里当有机肥，隔壁邻居也会来挑 A24 沼气处理后的猪粪水会用水泵抽到山里去灌溉竹林、山林 A08 种养结合执行起来很困难，一头猪要配比 6 米^2 种植面积，没有那么多地
生态理性	A07 养殖户只管卖猪赚钱，对污染问题不会关心的 A11 猪的排泄物没处理的，味道很大，一定要处理 A15 养猪污染对河流、农田影响还是很大
责任认知	A10"谁污染谁治理"养猪户应该要进行污染治理的 A15 大家都没有那么高的觉悟和意识 A03 政府对农村农业发展应该要支持，环境保护政府有一定的责任
问题感知	A16 养猪污染和工业污染比起来没什么的，环境能自然消解，不太需要处理 A18 这个味道还好吧，闻久了就习惯了 A15 像现在污染这么严重，大家都会自觉不直排的

续表

范畴	原始语句
风险感知	A19 养猪污染不会对人的健康有影响,我养了一辈子猪了也没生什么大病 A25 猪栏卫生没搞好,猪也会经常生病 A15 养猪污染对河流的影响很大,但主要是影响下游的居民
政策感知	A38 当地的一些环保政策都会了解一些 A05 2014 年刚出台的一部关于养殖污染防治的法律 A17 就是怕政策会变动,一段时间做这个环保,再过段时间又要换其他的
控制条件	A12 天天喂猪都很忙了,哪还有时间和精力再去做环保 A11 猪价比较好的时候,大家都愿意处理。一旦猪价降了,大家都不会做了 A14 做环保要投入很大的成本,我们养殖户都没有这个能力
行为效能	A12 我一个人做环保没有用啊,要大家都做才有用,但是大家都不会做的 A20 每个猪栏都有做环保的话,养猪对环境的影响就没那么大了 A21 主要还是要那些大规模的养猪场做环保才有用
社会压力	A11 猪粪便影响到人家的农田了,我们自然也会处理后排放 A22 现在的猪栏都只能建在山里了,一般影响不到人家 A23 大家都是乡里乡亲的,影响不会很严重的也不会说什么
群体参照	A17 大家如果都做环保,那你一个人不做也不行 A38 我们自觉做了环保,别人都会觉得我们还是比较有责任感的 A28 因为我两口子都住在猪栏,我儿子都会让我要做环保
政策压力	A37 政府现在治理污染的力度非常大,不做不行 A15 政府强制要求的话,大家都愿意去建污染处理设施 A03 现在治污压力很大,养殖户不像企业,他们都知道他不治污政府也拿他没办法
目标意向	A01 处理下对生活环境确实会好很多,我自己会愿意做 A10 不做政府不让养,要不然我自己是不会愿意做 A13 环保出来的有机肥能够当肥料用或卖,我挺愿意做的
执行意向	A03 经常都有畜牧站的人下来做污染治理的技术培训,我们都会去听 A30 要是按今年的猪价,花点钱做环保还是愿意的 A37 沼气池项目做得比较早,但当时建的都是家用型,大家都愿意做

续表

范畴	原始语句
粪肥交易	A14 粪肥消纳很重要，捡起来的猪粪便没人来收，干吗还浪费劳力 A0 我是用发酵塔出来的有机肥，直接卖给人家种大棚蔬菜的 A16 以前镇上有家有机肥厂会来收，现在好像倒闭了
限量养殖管制	A29 禁养区的被拆掉好多猪栏，可养区的也必须做环保处理才能继续养 A12 现在政府管得很严，不做就不让养了 A11 如果政府让我们养的话，我自然就会做环保了
引导弃养转业	A01 现在也有在做一些转产转业的工作，主要是百合花种植，养兔子等 A24 养了一辈子猪了，不养猪没有其他事情干，想继续养就得做环保 A15 如果一定要做环保，我就不养猪了，干其他工作去
宣传教育	A36 政府经常会派人到村里拉横幅、发传单、培训做思想工作，动员效果还是有的 A43 现在大家都会看电视、电脑，这些天天都在宣传环保 A01 养殖户很顽固的，要改变他们的想法和意识单靠宣传教育比较难
村规民约	A35 村里开会讨论过很多次关于不能直接直排的事情，大家多少会注意点 A13 如果看到水管漏了什么的，大家都会提醒的 A11 村里有专门负责的干部来监督，大家都是熟人了，面子都会给的
治污补贴	A23 我们规模比较小，政府都不给补贴的，自己做压力又很大 A02 补贴申请比较麻烦的，要等水质验收合格了才会给 A11 以前做沼气是有补贴的，自己只要出工就好，其他设备全是政府补贴
技术推广指导	A24 环保技术不会用，老是出问题，需要有人来指导 A13 设备是政府推荐，然后自己去联系厂家买的 A11 畜牧站的人主要就是技术指导，有问题都会联系他们
排放技术标准	A04 对排水量和污染物浓度都有要求，必须达到标准才能算验收合格 A08 有几个村庄早期做集中处理，目前水质还没办法达标，现在还得改进 A08 水质检测是环保局在做，我们主要是进行养殖户技术指导
污染防治固定成本投入	A01 污染防治需要建设固定设备，需要一大笔钱 A04 这部分钱只能自己有积累啊，要不然很困难 A09 设备建好了就会好很多了，后期投入就比较少

续表

范畴	原始语句
污染防治可变成本投入	A11 管理维护人工支出也是要的，都是自己在做，就没去单独核算
	A25 需要一定的物料支出，要定期更换小规模设施
	A30 投入多少要看设备运营的情况，有一些养殖户做好了没去运营
污染防治经济性收益	A21 进行污染治理，政府会有给一定补贴，也算是一种经济收入吧
	A28 做了污染防治，养猪场的环境会变干净些，小猪的病死率降低了很多
	A40 污染治理的产品就是有机粪肥，可以拿去卖或者送人
污染防治社会性收益	A03 村里人看到你有做污染治理了，就不会对你有那么大意见了
	A05 村委会以前经常来劝说，都烦我们了，做了以后态度就好很多了
	A08 以前因为养猪污染，我跟隔壁养猪场吵架，他现在做了治理了，我们就和解了
污染防治生态性绩效	A09 污染治理做了，养猪场周边环境好多了
	A12 大家都做的话，那环境肯定会好很多了
	A17 养殖污染防治效果还是很显著的，至少空气不会像以前那样都是猪粪味

（2）主轴编码

在开放式编码基础上，为进一步提炼形成主范畴，还需进行主轴编码，即基于因果关系、时间关系、语义关系、情境关系、相似关系和功能关系等梳理由开放式编码编译出的概念类属的逻辑联系，对开放编码中被分割的资料进行类聚分析，基于此分析每个聚类范畴在概念层次上的潜在联结关系，最终实现在不同的范畴之间建立合理的逻辑关联。据此，本书共归纳无害化处理行为、资源化利用行为、行为意向、环境态度、环境问题感知、社会参照规范、行为实施条件、引导性规制、激励性规制以及约束性规制、污染防治投入和污染防治产出等 12 个主范畴。其中，无害化处理行为、资源化利用行为为生猪养殖污染防治行为，行为意向、环境态度、环境问题感知、社会参照规范、行为实施条件因素为心理认知因素，而引导性规制、激励性规制以及约束性规制属于环境规制因素，污染防治投入和产出是养殖污染防治绩效测算指标。

表 4-7　扎根理论主轴编码形成的主范畴

主范畴	对应范畴	关系的内涵
无害化处理行为	干清粪处理	养殖户采取人工或机械清理猪粪便，控制污染物进入水体环境
	沼气厌氧处理	养殖户采用与规模相适应的沼气池容量削减污染物中的大部分的有机物和少量的氨氮
	好氧处理	养殖户采用曝气池等好氧处理设施削减污染物中的大量氨氮
资源化利用行为	能源化利用	养殖废弃物处理后进行能源利用
	饲料化利用	养殖废弃物处理后当以饲料使用
	肥料化利用	养殖废弃物处理后当以肥料使用
行为意向	目标意向	养殖户对进行污染防治可能收获的环境友好、经济收益和社会名声等内在驱动力
	执行意向	为实现污染防治目标而创造条件和配合工作的意向
环境行为态度	生态理性	对生猪养殖是否存在污染问题的关心、判断和认知
	责任意识	对自身在生猪养殖污染中的治理主体责任认知
环境问题感知	问题感知	对生猪养殖污染问题及其严重性的感知
	风险感知	对生猪养殖对环境污染、人体健康潜在危害等问题的感知
	政策感知	对生猪养殖污染政策措施的了解和熟知程度
主观规范	社会压力	养殖户感受到的产生于其所在社会网络（村民间）的治理污染心理压力
	群体参照	养殖户对与自身具有相同身份的主体，即其他养殖户的行为选择产生参照模仿的心理效应
	政策压力	养殖户因为惧怕政策法规等对强制性制裁措施而形成的治污行为压力
知觉行为控制	控制条件	养殖户对执行养殖污染防治过程中经济能力、技术能力和时间精力保障的自我评估
	行为效能	养殖户对自身进行污染防治行为正面效果大小、重要性等的心理判断

续表

主范畴	对应范畴	关系的内涵
引导性规制	宣传教育	政府针对养殖户开展的生态环境重要性、污染者付费等观念和想法的普及引导教育
	弃养转业	政府对养殖总量的管控而采取引导养殖户从事非养殖业的措施以及养殖户自身对养殖业的依赖性
激励性规制	粪肥交易	粪肥主要治污产物的市场需求量、交易便利性等因素对养殖户行为具有激励影响
	治污补贴	政府为鼓励养殖户进行污染防治而采取的经济或设备补贴措施
	技术条件	从加强技术可获得、技术维护、技术知识等方面形成对养殖户污染防治行为的激励
约束性规制	村规民约	养殖户所在村集体关于污染防治的要求和规定等非正式制度对养殖户行为的软性约束力
	防控执行力度	政府在养殖总量控制、督促治污等方面的政策执行力度对养殖户行为的约束力
	排放技术标准	排放技术标准合理性、检测频率、检测结果使用等对养殖户行为的约束力
污染防治投入	固定成本投入	养殖户进行养殖污染防治事项的短期一次性资本投入
	可变成本投入	养殖户进行养殖污染防治运营管理的经常性投入，包括人力、物力、财力等
污染防治产出	经济性产生	养殖户因开展养殖污染防治而获取的经济性收入，包括政府补贴、防治产出品销售收入、成本节约等
	社会性产出	养殖户因开展养殖污染防治而获取的社会性收入，包括与村庄邻里关系的缓和
	生态性产出	养殖户因开展养殖污染防治而获取的生态性收入，包括养殖场周边环境的改善

(3)选择性编码

选择性编码是在概念类属的逻辑关系基础上进一步系统地处理范畴与范畴间的关系。这一过程旨在从主范畴中挖掘“核心范畴”，同时进一步提炼核心范畴与其他范畴的联结关系，最终以“故事线”形式描绘整体行为现象。“故事线”所指即为主范畴的典型关系结构，在这种结构中不仅包含了范畴之间的关系，同时涵盖了各种范畴的脉络条件。而根据“故事线”即可发展出新的实质理论构架。基于上述主范畴的关系结构，本书确定了“生猪规模养殖户污染防治行为机理及其环境规制策略影响”这一核心范畴。

（4）饱和度检验

基于上述分析过程所得的核心范畴本书利用另外的 11 份访谈样本记录进行理论饱和度检验。结果显示，利用 32 份访谈记录形成的理论模型范畴已经较为充实丰富，对于上文提炼出的十二个主范畴均未发现新的重要范畴和关系，且这十个主范畴内部也没有发现新的构成因子。因此表明上述的扎根理论分析结果是饱和的。

2.研究变量界定

（1）养殖污染防治行为

前文根据 2016 年中央一号文件精神关于农业废弃物处理的减量化、无害化和资源化利用三大原则，将生猪规模养殖户污染防治行为界定为无害化处理和资源化利用两类行为。基于此，进一步运用扎根理论思想和方法开展的变量筛选显示，将生猪规模养殖污染防治行为主范畴界定为无害化处理行为和资源化利用行为具有实践依据。

遵循可区分、具体化、可量化等原则对这两类污染防治行为的具体表征进行界定，以无害化处理目的和流程要求，无害化处理行为包括清粪行为、沼气处理行为以及好氧处理行为。根据访谈了解，传统猪舍清洗前如若能进行人工或机械干清粪，能削减粪便中的 30％以上的污染物，由于样本养殖户多采用人工及刮粪板干清粪方式，存在干清粪程度上的较大差异，本书根据访谈经验将干清粪率 40％作为干清粪行为的最低标准。再者，沼气池对于畜禽粪便污染物的削减能力主要由养殖量与沼气池容积的比值决定，如能按照养殖规模进行沼气系统设施的建设，能削减 30％～40％的污染物。故本书根据访谈结果将沼气池与养殖规模按照 1∶10 的最低标准进行界定。好氧处理是生猪养殖废弃物中削减氨氮的主要工艺，同时能够使可生物降解的有机物最终氧化为简单的无机物。因此，好氧处理设施建设及使用是无害化处理行为的另一个重要表征。资源化利用行为则根据生猪规模养殖户对废弃物利用形式进行界定，划分为能源化、饲料化和肥料化资源利用行为。

(2)心理认知变量

防治意向。行为意向是指行为主体实施某一特定行为的思想倾向和行为动机。诸多的理论模型及实证研究均证实了行为意向与实际行为之间的显著性影响关系。计划行为理论认为行为意向是行为主体实际行为的最直接作用变量和心理认知与实际行为关系的中介变量。根据扎根理论模型构建，生猪规模养殖户污染防治行为意向分为以污染治理目标驱动的目标意向和以具体的技术、劳动和资本投入为表征的执行意向。

防治行为态度。行为态度是指环境行为个体对实施某项行为所持有的一般而稳定的具有明显倾向的主观评价(Ajzen，1991)。目前诸多有关环境行为的研究都把行为态度视为环境行为最重要的一个预测变量。根据扎根理论对变量筛选和概念范畴的界定，本书进一步将生猪养殖户污染防治行为态度界定为养殖户对采取污染防治行为的必要性认知及其对自身责任主体的意识，具体体现为养猪户对是否有必要进行养殖污染防治等问题的关心、判断以及对自身在养殖污染防治中的主体责任认知。

主观规范。社会心理学认为个体感受到的社会规范压力可由个人感知的主观规范来预测。对此，对主观规范进行概念界定为：个体对其他重要关系人是否会同意其执行某一行为的主观判断，即个人从事某特定行为预期所受的压力(Fishbein，1977)。简单而言，行为主体的主观规范因素主要来源于感知到的社会规范和参考人群的行为方式。Hee(2000)和Lam等(2003)共同表示来自社会规范和群体行为的感知压力在中国文化的情境下特别显著，行为规范强化了对批评的回避和通过融入社会来获得承认的渴望。这一点在仍然保留“熟人社会”特征的农村地区表现得更为明显。现实中，生猪规模养殖由于对公共环境的破坏和污染使得养殖户不可避免要面临来自非养殖户的社会规范压力和政府规制主体的约束压力，不仅如此，具有相同身份的群体参照规范也是养殖户为避免成为“另类”而形成服从群体行为的心理效应。由此，本书将养猪户主观规范界定为来自社会规范压力、政府约束压力以及群体行为参照等三个方面因素。

知觉行为控制。Ajzen(1991)在理性行为理论基础上为克服行为个体完全行为能力的不合理假设增加了知觉行为控制,以此反映外在条件对行为主体的影响。由于外在行为条件往往难以直接测量,其进一步提出以行为主体所感知的行为控制状况加以表征的合理性。基于此,认为知觉行为控制不仅对行为意向具有直接影响,在知觉行为控制判断接近于现实条件时,其还能直接解释实际行为选择。知觉行为控制体现行为主体对是否在自身意志和能力控制范围内的感知,通俗讲即指对于促进或阻碍行为效果的相关因素的认知,包括感知的行为动力、行为障碍以及行为效能等三个方面内容。在生猪养殖户污染防治行为发生过程中,知觉行为控制包括对进行污染防治的资金、技术、时间精力等外部控制条件感知以及养殖户对自身进行污染防治行为效果的自我评估。

环境风险感知。环境问题感知是指人们对人类活动导致的环境变化给其生存的自然环境和社会人文环境带来的各种影响的心理感受程度和认识,并最终指引人的决策行为(张郁,2016)。1987 年 Slovic 在风险感知的研究中首次提出具有普遍解释性的风险特征。之后,随着社会对环境问题的日益关注,风险感知作为心理测量范式内容被广泛地应用到更具体的环境风险感知领域的研究,如水环境风险(McDaniels et al., 1997)、气候变化风险(Lazo et al.,2000)等。而概括风险感知与环境行为研究成果,风险感知的显著影响效应得到较好的证实(肖悦,2016;叶晓榕,2015;王晓楠,刘琳,2017)。细致观察畜禽养殖主体污染防治行为的研究文献,有梁兵(2015)通过文献归纳认为我国养猪农户的环境风险感知对其生态行为的影响具有理论基础,但调研数据统计却表明目前我国养猪户环境风险感知能力与生态行为响应程度较低。唐素云(2015)以规模养殖户为研究对象,从环境污染、环境政策以及环境治理三方面表征养殖户的环境风险感知,结果显示环境风险感知对环境行为具有显著正向影响。张郁(2016)认为养猪户的环境风险事实感知、风险损失以及风险原因三方面风险感知因素一定程度上对其环境行为的采纳具有显著影响。而基于对环境风险感知在促进养殖主体污染防控重要性的阐释,有学者关注并分析当前规模养猪户的环境风险感知程度及其影响因素(张郁等,2015;唐素云等,2014)。结果显示,养猪户对环境风险感知水平整体偏低,其中对空气环境风险感知程度最高,对水体的环境风险感知次之,对食品安全污染的风险感知最低。而环境态度、知觉行为控制以及过去行为因素等心理认知以及生计资产等均显著影响其环境风险感知的程度。

综合上述上已有研究文献以及质性研究的概念范畴梳理,环境风险感知不仅在理论上可能是间接或直接塑造养殖污染防治行为的重要来源,而且在内涵上是不同于环境态度、知觉行为控制等心理认知的独立心理测量范式。因此,理论预设将环境风险感知纳入环境行为 TPB 理论模型中,分析心理认知对规模养猪户污染防治行为的影响效应。根据访谈资料,将环境问题感知的范畴进一步细化为对污染问题严重性、问题风险大小以及规制政策等三方面的感知。

(3)环境规制变量

根据上一章节对养殖污染防治规制策略的概念界定,进一步参照扎根理论实现的概念范畴界定分别对引导性规制、激励性规制和约束性规制三个方面的内容进行相应界定。

引导性规制。为减少生猪规模养殖环境污染,政府采用的引领性和导向性措施一方面包括进行针对开展生态环境重要性、“谁污染谁治理”等环境意识的宣传与普及教育;另一方面,政府还会通过培植经济作物、花卉种植等产业来增加就业岗位以促进规模养殖户放弃养殖业,降低地区经济发展和养殖户对生猪养殖业的依赖性。后者是基于对生猪规模养殖生计保障功能与环境污染治理矛盾问题的协调措施,也是本书根据生猪养殖污染防治现实问题,在综合考虑其外部环境时所选取的创新变量,以期更为全面有效地解决养殖污染问题。

激励性规制。通常公共规制中的激励性规制包括税收和补贴等经济手段。对生猪规模养殖业而言,政府的激励性环境规制措施直接表现为对养殖户开展污染防治条件的创造和提供以及能力的扶持和培育。具体而言,包括对粪肥交易市场的培育,直接的治污补贴和治污技术等的供给。

约束性规制。生猪规模养殖业的约束性规制类似于公共规制中的直接规制,不同之处在于生猪规模养殖业根植和发展于农村,农村“熟人社会”“关系社会”网络中还隐含着与正式的政策规制类似的约束力量，即非正式制度约束。除此之外，政府以控制养殖总量为目的采取的限制养殖措施以及为严格防控而采取的排污技术标准等措施是主要的正式约束性规制措施。

(4)养殖污染防治绩效

养殖污染防治绩效是养殖户开展污染防治的效果，但并不单纯考察结果产出，而是综合考察相应投入水平下的防治产出，即指养殖户在进行养殖污染防治时，投入固定成本和可变成本基础上，能够最大化获取的产出水平，这里对于产出的衡量主要包括经济性、社会性和生态性三个方面的综合产出。

(二)生猪规模养殖户污染防治行为理论模型构建

根据上述环境行为模型、理论基础的回顾以及基于扎根理论的养殖户污染防治行为影响因素的探索性研究，本书明确了以心理归因和环境规制策略为主要影响变量的生猪规模养殖户污染防治行为研究理论模型。模型构建的思路如下：

已有的大量文献资料关注人口统计学变量、家庭禀赋变量等个性特征对研究主体行为选择的影响效应，研究结论却不尽相同。对此，有学者指出人口统计学等个性化特征对经济主体行为选择并不具有解释力，仅仅是行为分布现状的描述和行为群体类型划分的依据。但即便如此，个性特征行为差异的描述也仍然是对进一步深入剖析行为选择机理的重要基础。因此，本书基于对实地调研的统计描述，观察分析生猪规模养殖户在人口统计学、家庭禀赋及生猪养殖特征等方面的行为差异，借此总结归纳生猪规模养殖户污染防治行为特征。

在行为经济学不断发展完善的理论背景下，计划行为理论、负责任环境行为理论、ABC 理论等环境行为都强调心理认知因素对经济个体行为决策的影响，其中，计划行为理论对心理认知变量的选择和归纳最为全面，且根据扎根理论关于变量主范畴的提炼和归纳，形成与计划行为理论心理认知变量内涵相近的主范畴和范畴结构。在计划行为理论所阐释的态度、主观规范、感知行为控制、行为意向与实际行为的关系基础上，根据诸多针对计划行为理论的扩展研究结论以及基于扎根理论思想的实地调研经验，本书将环境问题感知变量纳入计划行为理论，并同时考虑其对规模养殖户污染防治行为的直接和间接影响。生猪规模养殖户的污染防治行为源于态度认知，于社会关系网中重要群体规范认知的压力之下，在对当下环境问题严重性和风险大小以及实际控制条件的评估基础上由相应防治意向转化而成。

ABC 理论与负责任环境行为理论共同强调行为个体的决策通常会受到来自外部情境因素的影响。畜禽养殖污染具有典型的环境负外部性，是政府环境规制的重点对象。扎根理论的探索性研究也显示环境规制策略对生猪规模养殖户污染防治行为决策的强烈影响。根据在环境行为领域的已有研究成果和调研经验，环境规制对生猪规模养殖户行为机理的影响效应可能对养殖户防治意愿－防治行为关系起调节作用。

环境规制效应往往具有时滞性，有必要在时间维度上观察环境规制与生猪规模养殖户的污染防治行为决策变动关系。同时，个体主观主义的研究对于微观层面梳理和阐释规模养殖户的行为机理终究是为从宏观层面上制定有针对性的畜禽养殖污染规制策略。再者，畜禽养殖产业存在着与农村环境保护、地方经济发展、民生保障、城市消费供给等社会系统千丝万缕的联系，单一系统角度的问题考虑容易产生认识和分析偏误，对多维复合系统进行结构－功能模拟能够洞察真实系统内部的问题，解释系统行为改善所需的规制条件。因此，本书在检验环境规制对防治意愿－防治行为关系的调节作用基础上，通过对养殖污染防治利益相关主体进行博弈分析，设计对环境规制各项策略影响效应的动态仿真分析，观察不同规制策略参数设置下的畜禽养殖污染防治系统行为的变动情况。

生猪养殖污染具有典型的随机性、分散性以及难以监测性等特征，单纯依靠强制的行政命令性环境规制措施不仅需要较高的行政成本而且难以持续，如何设计养殖户偏好的规制激励机制，提升养殖户污染防治行为积极性，是生猪规模养殖污染治理的根本途径。因此，既然环境规制对养殖污染防治行为具有显著的调节影响，则应该自下而上、由内而外充分考虑和了解养殖户的环境规制政策偏好，设计出对养殖户具有激励作用的养殖污染防治规制政策。因此，在环境规制影响效应的仿真分析基础上，采用选择实验法分析生猪规模养殖户对不同类型污染防治规制政策的偏好程度，并分析其对各个环境规制政策偏好的异质性来源。

生猪规模养殖户是农业经济发展中的重要主体，与其他竞争市场主体一样，其具有一般逐利性，以生产利润最大化为经营目标。养殖污染防治成本的投入无疑会在短期内增加养殖成本，因此，从“生存小农”经营理念和利润最大化的角度出发，规模养殖户自身并没有进行养殖污染防治的直接动力，而是在政府环境规制等情境下形成的行为决策。既然养殖户污染防治不具有直接的内在自觉性，污染防治绩效也不单纯只有经济层面的内涵。那么，在环境规制之下，生猪规模养殖污染防治的综合绩效如何？环境规制对生猪规模养殖污染防治综合绩效的影响效应如何？为解决之，通过综合测算养殖污染防治的综合绩效，分析环境规制对养殖污染防治绩效的影响效应，并探讨养殖污染防治行为在环境规制与污染防治绩效关系中的中介效应。

综上所示，构建全书的理论研究模型如图 4-5 所示。该理论研究模型所包含的路径关系如下：

(1)生猪规模养殖户污染防治行为在个人特征、家庭特征以及养殖特征等统计学变量上的差异。

(2)生猪规模养殖户污染防治意愿受养殖户污染防治态度、主观规范、环境问题感知以及知觉行为控制等四个方面心理认知因素的直接影响，且防治意愿在这些心理认知变量与防治行为之间具有中介效应。此外，环境问题感知和知觉行为控制还可能直接作用于养殖户污染防治行为。

(3)引导性、约束性和激励性等环境规制变量对生猪规模养殖户污染防治意愿一防治行为具有调节作用。

(4)上述三类环境规制因素与生猪规模养殖污染防治系统行为并非简单的静态关系，在复杂社会系统中具有高阶次、非线性、多重反馈的动态互动关系。

(5)养殖户对不同的生猪规模养殖污染防治环境规制政策的偏好程度不同，且对于同一个环境规制政策的偏好在养殖户个体、养殖经营以及心理认知方面存在差异性。

(6)社会、环境、经济三方面养殖污染防治绩效是环境规制的综合性政策目标,引导性、约束性和激励性等环境规制变量对生猪规模养殖污染防治绩效具有显著正向影响,且以养殖户污染防治行为为传导媒介。

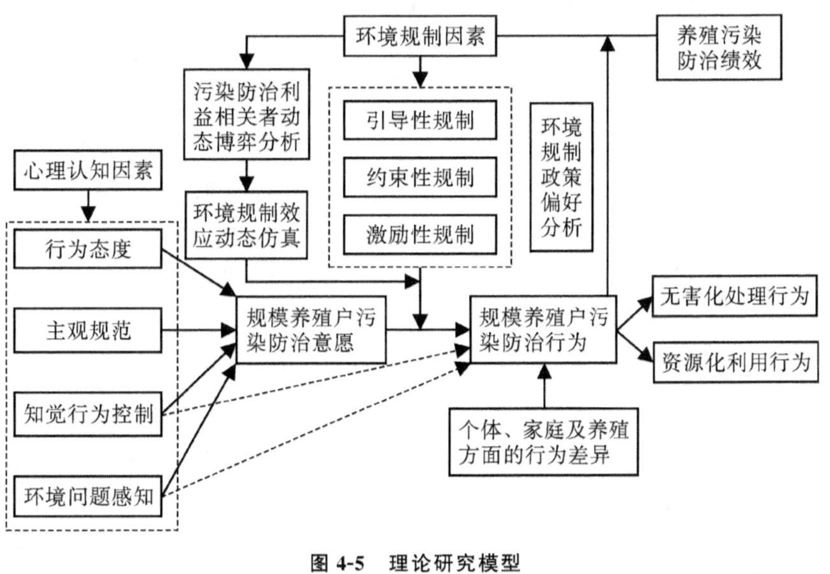

图 4-5 理论研究模型

三、生猪规模养殖户污染防治行为研究假设

(一)防治行为的社会人口学变量的差异假设

上述关于社会人口学特征对环境行为的研究成果综述显示,个体人口统计学变量与行为个体环境行为具有显著的相关关系。此外,生猪规模养殖具有显著的家庭经营特征,家庭特征和养殖特征是养殖户进行污染防治行为决策的禀赋条件和初始衡量,即养殖户在家庭劳动力、收入水平、养殖规模、养殖年限等方面的基础禀赋条件分化,将表现出其在污染

防治行为决策上的较大差异。因此，本书将从养殖户个体特征、家庭特征以及养殖特征等社会人口学变量分析和识别规模养殖户污染防治的行为特征。其中，个体特征包括年龄、受教育程度等 2 个变量，家庭特征包括家庭劳动力、家庭年总收入以及家庭社会资本等 3 个变量，养殖特征包括养殖规模、养殖年限、养殖净收入等 3 个变量。

环境行为在个体人口学特征上的差异得到多数研究文献的证实，但据对文献资料的统计显示，不同个体特征对于环境行为影响作用的研究结果不尽一致。而在畜禽养殖主体行为研究领域，养殖户的年龄，受教育程度对个体行为的影响同样存在不一致的结果（朱宁，马骥，2013；何如海等，2013）。关于年龄对养殖户环境行为选择的研究显示，一方面，可能由于对养殖污染防治技术的掌握需要一定的知识和经验、技能等的学习和积累，随着年龄的增长，养殖户的体力和学习能力都会有所下降，且对新事物和新观念的接受能力较弱。所以，年龄偏大的养殖户会表现为更少采取污染防治行为（林武阳等，2014）。但亦有学者研究显示年龄与养殖户行为选择不存在显著影响关系（李鹏等，2014；虞祎，2011）。就受教育程度对养殖户污染防治行为的影响效应及其原因分析而言，有研究显示受教育程度未对养殖户行为选择产生显著影响，原因可能是当前农村居民受教育程度普遍较低，未成为影响养殖户行为分化的重要因素（张郁，2016）。亦有研究提出受教育程度对养殖户行为选择具有显著正向影响，原因是养殖户的文化程度越高，其生产行为的决策越理智，接受新事物的能力越强，也就越有利于其采取环境友好行为。据此，本书假设生猪规模养殖户的治污行为决策存在显著的差异，但差异化的具体表现还难以确定。因而，提出生猪规模养殖户污染防治行为在个体特征上的差异化假设如下：

H1：生猪规模养殖户污染防治行为因个体特征不同而存在显著差异。

H1a：生猪规模养殖户污染防治行为因年龄不同而存在显著差异；

H1b：生猪规模养殖户污染防治行为因受教育程度不同而存在显著差异。

以夫妻劳动为主要投入的生猪规模养殖户是本书的直接研究对象，这一研究范畴的界定决定了家庭特征对于养殖户污染防治行为选择的重要影响。家庭劳动力数量越少，表明家庭经济来源渠道相对较少，可能表现为对生猪养殖较强的依赖性，在相同的外在环境规制条件下养殖户则会更倾向于迎合约束条件采取污染防治行为。但与此同时，拥有较多家庭劳动力数量的养殖户也可能因此具备开展污染防治的能力优势而表现出积极的行为。家庭年总收入是养殖户家庭经济资本积累的最直接体现，拥有较丰富的经济资本积累的养殖户往往具有较强的污染防治行为能力和条件，形成较低的治污心理成本，因而表现出更为积极的污染防治行为（刘雪芬等，2013；何如海等，2013）。同样，家庭年总收入较低的养殖户也可能出于对养殖业的依赖而不得已进行污染防治，外在表现出更加积极的行为。因此，本书认为家庭特征对养殖户污染防治行为选择的影响具有两面性，孰强孰弱可能难以通过直接观察进行简单判断，需要基于大样本的统计描述进行深入的分析。社会资本对农户行为决策的影响效应常为学术界所关注（郝文斌，张会来，2016；谭荣，2012；占小林，2010；李秋成，周玲强，2014），在农业经营或环境行为决策同样重要，谭荣（2012）提出浓厚的中国传统文化使山区农户环境行为更多依赖于社会资本，李秋成，周玲强（2014）实证检验了三个层面社会资本的核心要素（情感连带、群体规范、人际信任）对旅游者两层次环境友好行为意愿的影响。针对生猪规模养殖户，家庭所拥有的社会资本一方面可为其开展污染防治提供条件支持；另一方面，实地调研发现家庭社会资本越丰富的农户多属于农村精英群体（乡绅、村干部），这种身份属性的“带头示范”功能往往使其具有更大的治污压力。因此，本书提出待检验的假设如下：

H2：生猪规模养殖户污染防治行为因家庭特征不同而存在显著差异。

H2a：生猪规模养殖户污染防治行为因养殖劳动投入不同而存在显著差异；

H2b：生猪规模养殖户污染防治行为因家庭年总收入不同而存在显著差异；

H2c：生猪规模养殖户污染防治行为因家庭年社会资本不同而存在显著差异。

针对畜禽养殖户废弃物处理行为的研究显示，一方面，养殖年限越长，养殖户往往具有更加丰富的养殖经验，这有助于合理降低治理污染的成本（朱宁，马骥，2013；何如海等，2013）；但另一方面，养殖年限较长的养殖户也容易形成思维固化，坚守陈旧观念，缺乏进行养殖模式改变的动力（潘丹，2015；虞祎，2011）。因此，养殖年限对规模养殖户污染防治行为的影响效应还未确定。生猪养殖污染防治需要前期处理设施的投资和技术的获得，因而具有显著的规模效应，养殖规模越大的生猪规模养殖户具有成本效益意识，也更关注长远收益。此外，规模较大的养殖户污染处理设施设备可能相对更为先进，能有效降低污染防治的单位成本。由此本书认为规模越大的生猪养殖户越具有进行污染防治的理性动因。此外，养猪收入在总收入中所占的比重越高，环境风险所造成的损失影响也越大，这将导致养猪户对养猪场的环境风险将越关注，由此将促使养殖户实施环境行为的可能性也会越大（潘丹，2015；张郁，2016）。

H3：生猪规模养殖户污染防治行为因养殖特征不同而存在显著差异。

H3a：生猪规模养殖户污染防治行为因养殖年限不同而存在显著差异；

H3b：生猪规模养殖户污染防治行为因养殖规模不同而存在显著差异；

H3c：生猪规模养殖户污染防治行为因养殖收入占比不同而存在显著差异。

（二）心理认知因素变量影响效应研究假设

心理认知是主体行为形成的天然动因和必然伴随物，具体而言，其是个体对外部或内部事物的认识、分析判断、做出决定的心智过程，或者说是对作用于人的感觉器官的外界事物进行信息加工的过程（景怀斌，2016）。对其影响效应的研究，有助于根本性地揭示人、组织和社会的行为规律。TPB（theory of planned behavior）理论是在管理学和社会学领域广泛应用的认知行为关系理论，它阐释了认知对行为影响机理的一个完整框架，通过权衡行为的潜在决定因素预测并解释人们的行为（Ajzen，

1991)。个体的行为决定于其行为意向,而行为意向由该行为的态度、主观规范和知觉行为控制三类因素综合决定,较准确的知觉行为控制能一定程度上替代实际控制条件,直接预测行为发生的可能性。个体的行为态度越积极、主观规范的约束力越大、感知到的行为控制力越强,则执行某种行为的意愿越强烈,而这种意愿越强烈,越有可能最终执行某种行为。

除此以外,如前对环境行为心理认知影响因素的研究成果综述以及研究变量界定的分析,环境风险感知对其环境行为意愿选择存在显著影响,甚至可能直接预测环境行为。生猪养殖具有生产经营的一般性质,养殖户生产决策很大程度上是在成本收益自我评估基础上形成的,因此,在当前养猪业面临严重的环境风险基础上,很有必要考察环境风险感知对养殖户污染防治行为决策的影响机理。且在运用扎根理论方法开展实践调查中也同样发现养殖户环境风险感知的重要性。因此,理论预设将环境风险感知纳入 TPB 理论模型中,综合分析心理认知对规模养猪户污染防治行为的影响效应。本书据此,提出研究假设为:

H4:污染防治意向对生猪规模养殖户污染防治行为具有显著正向影响。

H5:行为态度对生猪规模养殖户污染防治意向具有显著正向影响。

H6:主观规范对生猪规模养殖户污染防治意向具有显著正向影响。

H7:知觉行为控制对生猪规模养殖户污染防治意愿具有显著正向影响。

H8:知觉行为控制对生猪规模养殖户污染防治行为具有直接显著正向影响。

H9:环境风险感知对生猪规模养殖户污染防治意愿具有显著正向影响。

H10:环境风险感知对生猪规模养殖户污染防治行为具有直接显著正向影响。

H11:污染防治意向对生猪规模养殖户污染防治心理认知与实际行为关系具有中介效应。

(三)环境规制对防治意愿及行为关系调节作用假设

生猪养殖污染问题主要体现在外部性和公共环境产权上，从理性小农角度出发，在缺失外部监控的条件下，规模养猪户往往没有环保意愿。环境规制是对养殖污染外部性、产权不明晰和对养猪户环保动机缺失的补充。复杂行为理论认为制度规制、经济激励等规制措施是环境行为形成的重要因素（Stern，2000）。从环境规制政策制定、执行到实施之间会有一定的偏差，规制水平和规制效果因而会形成差异。不同政策规制职能的履行对养殖户污染防治过程的信息摄取、防治技术指导以及政策的传达等方面具有不同的作用，相应地，不同规制水平下的生猪规模养殖户污染防治行为会有不同的反映与表现。

复杂环境行为理论指出环境行为是个体的环境认知变量与外部条件相互作用的结果（邬兰娅等，2015），当环境行为较难实施的时候，其对心理变量的依赖就会减弱，而情境变量对环境行为影响力就会增强（左志平等，2016；王海涛，2012；Pan D et al.，2016）。可见，情境变量与心理变量之间并非平行无关的影响因素。对此，目前针对养猪户环境行为的研究中，深入考察环境规制对心理认知和环境行为关系影响的研究几乎没有。根据文献回顾，本书认为环境规制作为养猪户行为的外部约束，对其行为意向转化为实际行为的过程中起着增强或者减弱的调节作用。因此，本书结合应用 TPB 和复杂环境行为理论能够较为有效和准确地解释养猪户养殖污染防治行为的形成逻辑和内在机理。

H12：引导性规制对污染防治意愿—防治行为关系具有显著正向调节作用。

H12a：宣传教育对污染防治意愿—防治行为关系具有显著正向调节作用；

H12b：引导弃养转业对污染防治意愿—防治行为关系具有显著正向调节作用。

H13：激励性规制对污染防治意愿—防治行为关系具有显著正向调节作用。

H13a:粪肥消纳对污染防治意愿—防治行为关系具有显著正向调节作用;

H13b:政府补贴对污染防治意愿—防治行为关系具有显著正向调节作用;

H13c:技术推广对污染防治意愿—防治行为关系具有显著正向调节作用。

H14:约束性规制对污染防治意愿—防治行为关系具有显著正向调节作用。

H14a:村规民约对污染防治意愿—防治行为关系具有显著正向调节作用;

H14b:限养管制对污染防治意愿—防治行为关系具有显著正向调节作用;

H14c:排污技术标准对污染防治意愿—防治行为关系具有显著正向调节作用。

(四)环境规制对生猪规模养殖污染防治绩效影响研究假设

1.环境规制对生猪规模养殖污染防治绩效影响

公共利益规制理论认为,公共利益是社会福利的主要内容,市场失灵和外部性存在会损害公共利益,社会福利指数明显降低。生猪养殖污染防治具有环境正外部性,在没有外力干预的情况下,往往容易出现市场失灵现象,即生猪规模养殖户缺乏进行污染防治的内在积极性,而将生猪养殖废弃物排放至自然环境中,由社会承担生产导致的环境成本,使生猪养殖户承担的边际成本要小于社会承担的边际成本,而其获取的边际收益要大于社会的边际成本。因此,必须通过环境规制促进生猪规模养殖污染防治,推动实现生猪养殖负外部性成本内部化,增进社会福利。从某种意义上讲,生猪养殖污染外部性内部化便是养殖污染防治绩效,具体表现为环境绩效和社会绩效。公共利益规制理论同时认为,对于政府公众利益维度的合理边界也需要界定,即政府不能牺牲个体利益肆意扩张公益,如何实现公益与私益之间的动态平衡是公益规制理论发展的合理空间。在生猪规模养殖污染环境规制过程中，便是要如何均衡养殖户生产经营与污染防治的均衡以及污染防治中成本与收益的双重均衡。因此，环境规制与生猪规模养殖污染防治绩效关系还体现在对其经济性绩效的影响。综上所述，环境规制对生猪规模养殖污染防治绩效具有显著的正向影响，即环境规制强度越大，生猪规模养殖污染防治绩效越好。

随着环境规制理论的不断完善和实践的不断推进，环境规制的方式日趋多样化，结合上述质性研究归纳形成的引导性、激励性和约束性环境规制措施，进一步分析环境规制对养殖污染防治绩效的影响效应。

引导性环境规制措施包括进行养殖污染防治的宣传教育和引导弃养转业两个方面，其中，宣传教育措施能够促使生猪规模养殖户提高对养殖污染环境和健康风险的认知水平，加强对养殖污染防治重要性和价值的认知，潜移默化地提高其污染防治的内在自觉性，使其将污染防治当成是重要的经营事项加以重视，而不是当成政府规制下的额外任务，提高养殖污染防治过程中资源配置的合理性，从而有效提升污染防治的综合绩效。引导性环境规制中的引导弃养专业措施是在政府面临巨大养殖污染防治压力下采取的柔性措施，该措施在相应的生猪产品市场价格（猪周期中价格低谷期）的外在条件共同作用下能够发挥极好的作用，在其他时期该措施亦能够使生猪规模养殖户感受到污染防治压力，认识到养殖污染防治在养殖业发展过程中的必要趋势，使其意识到养殖污染防治对其维持生猪养殖生计的重要性。如此引导之下，生猪规模养殖户要么难以适应行业发展对污染防治的高要求而退出养殖业，要么通过提高污染防治绩效更好地适应行业发展要求，“优胜劣汰”实现生猪规模养殖行业污染防治绩效的整体改善。

激励型规制理论吸收了信息经济学和博弈论等理论成就，融合了规制和竞争的优点，强调在信息不对称的条件下通过设计有效的规制机制给予企业正面的引导，使得企业面临竞争压力时会选择规制者所期望的行为，从而减少逆向选择和道德风险（马云泽，2009），最终在提高养殖户自身生产和经济效率的同时，实现整个社会福利水平的提高。当前生猪养殖污染防治激励性规制措施主要包括政府培育和扶持粪肥消纳与交易市场。实施污染防治设施补助、病死猪无害化处理补贴、生猪保险理赔挂钩以及实施污染防治知识和技术推广。生猪规模化养殖面临较大的粪肥消纳压力,在尚未形成种养有效结合,猪—沼—果等废弃物有效循环利用的情况下,粪污治理后产生的大量粪肥没有及时消解和交易很可能造成二次污染。污染防治设施补助、病死猪无害化处理补贴等能够直接降低养殖户进行污染防治的成本,趋向实现环境治理成本内部化,有助于污染防治绩效提升。养殖污染防治技术标准较高,对于养殖户而言存在一定难度,养殖户通常无法按照既定标准实施,政府通过政策标准宣传和技术推广引导能够提升养殖污染防治技术实施的规范性,降低养殖户技术采用成本。总而言之,激励型规制通过政府扶持或引入市场机制降低环境治理成本以增强养殖户污染防治的主动性,从而提高防治绩效。

在养殖污染防治过程中,约束性规制强调畜牧执法部门对养殖户实施养殖污染防治过程进行动态监管,对乱排污、不规范处置病死猪等不当处理行为给予行政处罚,甚至吊销营业执照,强制其退出生猪养殖。当前,面临巨大的养殖污染治理压力,禁养区、禁建区政策往往被泛化执行,养殖户被强制退出生猪养殖的现象在生猪养殖行业产生巨大威慑力,暂且不论这一政策执行的科学性和合理性,但在较短时间内,这种强硬的禁令确实很大程度上促使了养殖户污染防治整体绩效的提升。当然,污染防治绩效的可持续提升还有赖于对养殖污染防治的持续有效监管,对养殖场污水排放标准成为重要的制度约束,其执行到位情况直接决定了养殖户污染防治绩效水平。与此同时,环境治理本身存在污染主体、治理主体和监管主体之间信息不对称,非正式环境制度成为破解裂隙的重要砝码(原毅军,谢荣辉,2014)。政府、畜牧部门、其他养殖户与养殖户签订承诺书,通过契约形式界定权利义务关系,降低畜牧部门监管压力,有利于增强生猪规模养殖污染防治的可持续性。

综上所述,提出环境规制对生猪规模养殖污染防治绩效影响效应的研究假设如下:

H15:环境规制对养殖污染防治绩效具有显著正向影响。

H15a:引导性规制对养殖污染防治绩效具有显著正向影响;

H15b:激励性规制对养殖污染防治绩效具有显著正向影响;

H15c:约束性规制对养殖污染防治绩效具有显著正向影响。

2.养殖污染防治行为中介效应研究假设

结构—行为—绩效(structure-conduct-performance,SCP)理论认为产业结构决定了产业内的竞争状态,并决定了企业的行为及其战略,从而最终决定企业的绩效。该理论范式的主旨在于探讨在经济环境、政策、技术外部环境以及行业结构等的作用下,组织针对外部冲击和行业结构的变化,可能采取的应对措施,而这类应对措施将直接影响组织在经营利润、成本控制、市场份额等方面的经营绩效。SCP分析范式以"结构S—行为C—绩效P"三维度互动关系为主要讨论方向,为研究环境规制措施结构、养殖户主体污染防治行为以及养殖污染防治绩效状况提供了优良的逻辑结构。运用SCP分析范式,能够联通环境规制—养殖污染防治行为—养殖污染防治绩效整个活动过程,形成自恰的逻辑。因此,选用该理论范式分析环境规制政策冲击下生猪规模养殖户污染防治绩效影响因素。

根据环境规制与生猪规模养殖户防治行为间关系的研究结论,以及环境规制对生猪规模养殖户污染防治行为影响效应的仿真分析结果不难发现,环境规制措施及其结构对生猪规模养殖户污染防治行为具有显著的影响效应,是影响生猪规模养殖户污染防治行为决策的重要外部情境因素。环境规制可通过宣传教育提高养殖户对养殖污染防治的认知水平,从而采取积极的防治行为。同时,环境规制还可通过经济、实物和服务等激励手段提高养殖户污染防治的行为能力,促使养殖户采取积极的防治行为。此外,行政命令式规制措施,如制定行业准入、行政审批等强制执行性质的措施在促使养殖户采取养殖污染防治行为上具有不可比拟的作用。简而言之,以上不同类型的环境规制措施都有助于促使生猪养殖户采取积极的污染防治行,但是不同类型环境规制措施对生猪养殖户污染防治行为的促进作用机理有所差异,环境规制措施结构对污染防治行为的影响需进一步探讨。

如前所述,生猪规模养殖户污染防治行为包括无害化处理和资源化利用两类,生猪养殖粪污、病死猪等无害化处理和养殖废弃物资源化利用行为的结果即为减少生态环境污染，缓解因污染产生的邻里关系紧张，并在污染防治的同时获取经济收益等。由此显而易见，养殖污染防治行为是实现生猪规模养殖污染防治经济绩效、社会绩效和环境绩效的关键因素。生猪规模养殖户是环境规制政策实施客体，其污染防治行为是规制内容，而防治绩效则是规制政策的根本目标。基于此，结合 SCP 理论，形成环境规制通过生猪规模养殖户污染防治行为影响污染防治绩效的研究假设预判。生猪养殖废弃物无害化处理和资源化利用两类含义和内容不同的行为其对环境规制与养殖污染防治绩效关系的中介效应是否存在差异？相同类型的行为在不同性质环境规制措施与养殖污染防治绩效关系中的中介效应又有无差异？为解答上述问题，提出关于养殖户污染防治行为（无害化处理行为和资源化利用行为）在环境规制（引导性、激励性和约束性规制措施）与养殖污染防治绩效间关系的研究假设如下：

H16：养殖废弃物无害化处理行为对环境规制－防治绩效具有显著中介效应。

H16a：养殖废弃物无害化处理行为对引导性规制－防治绩效具有显著中介效应；

H16b：养殖废弃物无害化处理行为对激励性规制－防治绩效具有显著中介效应；

H16c：养殖废弃物无害化处理行为对约束性规制－防治绩效具有显著中介效应；

H17：养殖废弃物资源化利用行为对环境规制－防治绩效具有显著中介效应。

H17a：养殖废弃物资源化利用行为对引导性规制－防治绩效具有显著中介效应；

H17b：养殖废弃物资源化利用行为对激励性规制－防治绩效具有显著中介效应；

H17c：养殖废弃物资源化利用行为对约束性规制－防治绩效具有显著中介效应。

第五章　研究设计

一、研究方法的选择

根据研究目的，本书在对相应理论进行解析的基础上，结合应用实证研究和规范研究的方法，以最大限度确保研究问题与研究方法的匹配度。概括而言，本书综合运用了文献分析法、问卷调查法、假设推演和计量统计推断以及系统动态仿真模拟等方法。具体介绍如下：

(1)文献分析法。在研究的初始阶段，广泛地查阅、整理畜禽养殖污染治理及环境行为领域的已有相关文献，特别关注近十年发表在环境心理学(如 *Journal of Environmental Psychology*)、环境教育学(如 *Environment and Behavior*、*Journal of Applied Social Psychology*)期刊上的理论研究文献，以及环境管理(如 *Journal of Environmental Management*、*Ecological Economic*、*Waste Management*)、人口资源与环境、公共管理学报、中国农村经济、农业经济问题以及各农业院校学报等发表的相关研究文献，并通过认真研读理论文献和泛读提炼实证文献的方式深入把握环境行为及畜禽养殖污染研究领域的整体脉络及发展趋势。此外，在文献分析和整理中不断反复将相关理论和实证分析应用于所要研究的现实问题，不仅有助于更好地寻找理论研究的缺口，而且能准确地提炼科学问题。在确定了研究视角后，对行为经济学、环境外部性理论、环境规制理论、环境行为理论等相关的基础理论文献进行了深入研读，为后续的假设推演、实证研究提供坚实的理论与逻辑基础。

(2)问卷调查法。在人文社会科学类学科的实证研究领域,问卷调查法是应用最为广泛和普遍的研究方法(刘枭,2011;张世琪,2012)。本研究主要遵循理论演绎和假设验证式的实证研究范式,因此问卷调查法在全文研究的推进中扮演着至为重要的角色。本研究遵循问卷设计的基本程序和原则,基于已有实证研究和访谈资料,设计、修订研究概念的测量量表,形成具有信度和效度的调查问卷,并通过科学的抽样方法对研究对象发放问卷、收集数据,为统计推论研究提供稳健的基础。

(3)计量经济学方法。本研究主要使用描述性统计分析、单因素方差分析、因子分析、结构方程模型等统计计量经济学方法展开具体研究。具体而言,本书使用描述性统计方法分析生猪规模养殖户污染防治行为特征,运用单因素方差分析和独立样本 T 检验方法对规模养殖户污染行为进行统计学变量(养殖户个体、家庭以及养殖特征等)差异的归纳分析;利用探索性因子分析(EFA)和验证性因子分析(CFA)来检验规模养猪户污染防治行为测量量表的信度和效度;使用结构方程模型(structural equation modeling,简称 SEM)检验心理认知因素(行为态度、主观规范、知觉行为控制、环境风险感知以及行为意愿)对养殖户污染防治行为的直接或间接影响效应以及中介效应;采用层次回归(hierarchical regression)模型进一步解释环境规制因素对防治行为意愿转化为防治行为的调节效应,提高计划行为理论模型在小农行为选择中的解释力。采用 DEA 模型测算养殖污染防治综合绩效,并运用 Tobit 模型检验环境规制对养殖污染防治绩效的影响效应,在统计软件应用方面,本研究主要使用 SPSS 19.0、STATA 12.0 和 AMOS 18.0 软件进行上述统计分析。

(4)系统动力学仿真。仿真也称为模拟,是对复杂、多阶次、非线性的现实系统的简化模拟,通过描述系统演变与发展变化的过程,描绘系统状态随时间而变化的情况,达到对现实问题的表征和解释目的。养殖污染防治涉及多方利益主体,养殖系统与经济、社会、政策等系统均存在复杂的联动反馈关系,具有利用系统动力学的理论与方法的适用性,建立相应的系统动力学模型,揭示其内在各个要素相互作用下的发展演化趋势。借助计量经济学方法确定相关的方程及其参数,并运用系统动力学专业模拟软件 Vensim PLE,建立生猪规模养殖污染防治系统动态仿真模型,通过不同的参数设置对环境规制策略进行多情景假设和动态模拟。

（5）选择实验方法。选择实验法是一种具有较强理论基础和选择行为分析特点（全世文，2017）的研究技术，它通过构造由不同政策属性组合的多个方案选项供被试者权衡取舍，问卷设计形式加大了被试者采取策略性行为的认知成本，因而该方法具有兴趣行为的可观测性和激励相容性的优点（Adamowicz et al.，1998；Lusk，Schroeder，2004）。近年来，选择实验法在农业环境政策研究领域得到了广泛应用。本研究将选择实验法应用于生猪规模养殖户污染防治规制政策目标偏好及行为研究，根据养殖污染防治规制政策方案选择集的设计了解养殖户不同环境规制政策的偏好，以及不同类型群体环境规制偏好的差异。

二、变量选取与量表设计

（一）变量操作性定义

根据文献回顾、扎根理论应用研究结论以及预设的研究假设，本书将主要研究变量划分为养殖污染防治行为、防治意向、行为态度、主观规范、知觉行为控制、环境风险感知、引导性规制、激励性规制、约束性规制以及个人特征、家庭特征和养殖特征等变量。变量的操作性定义如表5-1所示。

表5-1　变量的操作性定义

变量名称	变量的定义化操作
污染防治行为	以减少生猪养殖污染为目的的养殖户无害化处理和资源化利用行为
污染防治意向	养殖户进行污染防治的资本、技术、时间及精力投入意愿
行为态度	养殖户对养殖污染防治所持有的生态理性和责任认知
主观规范	养殖户自身角色效应和参考人群行为效应对养殖户心理认知影响
知觉行为控制	养殖户感知到的执行污染防治行为的难易程度以及对开展污染防治效应的自我评价
环境风险感知	养殖户对生猪养殖污染问题严重程度、风险性以及相应政策导向的感知

续表

变量名称	变量的定义化操作
引导性规制	政府为降低养殖污染而采取的引领性、导向性的辅助规制措施
激励性规制	政府为促使养殖户加大污染治理为其提供和创造资金、技术、知识等条件的措施
约束性规制	对养殖户养殖废弃物排放行为的明文直接硬约束或非正式制度软约束

(二)变量选取与量表生成

初步量表包括三部分内容：第一部分为包括人口统计学特征（性别、年龄、受教育程度、村干部任职），家庭特征（家庭劳动力数量、家庭年总收入）以及养殖特征（养殖年限、养殖规模及面积、养殖劳动投入数量以及成本收益情况）等三方面的基本信息；第二部分为养殖户养殖污染防治行为、意向以及心理认知变量等内容；第三部分为养殖户污染防治的环境规制等测量内容。根据以上变量的操作性定义，遵循可量化、具体化、可获取性、真实性等原则进行变量测试的设计。

养殖污染防治行为：由于当前学术界关于养殖污染防治的行为的测量还较为零散、片面，因此，本书在参照孙岩（2006）、Halder 等（2016），以及岳婷（2014）运用计划行为理论开发的环境行为量表，并借鉴唐素云（2015）、潘丹（2016）、彭新宇（2007）、左志平（2016）以及张郁（2016）等人关于生猪规模养殖户污染治理行为的研究成果，再根据扎根理论质性研究的结论进行污染防治行为及意向测量量表的自行开发，形成测量量表如表 5-2 所示。其中，养殖污染防治行为包括无害化处理行为和资源化利用行为共 6 个题项，无害化行为界定为“采用干清粪养殖方式”“建有适应养殖规模的沼气系统设施”以及“猪尿及污水是否经好氧处理后排放”三类。其中，“采用干清粪方式”按照干清粪比例赋值——40%以下为 1，40%～50%为 2，50%～60%为 3，60%～70%为 4，70%以上为 5，“沼气设施建设规模”按照沼气设施与养殖规模比例赋值——小于 1/10 为 1，1/10～1/8 为 2，1/8～1/7 为 3，1/7～1/5 为 4，1/5 以上为 5；“好氧处理行为”按照设施数量及使用频率赋值——无设施或频率低于 30%为 1，30%～50%为 2，50%～60%为 3，60%～70%为 4，70%以上＝5。同时，将资源化利用行为划分为肥料化、饲料化和能源化三类。污染防治意向包括5个题项，分别为目标执行意向(资源化利用及无害化处理技术采纳意向)以及执行意向(时间、技术及资金投入意向)。在调研中，资源化利用行为及污染防治意向的测量由受访养殖户基于李克特量表对问题项进行自评(1=完全不符合，2=较不符合，3=一般，4=较符合，5=完全符合)。

表 5-2　养殖污染防治行为及意向的测量量表

变量	维度	测量项目	测量方式	题项来源
无害化处理行为(ITB)	ITB1	采用干清粪养殖方式	40%以下=1，40%～50%=2，50%～60%=3，60%～70%=4，70%以上=5	自行开发；何如海等(2013)；冯淑怡等(2013)；孟祥海等(2014)；闵继胜(2014)；Halder 等(2016)
	ITB2	建有适应养殖规模的沼气系统设施	小于 1/10=1，1/10～1/8=2，1/8～1/7=3，1/7～1/5=4，1/5 以上=5	自行开发；张郁(2016)；彭新宇(2007)；冯淑怡等(2013)
	ITB3	猪尿及污水是否经好氧处理后排放	30%=1，30%～50%=2，50%～60%=3，60%～70%=4，70%以上=5	自行开发；张郁(2016)；刘雪芬等(2013)；陆文聪等(2010)；张晖等(2011)；孟祥海等(2014)
资源化利用行为(RUB)	RUB1	生猪养殖废弃物饲料化利用	1=完全不符合，2=较不符合，3=一般，4=较符合，5=完全符合	陆文聪等(2010)；邬兰娅等(2015)；闵继胜(2014)
	RUB2	生猪养殖废弃物肥料化利用	1=完全不符合，2=较不符合，3=一般，4=较符合，5=完全符合	姜海(2015)；朱宁(2014)；陆文聪等(2010)；仇焕广(2012)；张郁(2016)
	RUB3	生猪养殖废弃物能源化利用	1=完全不符合，2=较不符合，3=一般，4=较符合，5=完全符合	姜海(2015)；朱宁(2014)；陆文聪等(2010)

续表

变量	维度	测量项目	测量方式	题项来源
	BI1	愿意对粪污进行资源化利用	1=完全不符合，2=较不符合，3=一般，4=较符合，5=完全符合	何如海等(2013)；仇焕广(2013)；朱宁(2014)
	BI2	愿意采纳粪污无害化处理技术	1=完全不符合，2=较不符合，3=一般，4=较符合，5=完全符合	林武阳等(2014)；潘丹(2015)；孔凡斌等(2016)
养猪污染防治意向(BI)	BI3	愿意付出精力和时间进行污染防治	1=完全不符合，2=较不符合，3=一般，4=较符合，5=完全符合	自行开发；孟祥海等(2014)
	BI4	愿意参加养猪污染防治技术培训	1=完全不符合，2=较不符合，3=一般，4=较符合，5=完全符合	何如海等(2013)；潘丹(2015)
	BI5	愿意进行养猪废弃物污染防治治理投资	1=完全不符合，2=较不符合，3=一般，4=较符合，5=完全符合	虞祎等(2012)；宾幕容，周发明(2015)

心理认知因素：本书在借鉴计划行为理论在环境行为研究中的应用成果(岳婷，2014；孙岩，2006；曲英，2007；段文婷，2008；李秋成，2015)，同时参考 Fischhoff(2015)、Ujjayant 等(2007)、Ramasamy 等(2013)、刘雪芬等(2013)、张晖等(2011)和潘丹(2015)等人关于畜禽养殖环境行为的心理认知变量的测量量表，再结合质性研究所得，设计如表 5-3 所示的量表进行养殖户污染防治行为认知因素的测量。其中，心理认知变量包括污染防治行为态度、主观规范、知觉行为控制以及环境风险感知 4 个变量。对受访养殖户基于李克特 5 分法对 13 个题项进行自评(1=完全不同意，2=

较不同意，3＝一般，4＝较同意，5＝完全同意）。

表 5-3　心理认知因素的测量量表

变量	维度	测量项目	测量方式	题项来源
行为态度（ATT）	ATT1	开展养猪污染防治很有必要	1＝完全不同意，2＝较不同意，3＝一般，4＝较同意，5＝完全同意	Moghimehfar，Halpenny（2016），刘雪芬等（2013）；Zheng（2014）；张晖等（2011）；吴林海，谢旭燕（2015）；潘丹（2015）；邬兰娅等（2015）；李秋成（2015）；宾幕容，周发明（2015）；Broch，Vedel（2012）
	ATT2	养殖污染防治对农村发展有好处	1＝完全不同意，2＝较不同意，3＝一般，4＝较同意，5＝完全同意	
	ATT3	养猪户应该是养猪污染治理的主体	1＝完全不同意，2＝较不同意，3＝一般，4＝较同意，5＝完全同意	
	ATT4	养猪户采取防治行为对环境保护很有必要	1＝完全不同意，2＝较不同意，3＝一般，4＝较同意，5＝完全同意	
主观规范（SN）	SN1	村里非养殖户建议应该进行养猪污染治理	1＝完全不同意，2＝较不同意，3＝一般，4＝较同意，5＝完全同意	Steg，Vlek（2009）；张晖等（2011）；林武阳（2014）；邬兰娅等（2015）；岳婷（2014）；宾幕容，周发明（2015），Hee（2000）；Klockner（2013）
	SN2	其他养殖户采取污染治理行为，我也会采取	1＝完全不同意，2＝较不同意，3＝一般，4＝较同意，5＝完全同意	
	SN3	政府畜牧部门的态度对我采取污染防治行为具有很大约束力和促进作用	1＝完全不同意，2＝较不同意，3＝一般，4＝较同意，5＝完全同意	

续表

变量	维度	测量项目	测量方式	题项来源
知觉行为控制(PBC)	PBC1	养殖污染防治的成本我负担不起	1=完全不同意，2=较不同意，3=一般，4=较同意，5=完全同意	张晖等(2011)；何如海等(2013)；潘丹(2015)；孙岩(2006)；曲英(2007)；段文婷(2007)；Poortinga et al.(2012)；Chen et al.(2013)
	PBC2	我具备进行养殖污染防治的知识及技术	1=完全不同意，2=较不同意，3=一般，4=较同意，5=完全同意	
	PBC3	我自己进行污染防治对改善养殖污染有作用	1=完全不同意，2=较不同意，3=一般，4=较同意，5=完全同意	
环境风险感知(PRF)	PRF1	生猪养殖造成的环境污染已较为严重	1=完全不同意，2=较不同意，3=一般，4=较同意，5=完全同意	Tatlidil et al.(2009) Lai；Tao et al.(2003)；唐素云(2015)；Ramasamy K(2013)；张郁(2016)；潘丹(2015)；孔凡斌等(2016)
	PRF2	养殖污染会造成对人体健康危害或经济利益损失	1=完全不同意，2=较不同意，3=一般，4=较同意，5=完全同意	
	PRF3	我很了解政府关于养殖污染治理的政策措施	1=完全不同意，2=较不同意，3=一般，4=较同意，5=完全同意	

参考 Zheng(2014)、Broch 等(2012)、Barrag、Del-Valle-Rivera(2016)、Ujjayant 等(2007)、潘丹(2016)、张郁(2016)、郭晓(2012)以及彭新宇(2007)等人关于畜禽养殖污染防治的环境规制研究成果，并根据质性研究结论，主要从引导性、激励性和约束性规制三个方面进行环境规制因素

的测量(表 5-4 所示)。其中,引导性规制通过宣传教育、弃养转业引导 2 个问题项进行测量,激励性规制通过粪肥交易市场、政府治污补贴和技术推广 3 个问题项进行测量,约束性规制通过政府限养管制力度、村规民约及排污技术标准 3 个问题项加以测量。调研过程中,同样要求被受访养殖户基于李克特 5 分法对 8 个问题项进行回答。

表 5-4　环境规制因素的测量量表

变量	维度	测量项目	题项来源
引导性规制(LER)	LER1	环境保护和治理的宣传教育效果	Broch, Vedel (2012);张晖等(2011);冯淑怡(2013);Terence R(1986);Staats et al.(2004)
	LER2	政府引导转业下养殖户放弃养猪转业的难度	结合质性研究成果自行开发
激励性规制(IER)	IER1	粪肥消纳与交易便利程度	潘丹(2016);何如海等(2013);李冉等(2015);孔凡斌等(2016),Ogink et al.(2000);Barragan-Ocana,Del-Valle-Rivera(2016)
	IER2	养猪污染防治的补贴合理程度	彭新宇(2007);郭晓(2012);朱哲毅等(2016);张晖等(2011);虞祎等(2012);左志平等(2016);潘丹(2015);邬兰娅等(2015);孔凡斌等(2016)
	IER3	养殖污染防治知识及技术获取难度	张郁(2016);潘丹(2015);冯淑怡等(2013);邬兰娅等(2015);宾幕容,周发明(2015)
约束性规制(BER)	BER1	村里禁止养猪废弃物直接排放相关规定的约束力	自行开发,宾幕容、周发明(2015)
	BER2	周边因环保被改造或拆除的猪场数量	Ujjayant et al.(2007),左志平等(2016);张郁,江易华(2016);张晖(2011);冯淑怡等(2013);宾幕容,周发明(2015);李冉等(2015);Wang et al.(2011)
	BER3	达标或零排放标准执行力度	潘丹(2016);张郁等(2016);李云甫等(2007)

三、调研实施与数据质量分析

(一)调研实施与样本统计

本书所采用的数据来自课题组于 2016 年 4—10 月在南平、龙岩、三明地区开展的抽样调查。根据生猪养殖业的发展水平,在三个设区市分别选取延平、邵武、新罗、上杭以及尤溪等共 5 个县(市、区)。养殖户样本结合运用分层逐级抽样和随机抽样方法,即在每个县(市、区)随机选取 3～4个养殖规模总量差异化的乡镇,依据村庄生猪养殖密度随机选取高、中、低的 3～6 个行政村,再在村庄中根据养殖规模随机选取 6～7 个生猪养殖户进行问卷调查和访谈。为保证调查结果准确、可信,在调查前对研究生进行集中培训,调研中采用与养殖户"一对一、面对面"的访问方式,并由研究生进行填写。本书共发放问卷 451 份,回收有效问卷 406 份,有效率为 90.0%。样本养殖户的区域分布及人口统计学特征分布情况分别如表 5-5、5-6 所示。统计显示样本主要以男性为主,年龄主要集中在 41～60岁,占全部样本的 69.71%,受教育水平以初中及高中居多,占全部样本的 56.65%,样本养殖户中担任村干部的占比为 76.11%。养殖特征方面,样本养殖户的养殖规模主要集中在 100～500 头,养殖年限主要分布在 10～20 年之间,2015 年的家庭养殖净收入平均水平为 12.33 万元,大致符合养殖规模分布与 2015 年猪价行情变动的实际情况①。综上表明本次抽样所得样本具有一定的代表性。

---

① 调研区域 2015 年上半年肉猪收购价格大致为 5.0～6.5 元/斤,下半年价格约为 8.5～9.0 元/斤,全年一头肉猪净收入约为 800～900 元。

表 5-5　样本养殖户区域分布情况

县(市、区)	样本数量	乡镇	村庄	样本数量
延平区	87	炉下镇	斜溪、樟岚、官庄、龙村、洋洧、蛇村	40
		太平镇	西山、曾厝、太平、杨厝	29
		夏道镇	洋头、罗坑、吴丹	18
邵武市	95	城郊镇	朱山、香埔、台上	27
		水北镇	故县、大漠	30
		下沙镇	下沙、沙田、分站村、屯上村	14
		沿山镇	周源、三元、上坊、百樵村、危家戈	24
新罗区	83	雁石镇	上营、黄庄、东南、苏邦、红林	32
		白沙镇	南卓、营岐、田坑、小吉、大科、罗坪	30
		岩山镇	佳山、芹园、后埔、龙山村	21
上杭县	67	临城镇	大坑、黄竹、白玉、土埔	13
		蛟洋镇	蛟洋、文地、小和、中心坑	19
		中都镇	蛟腾、由安、都康	18
		太拔乡	院田、田增、大坑、天增	17
尤溪县	74	西滨镇	科竹、乐洋、七里、双阳、刘坂、际后	40
		梅仙镇	梅仙、梅营、玉石、丈际	20
		西城镇	新联、玉池、光林、新坑	14
总计				406

注：由于水北镇的生猪养殖户所在村庄相对集中，分别分布在上述两个村庄，在分层抽样时难以满足每个乡镇选取 3～5 个村庄的要求，而仅在养殖户密集村庄内选取规模差异化的养殖户进行问卷调查。

表 5-6 样本分布情况

项目	类别	百分比/%	项目	类别	百分比/%
性别	男	86.21	年龄/岁	≤30	3.94
	女	13.79		31～40	18.97
受教育水平	小学及以下	39.66		41～50	42.12
	初中	42.86		51～60	27.59
	高中(中专)	13.79		≥61	7.38
	大学及以上	3.69	养殖年限/年	1～5	8.87
是否村干部	否	76.11		6～10	27.83
	是	23.89		11～15	33.00
养殖规模/头	≤100	20.69		16～20	22.42
	101～250	33.50		≥21	7.88
	251～500	27.09	养猪年净收入/万元	0～5	29.31
	501～1500	10.84		6～10	25.62
	≥1501	7.88		11～20	26.60
				21～30	7.39
				≥31	11.08

(二)正态分布检验

由于调研数据质量对本书研究结论的重要性，首先需对收集数据的正态分布性进行检验，如表 5-7 所示，本研究所有测量问项的偏度绝对值处于 0.004～1.300 之间，峰度绝对值位于 0.119～1.497 之间。Mardia，Foster(1983)和 Kline(2005)认为当所有测量问项的偏度绝对值小于 2 是检测数据是否符合正态分布的依据。由此可见，本研究收集的数据均满足上述临界值要求，说明适合使用结构方程建模中的最大似然法对数据进行参数估计。

表 5-7　数据正态性分布检验

变量	测量项	偏度		峰度	
		统计量	标准误	统计量	标准误
无害化处理行为	ITB1	0.692	0.121	−0.926	0.242
	ITB 2	−0.192	0.121	−1.404	0.242
	ITB 3	0.761	0.121	−0.965	0.242
资源化利用行为	RUB1	1.300	0.121	0.333	0.242
	RUB2	−0.220	0.121	−1.420	0.242
	RUB3	−0.337	0.121	−1.197	0.242
污染防治行为意向	BI1	−0.386	0.121	−0.953	0.242
	BI2	−0.372	0.121	−1.014	0.242
	BI3	−0.426	0.121	−0.727	0.242
	BI4	−0.275	0.121	−0.969	0.242
	BI5	−0.066	0.121	−1.328	0.242
行为态度	ATT1	−1.051	0.121	0.554	0.242
	ATT2	−0.463	0.121	−0.828	0.242
	ATT3	−0.921	0.121	0.180	0.242
	ATT4	−1.001	0.121	0.200	0.242
主观规范	SN1	−0.711	0.121	−0.414	0.242
	SN2	−0.917	0.121	0.119	0.242
	SN3	−0.762	0.121	−0.450	0.242
知觉行为控制	PBC1	0.429	0.121	−0.370	0.242
	PBC2	−0.052	0.121	−0.787	0.242
	PBC3	0.183	0.121	−0.753	0.242
环境风险感知	PRF1	0.280	0.121	−1.107	0.242
	PRF2	0.551	0.121	−0.644	0.242
	PRF3	0.148	0.121	−0.827	0.242

续表

变量	测量项	偏度		峰度	
		统计量	标准误	统计量	标准误
引导性规制	LER1	−0.457	0.121	−0.646	0.242
	LER2	0.004	0.121	−1.497	0.242
激励性规制	IER1	0.274	0.121	−1.188	0.242
	IER2	0.495	0.121	−0.878	0.242
	IER3	0.083	0.121	−0.802	0.242
约束性规制	BER1	−0.060	0.121	−0.751	0.242
	BER2	0.348	0.121	−0.738	0.242
	BER3	−0.679	0.121	−0.406	0.242

(三)量表信效度检验

问项—总体相关系数(CITC)及内部一致性系数是广泛被用于检测量表质量的工具,通过对变量的测量质量进行初步检验,能够实现对测量问项进行净化和筛选。Churchill(1979)认为运用 CITC 指标可以减少测量调控的多因子符合现象,删除不恰当的条款有助于提高量表整体的内部一致性。一般认为,当 CITC 小于 0.4 且删除该问项后量表整体的一致性系数得以提高的问项应当予以删除(Cronbach,1951)。而当测量量表的 Cronbach's α 系数大于 0.6 时,则说明量表的信度符合基本的要求(Nunnally,1978;Lai et al.,2002)。

基于上述分析方法和检验标准,对 406 份有效样本数据进行问项—总体系数(CITC)检验以及内部一致性系数检验,所得结果如表 5-8 所示。由此可知,除行为态度变量,其他所有变量的测量量表的内部一致性 α 系数均通过了 0.6 的临界值标准,说明测量工具整体上具有良好的稳定性。进一步地,本研究基于 CITC 指标小于 0.4 的标准进行指标筛选,删除了污染防治资源化利用行为中的 RUB1 和行为态度中的 ATT4,再次进行可靠性检验显示污染防治行为和污染防治行为态度的内部一致性

α 系数分别提高为 0.743 和 0.685，表明测量工具进一步得以优化。

表 5-8　样本数据信度检验

变量	题项数	测量项	项删除后的均值	项删除后的方差	CICT	项删除后的Cronbach'α系数	Cronbach'α系数
污染防治行为	6	ITB1	14.007	20.002	0.534	0.587	0.674
		ITB 2	13.091	18.666	0.590	0.561	
		ITB 3	14.000	20.277	0.456	0.613	
		RUB1	14.392	26.619	0.323	0.743	
		RUB2	12.990	20.084	0.479	0.605	
		RUB3	12.924	21.829	0.466	0.645	
污染防治行为意向	5	BI1	13.106	18.954	0.757	0.869	0.895
		BI2	13.131	19.309	0.680	0.886	
		BI3	13.086	19.175	0.774	0.866	
		BI4	13.224	18.994	0.753	0.870	
		BI5	13.562	17.941	0.755	0.870	
行为态度	4	ATT1	11.736	4.338	0.455	0.347	0.531
		ATT2	12.382	3.718	0.400	0.379	
		ATT3	11.865	4.009	0.487	0.304	
		ATT4	11.707	6.193	0.308	0.685	
主观规范	3	SN1	7.643	4.724	0.726	0.860	0.878
		SN2	7.485	4.571	0.818	0.783	
		SN3	7.601	4.280	0.755	0.839	
知觉行为控制	3	PBC1	5.961	3.253	0.592	0.603	0.732
		PBC2	5.515	3.233	0.535	0.669	
		PBC3	5.682	3.136	0.540	0.664	
环境风险感知	3	PRF1	5.308	4.159	0.663	0.676	0.787
		PRF2	5.569	4.873	0.614	0.727	
		PRF3	5.389	4.895	0.613	0.728	

续表

变量	题项数	测量项	项删除后的均值	项删除后的方差	CICT	项删除后的Cronbach'α系数	Cronbach'α系数
引导性规制	2	LER1	20.067	28.640	0.487	0.708	0.699
		LER2	20.520	27.806	0.413	0.743	
激励性规制	3	IER1	20.914	24.099	0.474	0.649	
		IER2	21.101	23.834	0.529	0.637	
		IER3	20.313	24.843	0.494	0.647	
约束性规制	3	BER1	20.539	23.933	0.597	0.625	
		BER2	20.850	24.839	0.467	0.652	
		BER3	19.818	26.293	0.452	0.677	

效度检验包括内容效度和建构效度。根据上述变量测试与量表设计，本书关于养殖污染防治行为量表中的防治行为、防治意愿、态度、主观规范、风险感知等心理认知变量的测量大量参考了关于生猪养殖污染治理的已有研究成果；同时通过与该领域专家和养殖污染防治主管部门工作人员、规模养猪户的访谈进行养殖户污染防治行为量表的质性研究，最后由预调研数据收集情况进行适当调整得到最终的量表。以上文献总结和访谈、调研等手段相结合能较好地确保问卷量表设计的良好内容效度。建构检验方面，借助 SPSS 17.0 统计软件对测量量表进行探索性因子分析。首先，KMO 样本测度检验和 Bartlett's 球体检验结果如表 5-9 所示，所得 KMO 值 0.641，大于 0.5 的评价标准（Nunnally，1978；何晓群，2007），且统计值在 0.01 水平上显著（sig.＜0.00），说明该测量量表可以进行因子分析。其次，对心理认知变量进行探索性因子分析，总方差解释率和因子负荷矩阵结果分别如表 5-10、表 5-11 所示。总方差解释率达 70.436%，共提取五个主因子，与预设的污染防治意愿、行为态度、主观规范、知觉行为控制以及环境风险感知五类变量相吻合。表明心理认知变量测量工具具有较高的建构效度。再者，分别对养殖户污染防治行为及环境规制测量量表进行探索性因子分析，结果显示，这两类测量变量的总方差解释率分别

为68.015%和68.681%，且分别提取两个和三个主因子，因子负荷矩阵表分别如表5-12和5-13所示，可见各变量较好地分布在预设的主因子上，且因子负荷值均大于0.5。综上表明测量量表具有较强的建构效度。

表5-9 量表KMO值和Bartlett球型检验

Kaiser-Meyer-Olkin(KMO)样本充分性检测		0.641
Bartlett的球形度检验	近似卡方	366.115
	自由度df	15
	显著性概率Sig.	0.000

表5-10 心理认知变量因子的特征根和贡献率

主因子	1	2	3	4	5
特征根	4.838	2.145	1.780	1.688	1.523
贡献率/%	28.459	12.619	10.473	9.929	8.958
累积贡献率/%	28.459	41.077	51.550	61.479	70.436

表5-11 心理认知变量正交旋转因子载荷矩阵

测量项	成分				
	1	2	3	4	5
BI1	0.812				
BI2	0.767				
BI3	0.842				
BI4	0.819				
BI5	0.832				
ATT1		0.765			
ATT2		0.754			
ATT3		0.814			
SN1			0.844		
SN2			0.913		
SN3			0.877		
PBC1				0.815	

续表

测量项	成分				
	1	2	3	4	5
PBC2				0.760	
PBC3				0.806	
PRF1					0.838
PRF2					0.812
PRF3					0.813

表 5-12 养殖户污染防治行为正交旋转因子载荷矩阵

测量项	无害化处理	资源化利用行为
	因子载荷	因子载荷
ITB1	**0.761**	0.220
ITB 2	**0.676**	0.418
ITB 3	**0.821**	−0.020
RUB2	0.294	**0.823**
RUB3	0.138	**0.806**

表 5-13 污染防治环境规制正交旋转因子载荷矩阵

测量项	激励性规制	约束性规制	引导性规制
	因子载荷	因子载荷	因子载荷
LER1	0.026	0.058	**0.832**
LER2	−0.011	0.018	**0.838**
IER1	**0.857**	0.056	0.023
IER2	**0.856**	0.127	−0.007
IER3	**0.686**	0.269	0.003
BER1	0.470	**0.676**	0.041
BER2	0.398	**0.606**	−0.017
BER3	−0.057	**0.917**	0.085

第六章　生猪规模养殖户污染防治的行为特征分析

自2013年国家制定《畜禽规模养殖污染防治条例》以来，规模化畜禽养殖污染治理工作成为污染治理工作的重点，各地政府不断加大畜禽养殖污染排放管理力度，采取环境承载力、合理规划布局、加强环境影响评价、粪污零排放及达标排放等多项“严管”措施。但对此，不仅养殖污染的分散性、公共性和隐蔽性等特征很大程度上削弱了这些措施和政策的效果；而且养殖总量控制与养殖成本提高的同时也引发了猪肉产品供给安全和养殖户生计保障等重要民生问题。故有学者提出对于畜禽养殖面源污染防治，从宏观视角选择畜禽养殖污染防治政策的同时，不能忽略微观层面“由内到外”和“自下而上”源头上深度剖析养殖主体的环境行为。因此，加强对规模化畜禽养殖户环境行为的引导和规制，促进规模养殖户采取环境友好行为成为一个亟待解决的重大现实问题。规模化生猪养殖户涉及多元利益需求和多重复杂角色关系，既是污染的制造者、治理政策的执行者，也是面源污染的受害者，如何引导其自觉进行污染防治已成为一个亟待解决的现实问题。而进行行为引导的前提首先需要把握行为特征及其群体差异，并基于此探究行为差异形成机理。

一、生猪规模养殖户污染防治现状分析

(一)生猪规模养殖户污染防治行为现状分析

根据对样本数据的统计描述,生猪规模养殖户污染防治行为分布情况如表 6-1 所示。由此显示,规模化生猪养殖户污染防治行为包括无害化处理行为和资源化利用行为,共 5 个题项。其中,无害化处理行为和资源化利用行为的均值分别为 2.617、3.342,表明规模化生猪养殖户的资源化利用行为较无害化处理行为实施得更好。具体来说,无害化处理行为的测量指标包括干清粪养殖方式、沼气池建设规模以及好氧处理行为等。其中,采用干清粪养殖方式的均值为 2.336,表明样本养殖户采用干清粪养殖方式的平均比例水平略高于 50%;沼气设施建设规模指标的均值为 3.204,表明样本养殖户的沼气池容积与养殖量平均配比水平略高于 6 头猪/米^3;好氧处理行为的均值为 2.312,表明仅略高于 50%的样本养殖户采纳了好氧处理行为。资源化利用行为的测量指标包括废弃物肥料化利用和废弃物能源化利用。其中,肥料化利用的均值为 3.265,表明样本养殖户肥料化利用行为较为一般;能源化利用的均值为 3.354,表明样本养殖户能源化利用行为表现较其他行为更好,但仍存一定提升空间。此外,结合表 6-1 所示的原始访谈文本资料的概括发现样本养殖户资源化利用主要集中于堆肥、灌溉、沼气发电及销售等。

表 6-1　规模化生猪养殖户污染防治行为赋值及统计描述

测量维度	均值	标准差	测量指标	赋值	均值	标准差
无害化处理行为	2.617	1.189	干清粪养殖方式	干清粪比例： 40%及以下=1， 41%～50%=2， 51%～60%=3， 61%～70%=4， 71%及以上=5	2.336	1.410
			沼气设施建设规模	沼气池的容积和养殖量配比/(头/m^3)： 小于 1/10=1， 1/11～1/8=2， 1/9～1/6=3， 1/6～1/5=4， 1/4 及以上=5	3.204	1.519
			好氧处理行为	好氧处理设施数量及使用频率： 30%及以下=1， 31%～50%=2， 51%～60%=3， 61%～70%=4， 71%及以上=5	2.312	1.504
资源化利用行为	3.342	1.308	肥料化利用	完全不符合=1， 较不符合=2， 一般=3， 较符合=4， 完全符合=5	3.265	1.492
			能源化利用	完全不符合=1， 较不符合=2， 一般=3， 较符合=4， 完全符合=5	3.354	1.422

(二)生猪规模养殖户污染防治行为心理认知现状分析

样本养殖户污染防治的心理认知变量统计描述结果如表 6-2 所示。观察显示，生猪规模养殖户在五类心理认知变量上的得分高低为行为态度＞主观规范＞知觉行为控制＞环境风险感知，表明生猪规模养殖户对开展养殖污染防治具有较积极的认知，但对于由养殖污染造成的环境风险感知较低。具体而言，生猪养殖户对污染防治的必要性(4.160)以及生猪养殖对环境的污染影响理性认知(4.032)水平较高，但对于污染治理的责任主体认知水平相对较低。环境风险感知方面，养殖户对生猪养殖环境污染严重程度的感知较为强烈(4.160)，这与其污染防治行为态度中的生态理性认知相一致；另一方面，养猪户对养殖污染的健康风险和政策风险认知较为缺乏，成为拉低其环境风险感知的重要原因。再者，在主观规范上，养殖户主要受到来自政府部门的行政压力以及其他养殖主体的参照效应的影响，对于非养殖户群体的治污压力感知水平相对较低。知觉行为控制维度，生猪规模养殖主体对自身开展污染防治的经济条件和能力的评估较低，但对养殖主体进行污染防治的行为效能认知相对较高，在污染防治技术和知识准备方面的自我评价较为消极。此外，生猪养殖户污染防治行为意向统计均值为3.305，表明养殖户具有较为积极的污染防治行为整体实施意向。具体地，其对养殖废弃物进行资源化利用和污染防治时间、精力投入方面具有较为积极的意向，其次是无害化处理技术采纳以及参与污染防治培训，相对而言，在污染防治投资方面表露出较为消极的行为意向。

表6-2　样本养殖户污染防治心理认知变量描述性统计分析结果

变量	均值	标准差	测量变量	均值	标准差
行为态度	3.902	1.053	ATT1	4.160	0.944
			ATT2	4.032	1.202
			ATT3	3.515	1.014
主观规范	3.788	1.151	SN1	2.618	1.094
			SN2	3.764	1.223
			SN3	3.879	0.994
知觉行为控制	2.860	1.042	PBC1	2.825	1.052
			PBC2	2.897	1.079
			PBC3	3.064	1.315

续表

变量	均值	标准差	测量变量	均值	标准差
			PRF1	4.160	0.944
环境风险感知	2.711	1.221	PRF2	2.564	1.176
			PRF3	2.744	1.171
			BI1	3.421	1.248
			BI2	3.397	1.297
污染防治行为意向	3.305	1.072	BI3	3.441	1.199
			BI4	3.303	1.247
			BI5	2.966	1.387

(三)生猪规模养殖户污染防治的环境规制现状分析

生猪养殖污染防治环境规制情况的统计描述结果如表 6-3 所示,上述归纳的三类环境规制措施中,约束性规制措施得分最高,样本养殖户的平均得分为 3.044,表明当前研究区域的生猪养殖污染防控仍以约束性措施为主,实施最为严格。激励性和引导性规制措施的平均得分较为相近,略微大于平均水平。值得一提的是,引导性规制措施中的反向计分问项"政府引导下弃养转业难度指标"在进行正向调整之后得分为 1.980,为全部测量问项中的最低分,表现为生猪规模养殖户对养殖业极大的依赖性以及政府在扶持转业转产上的较大努力空间。环境保护和养殖污染治理的宣传教育效果的平均得分为 3.229,基于此再结合调研过程中的感性认知进一步表明提升养殖户污染和治理认知确是当前各级政府污染防控的重点措施之一。此外,激励性规制中的粪肥消纳和治污补贴指标均在 2.5 的平均值徘徊,而治污知识和技术获取的正向平均计分为 3.067,相比于生猪养殖户对自身污染防治知识和技术能力评价分(2.897),养殖户对污染防治的知识技术的接受能力和水平相对较弱。约束性环境规制维度中以政府禁养、限养为最严措施,平均得分为 3.628,表明生猪规模养殖户对此具有较高的约束力感知。此外,生猪养殖户污染防治压力还来源于村规民约对粪污排放的相关规定，“村里禁止粪污直接排放规定的强度”的平均得分为 2.910。而由于“达标或零排放标准执行力度”指标可能较适用于有打算或已经建有无害化处理的生猪养殖户，导致该项指标的平均得分相对较低(2.596)。

表 6-3 养殖污染环境规制现状的统计分析结果

变量	均值	标准差	测量变量	均值	标准差
引导性规制	2.605	1.099	LER1	3.229	1.081
			LER2①	1.980	1.530
激励性规制	2.648	1.039	IER1	2.532	1.319
			IER2	2.345	1.267
			IER3[1]	3.067	1.170
约束性规制	3.044	0.936	BER1	2.910	1.151
			BER2	3.628	1.215
			BER3	2.596	1.185

二、生猪规模养殖户污染防治的行为差异分析

基于上节对样本生猪养殖户的养殖污染防治行为整体现状的描述及分析，本节进一步通过运用单因素方差分析与独立样本 T 检验方法对样本养殖户污染防治行为在养殖户个体特征、家庭特征及养殖特征三方面的差异进行分析，以期透彻了解和细致捕捉生猪规模养殖户的行为特征。值得说明的是，以下针对养殖户无害化处理行为、资源化利用行为以及污染防治意向的差异分析，均是基于对三类行为和意向进行算术平均数计算结果。

① 引导性规制措施中的“弃养转业难度”(LER2)及激励性规制措施中“污染防治知识及技术获取难度”(IER3)为反向计分题项，此处统计描述为实现对引导性及激励性规制措施维度平均值和标准差的计算，对问卷数据进行正向计分调整。

(一)生猪规模养殖户污染防治行为的个体特征差异

1.养殖污染防治行为的年龄差异

根据对样本生猪规模养殖户的污染防治行为进行年龄差异的单因素方差分析结果如表 6-4 所示，养殖户无害化处理行为和污染防治意向具有显著的年龄差异，而资源化利用行为不存在显著的年龄差异，其中，无害化处理行为的年龄差异结果与潘丹(2015)、杜焱强等(2014)的研究结论相类似。根据表 6-5 污染防治行为及意愿的年龄组间均值的比较可知，31～40 岁年龄阶段的养殖户无害化处理行为实施效果最好，平均值为 3.121，且除了小于 30 岁的养殖户群体外，其他养殖户呈现出随年龄增大，无害化处理行为实施减少的变动趋势。无害化处理行为的实施要求具备一定的心理接受能力和经济条件，这与 31～50 岁的生猪养殖户的特征相吻合，年轻群体可能缺乏经济条件，而年老群体可能习惯于依赖自然消解污染物，对进行无害化处理暂时不愿接受。污染防治意向方面，以 41～50 岁为最积极意向群体，且积极性向上下两侧年龄阶段逐渐递减的特征。防治行为意向是规模养猪户对养殖污染防治行为的主观判断和执行倾向，41～50 岁年龄段的养殖户对进行生猪养殖污染防治重要性认知和条件评估较为到位和准确，表现出较为积极的意向。行为实施与防治意向之间不尽相同的年龄差异特征也说明行为意向与行为实施之间的不完全一致性。

表 6-4　养殖户污染防治行为及意向的年龄差异

因变量		变差平方和	自由度 df	均方	F	Sig.
无害化处理行为	组间	99.102	46	2.154	1.635	0.008
	组内	473.049	359	1.318		
	总和	572.151	405			
资源化利用行为	组间	93.631	46	2.035	1.218	0.166
	组内	599.743	359	1.671		
	总和	693.374	405			

续表

因变量		变差平方和	自由度 df	均方	F	Sig.
污染防治意向	组间	72.704	46	1.581	1.444	0.036
	组内	392.864	359	1.094		
	总和	465.568	405			

表 6-5 养殖污染防治行为及意愿的年龄组间均值比较

分组	ITB	RUB	BI
≤30 岁	2.427	2.531	2.706
31～40 岁	3.121	3.545	3.433
41～50 岁	2.550	3.532	3.474
51～60 岁	2.290	3.059	3.125
≥61 岁	2.167	3.028	2.731

2.养殖污染防治行为的受教育程度差异

样本养殖户污染防治行为在受教育程度维度的单因素方差分析结果如表 6-6 所示，由此显示，无害化处理及资源化利用行为、污染防治行为意向均因养殖户受教育程度的不同而产生差异。这与何如海等(2013)、潘丹(2015)和杜焱强等(2014)等人关于养殖污染防治行为的研究所得结果相一致，即认为养殖户的环境行为存在明显的受教育水平分化。进一步观察表 6-7 所示的养殖户污染防治行为及意向的受教育程度组间均值差异发现，无害化处理行为表现为随受教育程度的提高而更为积极，资源化利用行为与污染防治意向均在高中(中专)群体组别中表现最为积极。

表 6-6 养殖户污染防治行为及意向的受教育程度差异

因变量		变差平方和	自由度 df	均方	F	Sig.
无害化处理行为	组间	16.232	3	5.411	3.913	0.009
	组内	555.919	402	1.383		
	总和	572.151	405			
资源化利用行为	组间	19.247	3	6.416	3.826	0.010
	组内	674.128	402	1.677		
	总和	693.374	405			

续表

因变量		变差平方和	自由度 df	均方	F	Sig.
污染防治意向	组间	12.049	3	4.016	3.560	0.014
	组内	453.519	402	1.128		
	总和	465.568	405			

表 6-7 养殖污染防治行为及意愿的受教育程度组间均值比较

分组	ITB	RUB	BI
小学及以下	2.420	3.150	3.166
初中	2.557	3.288	3.285
高中(中专)	2.894	3.808	3.687
大学及以上	3.208	3.469	3.438

(二)生猪规模养殖户污染防治的行为的家庭特征差异分析

1.养殖污染防治行为的家庭劳动力差异

由表 6-8 的单因素方差分析结果可见,样本养殖户污染防治行为及意向在家庭劳动力数量上均不存在显著差异。虽然少有文章将家庭劳动力数量纳入养殖户环境行为研究中,本书原假设认为以家庭经营的生猪养殖场与家庭特征可能存在较大关联,劳动力数量又是诸多分析家庭行为选择的重要因素(石智雷,2012;杨云彦,2012),故将其纳入特征描述与分析。但此分析结果显示家庭劳动力数量并未显著影响生猪养殖户的环境友好行为实施与意向选择。可能的解释是养殖户以家庭父母辈为主要劳动力居多,多数养殖户家庭仍然保持普遍的子女外出工作的情况,留守本地工作的子女也较少共同从事养殖活动。因此,养殖活动未影响或未受养殖户家庭劳动力分配的影响,表现为二者间的不显著相关关系。

表 6-8　养殖户污染防治行为及意向的劳动力数量差异

因变量		变差平方和	自由度 df	均方	F	Sig.
无害化处理行为	组间	11.699	8	1.462	1.036	0.408
	组内	560.452	397	1.412		
	总和	572.151	405			
资源化利用行为	组间	13.965	8	1.746	1.020	0.420
	组内	679.410	397	1.711		
	总和	693.374	405			
污染防治意向	组间	8.317	8	1.040	0.903	0.514
	组内	457.251	397	1.152		
	总和	465.568	405			

2.养殖污染防治行为的家庭收入差异

针对养殖户污染防治行为及意向的家庭总收入差异分析结果如表6-9所示，由此可见，规模养猪户的养殖废弃物无害化处理行为存在显著的家庭总收入差异，而资源化利用行为与污染防治意向不具有显著的家庭总收入差异。导致这一结果的可能原因是2011—2015年为生猪市场价格低迷期，而自2014年起，正值全国及福建加大整治畜禽养殖污染防控，历经了低利润甚至大亏本之后[①]，在接踵而来的污染防控治理压力之下，无害化处理所需的资本积累成为影响行为实施的重要因素，而这很大程度上取决于家庭的整体经济积累。因此，表现为家庭总收入水平对养殖户无害化处理行为的显著影响。污染防治意向之所以没有表现出显著性可能原因是测量工具中经济资本投资仅是污染防治意向的五个考察内容的一个方面。资源化利用则对资本积累的依赖性相对较小，因而未受家庭总收入的显著影响。

---

① 本书所选研究区域2011—2015年肉猪销售价格为4.0～6.5元/斤，同时期肉猪成本为5.5～7.0元/斤。

表 6-9　养殖户污染防治行为及意向的家庭总收入差异

因变量		变差平方和	自由度 df	均方	F	Sig.
无害化处理行为	组间	117.963	60	1.966	1.493	0.015
	组内	454.188	345	1.316		
	总和	572.151	405			
资源化利用行为	组间	97.014	60	1.617	0.935	0.613
	组内	596.360	345	1.729		
	总和	693.374	405			
污染防治意向	组间	64.570	60	1.076	0.926	0.633
	组内	400.998	345	1.162		
	总和	465.568	405			

3.养殖污染防治行为的家庭社会资本差异

社会资本是诸多文献资料考察家庭资源禀赋的重要因素（石智雷，2012；林丽梅，2015；杜焱强，2016），因此，本书也将社会资本纳入研究范畴，观察家庭社会资本差异对养殖污染防治行为实施和意向选择的影响。结合生猪养殖经营和乡村社会的特点，以“家中是否有人担任（过）村干部（政府官员）”为社会资本的表征。基于此，进行单因素方差分析结果如表6-10 所示，污染防治行为实施在家庭社会资本方面具有显著差异，而污染防治意向不具有显著的家庭社会资本差异。这表明在分群组中可能存在行为实施与意向选择上的不一致性。总体上，根据对养殖污染防治行为及意愿的社会资本组间均值比较（表 6-11）可知，家中担任或曾经担任过村干部（政府官员）的养殖户在污染防治行为及意向上均有相对积极的表现。

表 6-10　养殖户污染防治行为及意向的社会资本差异

因变量		变差平方和	自由度 df	均方	F	Sig.
无害化处理行为	组间	31.690	1	31.690	23.689	0.000
	组内	540.461	404	1.338		
	总和	572.151	405			
资源化利用行为	组间	12.327	1	12.327	7.312	0.007
	组内	681.048	404	1.686		
	总和	693.374	405			

续表

因变量		变差平方和	自由度 df	均方	F	Sig.
污染防治意向	组间	4.137	1	4.137	3.622	0.058
	组内	461.431	404	1.142		
	总和	465.568	405			

表 6-11　养殖污染防治行为及意愿的社会资本组间均值比较

分组	ITB	RUB	BI
未担任(过)村干部(政府官员)	2.422	3.221	3.248
担任(过)村干部(政府官员)	3.070	3.625	3.482

(三)生猪规模养殖户污染防治的行为的养殖特征差异分析

1.养殖污染防治行为的养殖年限差异

表 6-12 和表 6-13 所示分别为养殖污染防治行为及意向的养殖年限差异单因素方差分析及其组间均值比较结果。由此显示,规模养猪户的废弃物无害化处理行为在养殖年限上具有显著差异,而资源化利用行为及污染防治意向不存在养殖年限上的显著分化。养殖废弃物无害化处理由于需要建设或购置相应的固定处理设施和设备,因此,具有较长养殖年限的规模养猪户在 2014 年养殖污染防控政策伊始可能率先成为无害化处理行为的实施者。研究预设长期从事生猪养殖的养殖户可能由于对生猪养殖的极大依赖性而表现出对开展污染防治的较为积极污染防治意向,但分析却未显现养殖户污染防治意向在养殖年限上的显著差异。结合调研感性认识,本书认为可能是由于 2015 年下半年至 2016 年生猪养殖市场行情趋好,突破数十年来区域性价格的最高价①,这使得同时期开展的污染防治意向难以避免地很大程度上受到生猪市场行情的影响,但所幸开展的调查工作时间跨度较短,市场行情较为稳定,不同样本规模养

---

① 本书所选调研区域 2015 年上半年肉猪收购价格大致为 5.0～6.5 元/斤,下半年价格约为 8.5～9.0 元/斤,全年一头肉猪净收入约为 800～900 元。

猪户所处同一市场行情也大大降低了市场行情对问题研究的影响。再从养殖污染防治行为及意向的养殖年限组间均值比较可知，污染防治行为实施及意向选择大致表现为随养殖年限不断递增的变化趋势。养殖年限为5年及以下的养殖户在高压政策下表现出较为积极的污染防治行为实施，但同时持有观望的污染防治意向选择态度。养殖年限处于16～20年的养殖户群体可能因对养殖业的依赖性而具有积极的污染防治意向。

表6-12　养殖户污染防治行为及意向的养殖年限差异

因变量		变差平方和	自由度 df	均方	F	Sig.
无害化处理行为	组间	62.210	27	2.304	1.708	0.017
	组内	509.941	378	1.349		
	总和	572.151	405			
资源化利用行为	组间	44.917	27	1.664	0.970	0.511
	组内	648.458	378	1.715		
	总和	693.374	405			
污染防治意向	组间	42.042	27	1.557	1.390	0.096
	组内	423.527	378	1.120		
	总和	465.568	405			

表6-13　养殖污染防治行为及意愿的养殖年限组间均值比较

分组	ITB	RUB	BI
5年及以下	2.611	3.274	3.134
6～10年	2.347	3.072	3.135
11～15年	2.505	3.374	3.372
16～20年	2.868	3.598	3.664
21年及以上	3.235	3.500	3.338

2.养殖污染防治行为的养殖规模差异

生猪规模养殖户的无害化处理行为实施与意向选择在养殖规模上的显著差异得以证实，结果如表6-14所示，其组间均值比较如表6-15所示。规模越大的家庭养殖场容易获取规模经济效益，拥有较强的经济能力开展污染防治行为；同时，由于从生猪养殖业所获取的较高劳动报酬也促使其持有积极的污染防治态度倾向。但同时规模较大的家庭规模养殖场具有较大的粪肥消纳压力，由此可能出现两种极端情况：一是大规模生猪养殖场形成稳定的粪肥消纳渠道，二是大规模养殖场面临的粪肥消纳困难成为制约其开展资源化利用行为的重要原因。而小规模生猪养殖场一方面可能保留传统人工堆肥－农田或林地消纳的方式，另一方面可能由于缺乏消纳地而制约资源化利用行为。因此总体规律难寻的情况将导致资源化利用行为在养殖规模的不显著差异。生猪养殖污染防治需要前期处理设施的投资和技术的获得，因而具有显著的规模效应，养殖规模越大的生猪规模养殖户具有成本效益意识，也更关注长远收益。此外，规模较大的养殖户污染处理设施设备可能相对更为先进，能有效降低污染防治成本。由此认为规模越大的生猪养殖户更具有进行污染防治的理性动因。

表 6-14　养殖户污染防治行为及意向的养殖规模差异

因变量		变差平方和	自由度 df	均方	*F*	Sig.
无害化处理行为	组间	162.763	71	2.292	1.870	0.000
	组内	409.388	334	1.226		
	总和	572.151	405			
资源化利用行为	组间	149.138	71	2.101	1.289	0.074
	组内	544.237	334	1.629		
	总和	693.374	405			
污染防治意向	组间	105.971	71	1.493	1.386	0.031
	组内	359.597	334	1.077		
	总和	465.568	405			

表 6-15　养殖污染防治行为及意愿的养殖规模组间均值比较

分组	ITB	RUB	BI
≤100 头	2.542	3.391	3.166
101～250 头	2.220	2.908	2.806
251～500 头	2.377	3.440	3.430
501～1 500 头	2.911	3.698	3.709
≥1 501 头	3.478	3.867	3.625

3.养殖污染防治行为的养殖收入占比差异

生猪规模养殖户污染防治行为实施及意向选择的养殖收入占比差异进一步体现了生猪市场行情以及养殖业重要性对养殖户环境行为选择的影响效应。养殖收入占比变量的单因素方差分析结果如表 6-16 所示，仅无害化处理行为通过了显著性检验。养猪收入在总收入中所占的比重越高，养猪户对养猪所造成的环境风险感知程度会越高，越会注意猪场环境风险的防范，从而促进其更多地采取环境行为。这一结果与潘丹(2015)和张郁(2016)等人的研究成果相一致。养殖收入的较高占比表明养殖户对养殖行业存在较大依赖，在当前的无害化处理政策导向之下，无害化处理行为的积极响应具有较大成分的生存理性考虑。这一结果还与家庭总收入对养殖户环境行为的影响效应相一致，进一步表明养殖业行情－无害化处理行为－污染防治经济能力三者存在内在循环关联。

表 6-16　养殖户污染防治行为及意向的养殖收入占比差异

因变量		变差平方和	自由度 df	均方	F	Sig.
无害化处理行为	组间	145.151	77	1.885	1.448	0.015
	组内	427.000	328	1.302		
	总和	572.151	405			
资源化利用行为	组间	123.595	77	1.605	0.924	0.655
	组内	569.779	328	1.737		
	总和	693.374	405			
污染防治意向	组间	90.583	77	1.176	1.029	0.422
	组内	374.985	328	1.143		
	总和	465.568	405			

第七章　生猪规模养殖户污染防治行为影响因素的实证检验

依据理论分析、研究假设和所构建的理论研究框架，生猪规模养殖户污染防治行为首先直接受到污染防治意向的影响，而污染防治意向则具体形成于行为态度、主观规范、知觉行为控制和环境风险感知等四个方面心理认知。但理论分析与实践数据还显示污染防治意向与行为之间的不完全一致性，存在诸多文献资料所研究涉及的环境规制调节作用。本章节将依据理论研究框架及思路，结合上一章节所描述的生猪规模养殖户污染防治行为特征规律，深入挖掘规模养猪户污染防治行为形成的心理认知影响机理，兼论外在环境规制对其污染防治意向－防治行为关系的调节作用。

一、心理认知因素对养殖户污染防治行为的影响分析

(一)检验方法选取与模型构建

本书研究的养殖户污染防治态度、主观规范、知觉行为控制以及风险感知均属于主观认识，具有难以直接测量和难以避免主观测量误差的基本特征。结构方程模型(structural equation modeling，简称 SEM)是为难以直接观测的潜变量提供一个可以观测和处理，并可将难以避免的误差

纳入模型之中的分析工具。为此，本书应用 SEM 展开影响养猪户污染防治行为心理认知主要因素的分析。SEM 一般用线性方程系统表示，分为测量模型和结构模型两部分。测量模型反映潜在变量与观测变量之间的关系，通过测量模型可由观测变量定义潜在变量；结构模型表示潜变量之间的关系。测量模型和结构模型的矩阵方程及其代表的含义如下所示：

测量模型：$X = \Lambda_X \xi + \delta$

$Y = \Lambda_X \eta + \varepsilon$

结构模型：$\eta = B_\eta \xi + \Gamma \xi + \zeta$

其中，ξ 和 η 分别为外衍潜在变量(exogenous latent variable)和内衍潜在变量(endogenous latentvariable)，X 为 ξ 的观测变量，Y 为 η 观测变量，Λ_X 为联结 X 变量与 ξ 变量的系数，Λ_Y 为联结变量 Y 与变量 η 的系数，δ 和 ε 分别为 X 变量和 Y 变量的误差，B_η 为 η 变量的回归系数，Γ 为 ξ 变量对变量 η 影响的回归系数，ζ 为 η 的误差。

根据前面的理论分析本章节主要探讨养殖户心理认知变量：行为态度、主观规范、知觉行为控制、环境风险感知以及防治意愿及防治行为对生猪规模养殖户污染防治行为(无害化处理和资源化利用)的影响。将前文设定的研究假设转化为养殖户污染防治行为心理认知影响机理结构方程模型的路径图如 7-1 所示，图中较大的椭圆表示上述七个潜变量，较小的圆形表示测量误差，测量误差不能直接观测到，用 e1～e22 表示各观测变量的测量误差，e23～e25 表示潜在变量的测量误差，规定每一测量误差的回归系数均为 1。

(二)数据分析与模型拟合

上述第五章节针对问卷数据的质量已开展问项—总体相关系数(CITC)及内部一致性系数分析，结果表明污染防治行为、行为态度、主观规范、知觉行为控制与问题感知等五个潜变量的所有潜变量的内部一致性信度良好。同时，KMO 样本测度检验和 Bartlett's 球体检验结果也表明测量工具具有较好的结构效度，具体评价指标在此不再赘述。基于此，

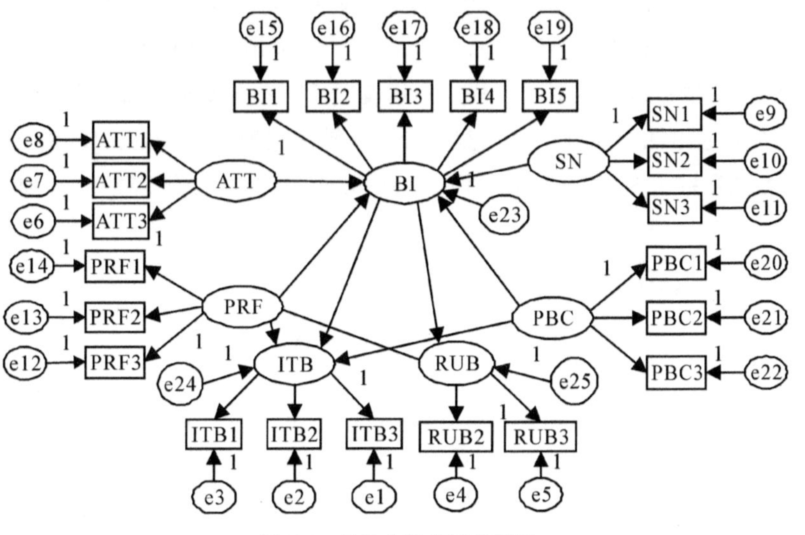

图 7-1 结构方程模型路径图

进一步利用结构方程模型对问卷数据进行验证性因子分析(confirmatory factor analysis,CFA),结果如表 7-1 所示。从结果可以看出,所有观察变量的标准化因子负荷量介于 0.596～0.915 之间,满足大于 0.5 小于 1 的评价标准;信度系数均介于 0.355～0.837,临界比均大于 2,潜变量的平均方差抽取量除了行为态度与知觉行为控制分别为 0.433,0.478 以外,其他潜变量都大于 0.5 的评价标准,以上结果都表明样本数据具有良好的效度(吴明隆,2009)。组合信度值在 0.695～0.890 之间,符合大于 0.6 的评价标准,表明样本数据具有良好的信度,内在质量良好,适合做进一步分析(吴明隆,2009)。

表 7-1 结构方程模型验证性因素分析结果

变量	题项数	测量项	标准化因子负荷量	信度系数	临界比	组合信度	平均提炼方差
无害化处理行为	3	ITB1	0.694	0.482	10.263	0.851	0.535
		ITB 2	0.745	0.555	10.402		
		ITB 3	0.645	0.416	—		

续表

变量	题项数	测量项	标准化因子负荷量	信度系数	临界比	组合信度	平均提炼方差
资源化利用行为	2	RUB2	0.817	0.667	10.681	0.758	0.594
		RUB3	0.745	0.555	—		
污染防治行为意向	5	BI1	0.768	0.590	—	0.890	0.619
		BI2	0.694	0.482	16.378		
		BI3	0.821	0.674	16.982		
		BI4	0.828	0.686	17.140		
		BI5	0.815	0.664	16.843		
行为态度	3	ATT1	0.664	0.441	8.325	0.695	0.433
		ATT2	0.596	0.355	8.209		
		ATT3	0.710	0.504	—		
主观规范	3	SN1	0.787	0.619	—	0.882	0.714
		SN2	0.915	0.837	18.760		
		SN3	0.828	0.686	17.832		
知觉行为控制	3	PBC1	0.757	0.573	—	0.732	0.478
		PBC2	0.665	0.442	9.631		
		PBC3	0.647	0.419	9.604		
环境风险感知	3	PRF1	0.813	0.661	12.309	0.790	0.557
		PRF2	0.706	0.498	11.876		
		PRF3	0.715	0.511	—		

注:“—”表示以观察变量为基准来检验其他观察变量对潜变量解释程度的显著性。

运用 AMOS 17.0 软件进行 SEM 拟合及修正。首先需检验模型是否“违犯估计”,即检验模型估计所输出的标准化系数和测量误差值是否超出了可接受的范围(吴明隆,2009),以核查参数估计值的合理性。据此观察检验结果可知,模型的测量误差方差均为正数,路径系数估计值的绝对值也均小于 1,表明模型没有出现“违犯估计”,且由表 7-2 所示的整体适配度检验结果表明本书研究的结构方程模型与观测数据整体拟合优度是可以接受的。

表 7-2 SEM 整体适配度的评价指标体系及拟合结果

整体模型适配度指数	统计检验量	建议值	初步模型	最终模型
绝对指数	卡方值与自由度的比值(X^2/df)	<3.00	2.047	1.824
	残差均方根(RMR)	<0.08	0.100	0.086
	近似误差均方根(RMSEA)	<0.08	0.051	0.045
增值指数	拟合优度指标(GFI)	>0.09	0.915	0.929
	调整拟合优度指标(AGFI)	>0.09	0.891	0.906
	规范拟合指标(NFI)	>0.09	0.896	0.910
	相对拟合指标(RFI)	>0.09	0.879	0.892
	比较拟合指标(CFI)	>0.09	0.944	0.957
简约指数	简约比较拟合指标(PCFI)	>0.05	0.809	0.708
	简约规范拟合指标(PNFI)	>0.05	0.768	0.795
	赤池信息准则(AIC)	同时小于独立模型值和饱和模型值	515.4，506，3 964.3	472.1，506，3 946.3
	一致赤池信息准则(CAIC)	同时小于独立模型值和饱和模型值	790.7，1 772.6，4 056.5	772.5，1 772.6，4 056.5

由结构方程模型拟合的整体适配度检验指标可知，初步拟合的 χ^2 值为 425.2，RMR、AGFI、NFI、RFI、AIC 都不符合评价标准(见表 7-1)。因此，本书根据模型路径系数与修正指数，按修正指数从大到小的顺序修正模型[①]，增加行为态度与主观规范、行为态度与问题感知观察变量之间、无害化处理潜变量与生猪养殖废弃物肥料化利用、猪尿及污水好氧处理

① 如果初始模型中某个受限制参数(通常固定为 0 的参数)为自由估计，模型会因此而改良，则整个模型的卡方减少数值为该参数的修正指数(M.I.)，M.I.<4 为宜(吴明隆，2009)。

行为与污染防治自我效能感、建设适应养殖规模的沼气系统设施与资源化利用行为以及愿意对粪污进行资源化利用和愿意采纳粪污无害化处理技术等变量之间的残差相关关系。修正后，模型的 χ^2 显著变小(352.1)，除 RMR 和 RFI 接近于评价标准外，其他适配度评价指标均符合评价标准，如表 7-2 所示。这表明模型整体拟合状况有所优化，分析结果也更为精确。模型检验结果如表 7-3 和图 7-2 所示。

表 7-3　规模养猪户污染防治行为影响因素的 SEM 回归结果

	路径	非标准化系数	标准误差	临界比率值	标准化参数估计值	显著性
结构模型	ATT→BI	0.164	0.078	2.105	0.125	0.035
	SN→BI	0.301	0.056	5.334	0.284	***
	PBC→BI	0.337	0.073	4.616	0.268	***
	PRF→BI	0.346	0.065	5.357	0.307	***
	BI→ITB	0.512	0.071	7.197	0.501	***
	PBC→ITB	0.202	0.080	2.524	0.157	0.012
	PRF→ITB	0.261	0.071	3.662	0.226	***
	BI→RUB	0.608	0.078	7.782	0.549	***
	PBC→RUB	0.029	0.083	0.345	0.021	0.730
	PRF→RUB	0.180	0.075	2.405	0.144	0.016
测量模型	ITB→ITB1	1.002	0.098	10.263	0.694	***
	ITB→ITB2	1.108	0.107	10.402	0.711	***
	ITB→ITB3	1.000	—	—	0.645	—
	RUB→RUB2	1.152	0.108	10.681	0.817	***
	RUB→RUB3	1.000	—	—	0.745	—
	BI→BI1	1.000	—	—	0.768	—
	BI→BI2	0.940	0.057	16.378	0.694	***
	BI→BI3	1.024	0.060	16.982	0.821	***
	BI→BI4	1.074	0.063	17.140	0.828	***
	BI→BI5	1.177	0.070	16.843	0.815	***
	ATT→ATT1	0.870	0.105	8.325	0.664	—
	ATT→ATT2	0.995	0.121	8.209	0.596	***

续表

路径	非标准化系数	标准误差	临界比率值	标准化参数估计值	显著性
ATT→ATT3	1.000	—	—	0.710	***
SN→SN1	1.000	—	—	0.787	—
SN→SN2	1.121	0.060	18.760	0.915	***
SN→SN3	1.134	0.064	17.832	0.828	***
PBC→PBC1	1.000	—	—	0.757	—
PBC→PBC2	0.930	0.097	9.631	0.665	***
PBC→PBC3	0.925	0.096	9.604	0.647	***
PRF→PRF1	1.000	—	—	0.715	—
PRF→PRF2	0.991	0.083	11.876	0.706	***
PRF→PRF3	1.277	0.104	12.309	0.813	***

注：*** 表示 $p<0.001$，带"—"的 5 条路径表示它们作为 SEM 参数估计的基准，系统进行估计时把其作为显著路径来估计其他路径是否显著。

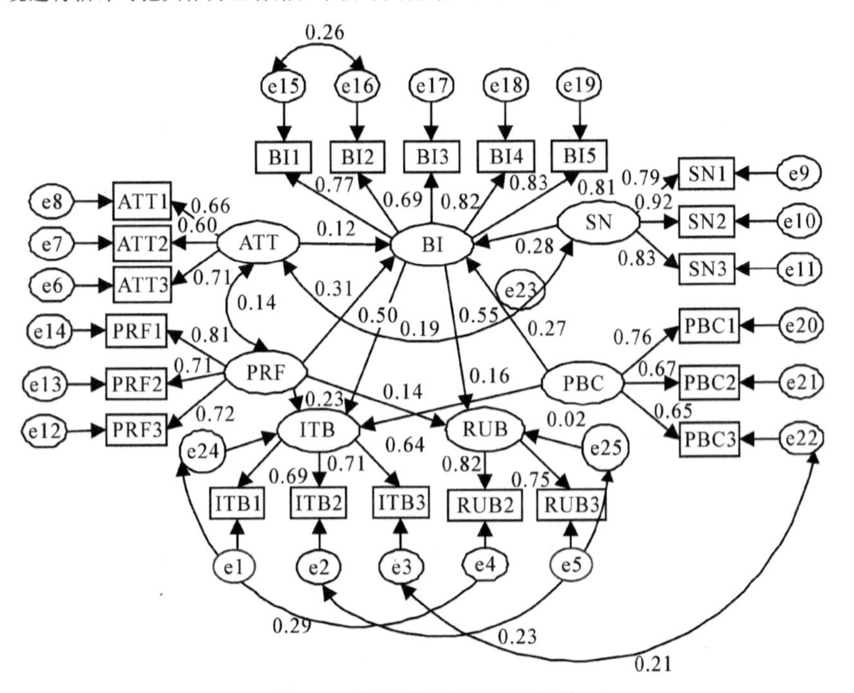

图 7-2 修正后的结构方程模型

(三)检验结果与分析

从检验结果来看(表 7-3),结构模型回归显示除知觉行为控制对资源化利用行为影响路径外,其他结构模型路径均显著。而测量模型回归结果表明观察变量对各潜变量的影响路径均显著。针对各路径的影响效应具体分析如下:

1.行为态度对防治意愿及行为的影响

如图 7-2 所示,行为态度对养殖户污染防治行为影响路径通过显著性检验,表明养殖户对污染防治及其自身参与必要性的了解和认同度越高,其采取污染防治的意愿将越强烈。观察生态理性与责任意识对行为态度的解释力发现,两个维度变量的路径系数分别为 0.66、0.60 和 0.71,表明较于生态理性,责任主体认知对养殖户污染防治意愿的作用效应较强。这很大程度上可能归功于当前研究区域以“谁污染谁治理”为主的宣传引导政策。在模型修正过程中,形成了行为态度与主观规范、环境风险感知变量的互动关系,其与二者间存在标准化路径系数为 0.14 和 0.18 的影响效应。行为态度为养殖户环境行为实施的最基本主观判断和认知,与源于社会期许产生的主观规范具有相互促进关系;行为态度与环境风险感知实则是对生猪养殖污染问题的理性辨别和感性认知,具有理性辨别源于感性认知,感性认知又进一步强化理性辨别的关系。

2.主观规范对防治意愿及行为的影响

养殖户污染防治主观规范对其防治意愿的影响路径显著,相应研究假设成立。农村公共生态环境具有“公共池塘资源”特性,养殖户个体实施养殖污染防治行为所产生的“收益”将惠及整个资源和社会系统,而实施污染治理行为的成本则由养殖户自己承担。因此,养殖户实施污染防治行为本质上具有利他主义与集体行动的属性,表明养殖户污染防治行为并非基于成本收益评估的完全理性行为选择,而是基于对其他主体环境需求和治污诉求的积极响应。调研数据显示,分别有 65.8%、46.4%和

30.9%的样本养殖户认为生猪养殖会水造成污染、空气污染和土壤污染。可见,当前规模养猪户对生猪养殖的环境负外部性具有一定的理性认知,养殖污染的严重性以及养殖户的污染感知将促使规模养猪户形成一定的邻里压力。另一方面,随着政府强化对禁建区、禁养区划分方案的制定和执行,生猪养殖户对于居民区、水源保护区、旅游景区等区域划分及其相应的限制养殖政策"耳濡目染",具有较强的政策感知度,也强化了其所感知的社会和政策压力。再者,随着农村生活质量的提高和农民信息获取渠道的丰富,农民的环境和健康意识日益提升,对生活环境污染的敏感度也逐渐提高,由此形成的特定群体规范也成为养殖户采取环境友好养殖行为的重要约束。

3.知觉行为控制对防治意愿及行为的影响

如表7-4所示,知觉行为控制对养殖户的防治意愿、无害化处理行为的总效应分别为0.268和0.291,且对资源化利用行为不具有显著影响,即其对防治行为具有比防治意愿更大的影响效应。知觉行为控制变量除了通过防治意愿的中介作用对防治行为产生显著影响外,自身还直接对防治行为具有显著正向影响,且直接效应与间接效应分别为0.157和0.134,表明知觉行为控制通过污染防治意向产生的间接效果占总效果的近一半,中介效应一般。转而观察测量模型回归结果发现,知觉行为控制的三个观察变量,即经济能力、技术支持及行为效能感对知觉行为控制的解释力分别0.757,0.665和0.647,说明治污成本是养殖户实施污染防治行为时最重要的考虑因素。知觉行为控制对资源化利用行为的不显著影响结果进一步验证了上一章节关于资源化利用行为统计描述的分析与解释,即相对而言,资源化利用行为对经济、知识等条件的要求较低,表现为不受制于行为能力和条件。

4.环境风险感知对污染防治意愿及行为的影响

结合表7-4与图7-2可知,环境风险感知对生猪规模养殖户污染防治意向、无害化处理行为及资源化利用行为的影响总效应分别为0.307、0.606和0.456,风险感知对污染防治意愿的影响效应低于污染防治行为,表明养殖户对风险的自我感知能够很大程度上直接解释污染防治行为的实施，具有显著的直接效应。且进一步对比发现，风险感知是对污染防治行为影响效应最大的心理认知变量，说明在养殖污染防治行为研究中，规模养殖户对环境污染严重程度及污染和政策风险的主观判断和心理认知是其污染防治行为实施的重要心理认知影响因素。细致分析不同观测变量对环境风险感知的解释力，污染严重性感知、污染风险感知及政策感知三个方面对其的影响路径系数分别为 0.715、0.706 和 0.813，表明规模养猪户的养殖污染政策感知对其污染防治行为实施作用效应最为显著，其次为养殖污染严重性感知，相对而言，污染的健康与经济风险感知对规模养猪户污染防治行为实施的影响效应较小。根据表 7-4 所示，分解风险感知对无害化处理与资源化利用行为的直接效应与间接效应可知，该变量通过污染防治意向对两项行为产生的间接效应分别占总效应的 62.7% 和 68.4%，表明污染防治意向的中介效应较好。

表 7-4　心理认知对生猪规模养殖户污染防治行为的影响效应

变量	BI		ATT		SN		PBC		PRF	
	直接	间接	直接	间接	直接	间接	直接	间接	直接	间接
BI	—	—	0.125		0.284		0.268	—	0.307	—
BI1	0.768	—	—	0.096	—	0.218	—	0.206	—	0.235
BI2	0.694	—	—	0.087	—	0.197	—	0.186	—	0.213
BI3	0.821	—	—	0.102	—	0.233	—	0.220	—	0.252
BI4	0.828	—	—	0.103	—	0.235	—	0.222	—	0.254
BI5	0.815	—	—	0.102	—	0.231	—	0.218	—	0.250
ITB	0.501	—	—	0.063	—	0.142	0.157	0.134	0.226	0.380
ITB1	—	0.348	—	0.043	—	0.099	—	0.202	—	0.264
ITB2	—	0.356	—	0.044	—	0.101	—	0.207	—	0.270
ITB3	—	0.323	—	0.040	—	0.092	—	0.188	—	0.245
RUB	0.549	—	—	0.069	—	0.156	—	—	0.144	0.312
RUB2	—	0.448	—	0.056	—	0.127	—	—	—	0.255
RUB3	—	0.409	—	0.051	—	0.116	—	—	—	0.232

注："—"表示心理认知变量对相应污染防治行为或意向不具有影响效应或显著影响效应。

5.防治意愿对心理认知—防治行为关系中介效应

生猪规模养殖户污染防治意向对污染防治行为具有显著正向影响，且在行为态度、主观规范、知觉行为控制、环境风险感知等认知与防治行为之间具有中介效应。由检验结果可知，养猪户防治意愿对其无害化处理与资源化利用行为的标准化影响路径系数分别为 0.501 和 0.549，说明污染防治意向对其行为实施具有一定的解释力，研究假设得以证实。从污染防治意向的观测变量来看，目标意向中资源化利用意向的影响系数为 0.768，无害化处理技术采纳意向的影响系数为 0.694，而执行意向中时间精力付出、技术培训以及资本投资三方面的影响系数分别为 0.824、0.828和 0.815，略大于目标意向的路径系数。以上数据显示较于无害化处理技术采纳意向，生猪规模养殖户的资源化利用行为意向与污染防治整体意向更为契合；但较于目标意向，执行意向观察变量对污染防治意向具有更强的解释能力。这是由于养殖户习惯于视污染防治行为为自主生产经营行为，这与减少公共环境污染防治目标缺乏一致性。而相比之下，将污染防治作为生产经营中的部分环节进行投资和参与的行为意向对防治行为更具解释力。此外，从表 6-1 防治目标意向和执行意向的数据来看，样本养殖户具有较高的目标意向和相对较低的执行意向，由此结合二者与防治意愿的影响路径系数可更加明确养殖户防治意愿与其行为的不一致性。

二、环境规制的调节效应检验

(一)检验方法选取与模型构建

当前关于调节效应的检验研究，多采用层次回归方法(林丽梅等，2017；张郁等，2015；岳婷，2014；孙岩，2006；李秋成，2014；Zhu，Sarkis，2004；Dean，Snell，1991；Jaccard et al.，1990)。因此，本书根据上文提出的环境规制调节效应研究假设，对养殖户防治行为和防治意愿进行加权算数平均值求解，继而构建各环境规制变量与防治意愿综合得分的交互项，运用层次回归模型分析各交互项对养殖户防治行为的影响效应以此检验环境规制的调节效应。具体层次回归步骤为：第一步，单独将污染防治意向因子输入到以污染防治行为为因变量的回归模型中；第二步，将环境规制调节变量与防治意向一同输入回归模型中；第三步，将环境规制调节变量与防治意向的交互项同第二步骤的变量一并输入模型中。如果因变量方差的变异大部分可以被交互影响变量解释，并具有统计意义，或者对交互变量的回归系数的 T 检验具有统计意义，又或者整个回归模型的 F 检验具有统计意义，都可以表明环境规制变量在行为意向对行为的影响具有调节作用（Dean，Snell，1991；Jaccard et al.，1990）。如前所述，环境规制共划分为引导性规制、激励性规制以及约束性规制，规模养猪户的污染防治行为共包括无害化处理与资源化利用两类行为。因此，环境规制调节效应检验分别以三类环境规制措施为依据构建层次回归模型，且每一类别环境规制层次回归模型均分别包括以无害化处理行为与资源化利用行为为因变量的两个回归模型。

在层次回归模型中，多重共线性是一个非常值得注意的问题。因为如果自变量间存在多重共线性，则可导致标准误差增加，继而影响回归分析结果的现实解释能力（Boldero，1995）。为了尽量降低潜在的多重共线性问题，本书采用“对中”的方法进行多重共线性处理，由交互项与其自身均值的差值来进行回归分析（朱钰等，2020）。处理后的多重共线性检验结果中的最大和平均方差膨胀因子值均小于 10，表明自变量间不存在多重共线性，可以进行下一步回归分析。层次回归模型检验结果如表 7-5、表 7-6 和表 7-7 所示。

（二）检验结果与假设检验

观察表 7-5 所示的检验结果发现，引导性环境规制政策对污染防治意向—防治行为关系具有显著的调节效应。具体地，针对养殖污染治理和环境保护的宣传教育有助于提升养殖户对自身责任主体的认知，同时宣传教育是政府政策风向标之一，因此能在一定程度上强化养殖户污染防治行为的形成。以“政府引导下弃养转业的难度”表征政府引导养殖户弃养转业的成效，检验结果表明其对防治意向转化具有显著负向调节效应。如前对样本特征的统计描述，养殖户养殖年限主要集中于11～20年，由于常年从事生猪养殖工作，形成对养猪业的极大依赖性。不仅如此，这类群体容易形成固化思维，对于养殖污染治理的必要性和自身责任认知较为薄弱，在政府引导转业成效尚未显现的情况下，为避免粪污直接排放遭强拆的命运，迫于生存和经济理性养殖户不得不采取防治行为，导致意愿与行为的明显不一致。

表7-6呈现的是激励性环境规制政策的调节效应检验结果，从中发现，整体上激励性环境规制的调节效应得到证实。具体地，粪肥消纳与交易的便利程度和养殖治污补贴因子两个变量对污染防治意向与资源化利用行为间关系具有显著调节作用，而养殖污染防治知识和技术获取则仅在污染防治意向与无害化处理行为关系中起到显著调节作用。粪肥是养猪户对养殖废弃物进行资源化处理后的主要产物，对于规模养殖场，粪肥能够快速消纳或进行市场交易将成为养殖户是否实施资源化利用的重要影响因素。养殖治污补贴因子仅对资源化利用行为具有调节效应，主要是因为调研区域针对家庭式规模养殖场开展的治污补贴因子主要是针对沼气池建设补贴，这类设施由于未考虑与相应养殖规模的匹配性，对养殖污染物的削减能力相对有限，但仍是开展能源化利用的主要基础设施。知识与技术获取仅对无害化处理行为形成具有显著调节效应，这表明较于资源化利用行为，无害化处理行为具有更强的知识技术依赖性，当前的基层畜牧主管部门技术和知识推广、指导仍然以无害化处理技术为主；且在现实操作中，政府的污染防治知识与技术推广中往往带有些许引导和命令措施的味道，这可能导致生猪养殖户的污染防治意向与无害化处理行为实施形成不一致性的结果，实证表现为知识与技术推广的显著调节效应。

约束性环境规制变量的调节效应检验结果如表7-7所示，观察可见，约束性环境规制调节效应主要体现在村规民约与政府限养管制两方面。为确保数据获取的真实性和准确性，以“村庄禁止粪污直接排放规定的约束力”和“周边因环保被改造或拆除的猪场数量”两个具体问项衡量村规民约与政府管制，结果显示村规民约对污染防治意向与其行为关系具有显著的调节效应，而政府管制力度则仅对污染防治意向与无害化处理行为关系起到显著调节作用。另外，养殖污染排放标准对两类行为均不具有显著调节作用。村规民约产生于传统封闭性和自给性的基层乡村社会，对于养殖户而言，这种根植于日常生产生活和独特风俗习惯的非正式制度对其污染防治行为的形成具有较强的约束力。政府限养管制对养殖户意愿及行为的转化效应的影响极为显著，如若养殖户感知到政策导向，出于生存理性便会强化防治行为。此外，排污技术标准属于典型的命令控制型政策，极大地依赖政府监管力度和手段，针对数量多，分布广的家庭式规模化养殖场以及养殖污染的随机性、滞后性特点，政府监管难度大、成本高，当前主要实行重点监管，而这可能导致排污技术标准措施仅对少数重点监管对象形成有效约束，体现为其对养殖户污染防治行为的不显著调节作用。

表 7-5 引导性环境规制变量的调节效应检验结果

变量	无害化处理行为			资源化利用行为		
	模型 1	模型 2	模型 3	模型 1	模型 2	模型 3
BI	0.583***	0.281***	0.122	0.659***	0.332***	0.267***
LER1		0.398***	0.132*		0.418***	0.318***
LER2		−0.202***	−0.153**		−0.194***	−0.126***
BI* LER1			0.079***			0.048**
BI* LER2			−0.016**			−0.023**
F-statistic	154.7***	160.64***	103.5***	103.6***	177.5***	109.2***
调整 R^2	0.277	0.545	0.564	0.559	0.570	0.572

注：*、**、*** 分别表示在 10%、5%、1%的水平上显著。

表 7-6 激励性环境规制变量的调节效应检验结果

变量	无害化处理行为			资源化利用行为		
	模型 1	模型 2	模型 3	模型 1	模型 2	模型 3
BI	0.583***	0.295***	0.307***	0.658***	0.291***	0.010
IER1		0.162***	0.072		0.662***	0.463***
IER2		0.281***	0.189***		0.095***	0.179***
IER3		−0.201***	−0.028		−0.198***	−0.139***
BI* IER1			0.024			0.0617***
BI* IER2			0.022			0.026*
BI* IER3			−0.062***			−0.010
F-statistic	154.7***	113.3***	73.3***	166.12***	195.6***	118.4***
调整 R^2	0.277	0.526	0.556	0.290	0.658	0.670

注：*、**、*** 分别表示在 10%、5%、1%的水平上显著。

表 7-7 约束性环境规制变量的调节效应检验结果

变量	无害化处理行为			资源化利用行为		
	模型 1	模型 2	模型 3	模型 1	模型 2	模型 3
BI	0.583***	0.262***	0.118	0.659***	0.346***	0.178*
BER1		0.438***	0.287***		0.395***	0.215**
BER 2		0.183***	0.007		0.025	0.006
BER 3		0.590***	0.141*		0.209***	0.160*
BI * BER1			0.047***			0.060***
BI * BER2			0.046**			−0.007
BI * BER3			−0.030			0.013
F-statistic	48.71***	100.8***	61.83***	166.12***	81.92***	48.98***
调整 R^2	0.452	0.500	0.513	0.290	0.444	0.453

注：*、**、*** 分别表示在 10%、5%、1%的水平上显著。

三、生猪规模养殖户污染防治行为研究假设验证

基于上述研究结论，对第四章提出的研究假设验证情况进行归纳总结（见表7-8）。第一，生猪规模养殖户的无害化处理行为在养殖户主体的年龄、受教育程度、家庭总收入、家庭社会资本、养殖年限、养殖规模以及养殖收入占比等方面存在个体差异；而资源化利用行为在养殖户受教育程度、家庭社会资本、养殖规模等方面存在个体差异。第二，生猪规模养殖户心理认知中的行为态度、主观规范以及环境风险感知三个变量均对污染防治意向及两类污染防治行为存在显著影响效应，而知觉行为控制对污染防治意向及无害化处理行为具有显著影响，但不具有对资源化利用行为的显著影响效应。第三，宣传教育及弃养转业等引导性规制措施对污染防治意愿—防治行为关系的显著正向调节作用得到证实。激励性规制措施中粪肥消纳和政府补贴仅对资源化利用行为形成具有显著正向调节，技术推广水平仅对无害化处理行为形成起正向调节作用。村规民约对两类污染防治行为的形成均具有正向调节效应，限养管制只对无害化处理行为起调节作用，排放技术标准被证实不具有显著正向调节效应。

表 7-8　研究假设检验结果

代码	假设内容	验证结果
H1	生猪规模养殖户污染防治行为因个体特征不同而存在显著差异	部分成立
H1a	生猪规模养殖户污染防治行为因年龄不同而存在显著差异	仅对 ITB 成立
H1b	生猪规模养殖户污染防治行为因受教育程度不同而存在显著差异	成立
H2	生猪规模养殖户污染防治行为因家庭特征不同而存在显著差异	部分成立
H2a	生猪规模养殖户污染防治行为因家庭劳动数量不同而存在显著差异	不成立

续表

代码	假设内容	验证结果
H2b	生猪规模养殖户污染防治行为因家庭年总收入不同而存在显著差异	仅对 ITB 成立
H2c	生猪规模养殖户污染防治行为因家庭社会资本不同而存在显著差异	成立
H3	生猪规模养殖户污染防治行为因养殖特征不同而存在显著差异	部分成立
H3a	生猪规模养殖户污染防治行为因养殖年限不同而存在显著差异	仅对 ITB 成立
H3b	生猪规模养殖户污染防治行为因养殖规模不同而存在显著差异	成立
H3c	生猪规模养殖户污染防治行为因养殖收入占比不同而存在显著差异	仅对 ITB 成立
H4	污染防治意向对规模养猪户污染防治行为具有显著正向影响	成立
H5	行为态度对规模养猪户污染防治意向具有显著正向影响	成立
H6	主观规范对规模养猪户污染防治意向具有显著正向影响	成立
H7	知觉行为控制对规模养猪户污染防治意愿具有显著正向影响	成立
H8	知觉行为控制对规模养猪户污染防治行为具有直接显著正向影响	仅对 ITB 成立
H9	环境风险感知对规模养猪户污染防治意愿具有显著正向影响	成立
H10	环境风险感知对规模养猪户污染防治行为具有显著正向影响	成立
H11	污染防治意向对规模养猪户污染防治心理认知—防治行为具有中介效应	成立
H12	引导性规制对污染防治意愿—防治行为关系具有显著正向调节作用	成立
H12a	宣传教育对污染防治意愿—防治行为关系具有显著正向调节作用	成立

续表

代码	假设内容	验证结果
H12b	引导弃养转业对污染防治意愿—防治行为关系具有显著正向调节作用	成立
H13	激励性规制对污染防治意愿—防治行为关系具有显著正向调节作用	部分成立
H13a	粪肥消纳对污染防治意愿—防治行为关系具有显著正向调节作用	仅对 RUB 成立
H13b	政府补贴对污染防治意愿—防治行为关系具有显著正向调节作用	仅对 RUB 成立
H13c	技术推广对污染防治意愿—防治行为关系具有显著正向调节作用	仅对 ITB 成立
H14	约束性规制对污染防治意愿—行为关系具有显著正向调节作用	部分成立
H14a	村规民约对污染防治意愿—防治行为关系具有显著正向调节作用	成立
H14b	限养管制对污染防治意愿—防治行为关系具有显著正向调节作用	仅对 ITB 成立
H14c	排污技术标准对污染防治意愿—防治行为关系具有显著正向调节作用	不成立

注：表中 ITB、RUB 分别指无害化处理行为、资源化利用行为。

第八章　生猪规模养殖户污染防治的环境规制偏好分析

在解析了现有环境规制对生猪规模养殖户污染防治行为的影响效应之后，诱发了对不同类型环境措施作用效果差异显著现象背后深层次原因的重大思考。第七章养殖户污染防治行为影响因素研究结论表明环境规制对生猪规模养殖户心理认知－防治意愿－防治行为转化关系中具有显著调节作用。但为何仍存在当前全国养殖污染防治效果整体不甚理想的现实情况，究其根本，主要是因为目前由政府主导制定的养殖污染防治规制政策方案并没有充分考虑养殖户的偏好，难以充分反映养殖户对不同养殖污染防治规制政策的接受程度，从而无法让养殖户在其生产决策中考虑污染成本，对养殖户的激励作用较小（罗小娟等，2013）。

前文研究表明，养殖户的确在环境规制措施下做出了积极的行为响应，但是结论同时还显示这种行为响应更多是依靠具有强制性的约束类环境规制政策措施，是迫于维持生计而做出的“服从行为”，其可持续性要求相应的政策和经济背景的支撑。生猪养殖污染具有典型的随机性、分散性以及不易监测性等特征，单纯依靠强制的行政命令性环境规制措施不仅需要较高的行政成本而且难以持续，如何设计养殖户偏好的规制激励机制，是生猪规模养殖污染治理的根本途径。因此，既然环境规制对养殖污染防治行为和防治绩效均具有积极影响，应该自下而上、由内而外充分考虑和了解养殖户的环境规制政策偏好设计出对养殖户具有激励作用的养殖污染防治规制政策。前文所述研究的视角是对现有生猪养殖污染防治环境规制政策进行事后评估，在此基础上，有必要针对生猪养殖污染防治规制政策设计与选择本身展开进一步的研究。鉴于此，本章以“生猪养殖污染处理率变化”作为养殖污染防治环境规制政策的目标结果变量，通过设计行为选择实验分析不同环境规制政策对该变量的影响程度来考察养殖户对不同养殖污染防治环境规制政策的偏好程度。

目前，采用选择实验方法来研究养殖户等行为主体对农业环境污染治理政策的偏好成为学界的主流。Ruto and Garrod(2009)运用选择实验方法分析了 9 个欧盟国家(英国、法国、荷兰、比利时、德国、意大利、芬兰、爱尔兰和捷克)的农场对“农田环境计划”政策的偏好。研究发现，农场主更加偏向于时间较短、灵活性较强的政策，而对于那些有着较长合约、灵活性较差的政策，更多的金融支持则是农场主们接受政策的偏好。同样围绕“农田环境计划”，Broch 和 Vedel(2012)、Villanueva et al.，(2015)进一步应用选择实验方法分析了欧盟其他国家的农场对“农田环境计划”政策的偏好。研究发现，农场对不同“农田环境计划”政策属性的偏好程度具有较大差异。Schulz et al.，(2014)分析了德国农场对绿色共同农业政策的偏好。研究发现，政策的具体属性、农场主的个人特征和家庭特征会显著影响农场对绿色共同农业政策的选择。国内运用选择实验开展农业环境污染治理政策偏好的研究文献相对较少，韩洪云、杨增旭(2017)利用陕西省眉县 189 户养殖户的实地调查数据，分析了养殖户对技术支持、价格补贴和尾水标准三项农业面源污染治理政策的接受意愿。研究发现，养殖户对技术支持政策的接受意愿最高，对尾水标准政策的接受意愿最低。喻永红等(2021)采用选择实验法和随机参数 Logit 模型分析了农民对不同农业生态保护政策目标的偏好及其生态保护参与行为差异。结果显示，农民对不同政策目标的偏好程度差异较大，偏好程度最高的是改善水体质量，其次是提高农产品质量安全性和改善土壤肥力，偏好程度较低的是改善空气质量、减少水土流失和增加生物多样性。王娜娜(2020)利用离散选择实验探索小养殖户关于环境友好型农业技术(AETs)的选择偏好、影响因素及受偿意愿，结果显示，全国整体来看农民对 AETs 的偏好有明显的异质性，养殖户被分为三类：“先锋采纳型”“高抗采纳型”和“积极采纳型”。专门针对畜禽养殖污染防治方面政策偏好的研究更少，潘丹(2016)基于养殖户微观进行选择实验方法设计和应用，分析养殖户对牲畜粪便处理技术支持、牲畜粪便排污费、牲畜粪便排污技术标准、沼气补贴和粪肥交易市场 5 种养殖污染防治规制政策的偏好。研究发现,养殖户对以上养殖污染防治规制政策的偏好程度具有较大差异。以上关于选择实验方法在农业环境污染治理中应用的研究文献为开展生猪规模养殖户污染防治环境规制政策选择偏好的研究提供了重要的参考依据。但现有文献仍存在需进一步完善的问题:一方面国内学者关于选择实验方法的应用多集中在食品安全、资源价值评价、能源经济等领域的问题研究,在畜禽养殖污染防治的应用研究上还较为罕见;另一方面,在极少数应用选择实验方法开展养殖污染防治的研究文献中,多是基于咨询讨论选取界定和选取相应的规制措施,一定程度上缺乏系统性和全面性,导致基于乡村特殊性的重要养殖污染防治措施被遗漏。

一、选择实验设计

(一)方案属性设置及选择集设计

选择实验设计的核心是确定属性及其状态水平。在阅读相关文献以及对焦点人群进行访谈的基础上,初步确定了选择实验的相关属性及其状态水平,然后设计选择实验问卷对养殖户进行了预调查。在采用选择实验法估计政策的目标结果时,如果采用货币价值方式不是很可行,可以采用其他方式(Ruto, Garrod,2009)。实施养殖污染防治规制政策的最终目的是减少生猪养殖废弃物污染对环境的负面影响,促进生猪养殖与环境保护的协调发展,因此,本研究以养殖污染处理率变化作为养殖污染防治规制政策的目标结果变量。2017 年国务院办公厅印发《关于加快推进畜禽养殖废弃物资源化利用的意见》提出的到 2020 年全国畜禽粪污综合利用率达到 75%以上。基于专家咨询和相关文献,同时结合上述研究得出的环境规制对养殖污染防治行为及其绩效的积极影响效应,将养殖污染处理率变化的状态水平设定为以下 3 个:不变、上升 15%和上升 25%。养殖污染处理需要额外的投入,具有环境公共物品的性质,在缺乏政府补贴和相关激励的情况下，养殖户不会对养殖废弃物进行无害化处理和资源化利用（甚至采取随意丢弃等对环境影响较大的处理方式）。因此，将“不变”设定为养殖污染处理率的现状水平。同时，基于前文界定的环境规制内涵及其环境规制具体措施，设定了宣传教育、引导转业、粪肥交易市场、治污补贴因子、技术推广服务、村规民约、限量养殖、排污标准等 8 项，并进一步根据各规制措施的性质将其划分为引导性、激励性和约束性三种类型属性，其中，宣传教育、引导转业 2 个措施属于引导性规制属性（加上一个参照“无”，共 3 个水平），粪肥消纳与交易、治污补贴因子、技术推广服务 3 个措施属于激励性规制属性（加上一个参照“无”，共 4 个水平），村规民约、限量养殖、排污技术标准 3 个规制措施属于约束性规制属性（加上一个参照“无”，共 4 个水平）。对环境规制措施进行归类处理的原因在于如果将每一个规制措施单独作为一个政策属性放入选择实验，按照全因子设计会显著增加方案数量（$2^8 \times 3 = 768$），进而增加选择集的数量和复杂程度，考虑到养殖户文化程度普遍不是很高，大量的选择集会增加其理解上的困难和选择疲劳，甚至可能会影响数据获取的准确性，故将环境规制具体措施分为三类，按照表 8-1 的方案属性和水平设置，在全因子设计下的方案数为 $3 \times 4 \times 4 \times 3 = 144$ 种。本研究的生猪养殖污染防治规制政策的属性、定义及水平见表 8-1。

表 8-1　农业生态保护方案的属性、定义及水平

方案属性	定义及水平
引导性规制	引导性的规制措施：无，加强宣传教育，引导弃养转业
激励性规制	激励性的规制措施：无，粪肥交易市场，治污补贴因子，技术推广服务
约束性规制	约束性的规制措施：无，村规民约，限量养殖，排污标准
养殖污染处理率变化	行为要求：无，养殖污染处理率变化，不变、上升 15%，上升 25%

方案属性及其水平确定之后的重要工作就是确定选择情景，即选择集设计。在尽可能保证信息完整、减少实验次数和提高设计优度的前提下，选择集通常采用部分因子正交设计（Adamowicz et al.，1998；全世文，2017）。根据表 8-1 中的属性及水平，本书利用 SPSS 26.0 软件的正交设

计模块设计生猪养殖污染防治规制政策方案，按照效用平衡原则剔除现实中不可能的无效方案后剩余12个方案，然后再依据属性水平平衡和最小重叠的原则（全世文，2017；朋文欢、黄祖辉，2017；俞振宁等，2018）从中选择两个方案作为"参与"方案，同时设置"不参与"方案（即两个方案都不选择），最终共形成8个选择情景，供养殖户选择。每个选择集中只包括12个方案中的两个，并且各选择集之间没有重复方案。表8-2所示为生猪规模养殖污染规制政策选择情景示例。

表8-2　生猪规模养殖污染规制政策选择情景示例

	方案①	方案②	方案③
引导性规制	加强宣传教育	进行弃养引导转业	前两个政策属性组合都不选择
激励性规制	粪肥交易市场建设	实施治污补贴因子	
约束性规制	实施排污技术标准	设置村规民约	
养殖污染处理率变化	上升25%	上升15%	

（二）实验的有效性保证

选择实验作为社会科学准实验的一种方法，其有效性除了受选择集合理性的影响外，如何确保模拟真实决策情景亦是重要的影响因素。调研过程中，需要尽量确保模拟真实性，让受访者能够准确理解方案的构成要素及其隐含的收益与成本权衡，避免因受访者对选择集理解偏差影响回答的真实性。鉴于此，调研中要求调查员在向养殖户展示选择集之前，需要首先向其介绍实验目的，并详细说明操作过程和相关要求，其次介绍选择集的选择方法，重点解释每个方案的准确含义，并要求受访养殖户结合自己的真实意愿慎重思考并选择。最后，在受访养殖户完成全部选择之后，调查员通过询问"您是否确定已完全理解上述问题，并按照自己的真实意愿准确做出了回答"和"现实中，您是否愿意按照您所做出的上述选择付诸实际行动"两个问题来进一步保证实验数据的有效性，为最大可能确保研究问卷的真实性，剔除上述两个问题答案分别为"不太确定""非常不确定"和"不太愿意""非常不愿意"的养殖户问卷。

二、模型构建与变量选择

(一)模型构建

根据 Lancaster(1966)的特征(或属性)价值理论和 McFadden(1974)的随机效用理论行为分析框架,效用并非来自商品本身,而是来自商品所拥有的属性。本研究假设的养殖污染防治规制政策属性组合由宣传教育、引导转业、粪肥交易市场、治污补贴因子、技术推广服务、村规民约、限量养殖、排污标准等构成的引导性、激励性和约束性环境规制措施与养殖污染处理率变化 4 个属性及其相对应的状态水平随机组合而成。养殖户基于自身效用最大化来选择养殖污染防治规制政策属性组合。假设养殖户 i 从选择集 C 中的 j 个生猪养殖污染防治规制政策属性组合中选择第 j 个养殖污染防治规制政策属性组合所获得的效用为 U_{ij},表示为:

$$U_{ij}=V_{ij}+\varepsilon_{ij} \tag{8-1}$$

8-1 式中,V_{ij} 是确定项,代表可观测效用部分;ε_{ij} 为随机误差项,代表不可观测因素对养殖户选择的影响。由于存在随机误差项而无法准确预测效用,因此产生了选择概率问题。

根据效用最大化理论,养殖户 i 选择第 j 个养殖污染防治规制政策属性组合是基于 $U_{ij}>U_{ih}$(对任意 $m\neq n$ 成立)。选择概率为:

$$\begin{aligned} P_{im} &= \text{prob}(V_{ij}+\varepsilon_{ij}>V_{ih}+\varepsilon_{ih},\forall_h\in C,m\neq n) \\ &= \text{prob}(\varepsilon_{ih}<\varepsilon_{ij}+V_{ij}-V_{ih},\forall_h\in C,m\neq n) \end{aligned} \tag{8-2}$$

在 ε_{ij} 严格服从极值分布且独立同分布(IID)和满足不相关选择独立性假设(IIA)下,(8-2)式成为多元 Logit(multinomial Logit,MNL)模型。上述 MNL 模型存在两个缺陷:第一,该模型假设随机误差项 ε_i 服从同一分布且不同的 ε_i 相互独立,应用 MNL 模型可能会因不满足非相关选择独立性假设而导致结果偏误;第二,该模型假设养殖户的选择偏好具有同质性。然而,养殖户是不同质的,他们对政策的需求和偏好具有异质性(钟甫宁等,2008),MNL 模型的同质性偏好假设与现实情况不符。考虑到养殖户的个体差异及其对环境规制政策需求和偏好的异质性,MNL 模型的上述限制性假设与现实不符(潘丹,2016;俞振宁等,2018),通过放宽以上假设并允许属性参数存在随机性。

(8-2)式则成为随机参数 Logit(random parameters Logit,RPL)模型在具体分析中,8-1 式和 8-2 式中的可观测效用 V_{ij} 通常被设定为方案属性的线性形式:

$$V_{ij} = \alpha_{ASC}ASC_i + \beta_p MHR_{ij} + \sum_{k=1}^{K}\beta_k Attr_{ijk} \tag{8-3}$$

(8-3)式中,ASC_i 为选择特定常数变量(alternative specific constant,ASC),其系数α_{ASC}表示不可观测因素为养殖户选择特定方案带来的平均效用;MHR 是养殖污染处理率变化属性变量,是这一变量的系数。本研究中,如果养殖户在每个选择情景(即选择集)中选择任一“改变”方案,ASC_i 赋值为 1;如果选择“不改变”方案,则 ASC_i 赋值为 0。因此,ASC 为正时,则表明养殖户选择“改变”选项的可能性更大。$Attr_{ijk}$表示决策者 i 所选方案 j 的第 k 个属性变量,k 为待估计参数,方案属性的个数为 K 。8-3 式通常为 MNL 模型的基准方程。在 RPL 模型中,可观测效用 V_{ij} 的线性形式为:

$$V_{ij} = (\alpha_{ASC} \pm \sigma_i)ASC_i + \sum_{k=1}^{K}(\beta_k \pm \delta_{ik})Attr_{ijk} \tag{8-4}$$

(8-4)式中,σ_i 表示养殖户 i 关于选择特定常数变量ASC_i的个体系数与总体均值系数 ASC 的差异(即标准差),如果 σ_i 显著,表明养殖户对特定方案(本研究中指选择“改变”的方案)的选择偏好存在异质性;同理,δ_{ik} 表示养殖户 i 关于第 k 个属性变量$Attr_{ijk}$ 的个体系数与总体均值系数 k 的差异(即标准差),如果 δ_{ik} 显著,表明养殖户在选择改变生猪规模养殖污染处理率时对第 k 个属性的偏好具有异质性。(8-4)式通常为 RPL 型的基准方程。

为了进一步考察养殖户偏好异质性的来源,借鉴已有文献(全世文,2017;朋文欢,黄祖辉,2017)中的方法,RPL 模型中的可观测效用 V_{ij} 可以扩展为以下两种具体形式：

$$V_{ij} = (\alpha_{ASC} \pm \sigma_i)ASC_i + \sum_{k=1}^{K} (\beta_k \pm \delta_{ik})Attr_{ijk} + \sum_{m=1}^{M} \lambda_m (ASC_i \times Z_{im}) \tag{8-5}$$

$$V_{ij} = (\alpha_{ASC} \pm \sigma_i)ASC_i + \sum_{k=1}^{K} (\beta_k \pm \delta_{ik})Attr_{ijk} + \sum_{m=1}^{M} \gamma_m (Attr_{ijk} \times Z_{im}) \tag{8-6}$$

(8-5)式中，$ASC_i \times Z_{im}$ 为选择特定常数变量 ASC_i 与养殖户个体、养殖经营以及心理认知特征变量 Z_{im} 的交叉项，用于考察养殖选择特定方案（本研究中指选择“改变”的方案）的异质性来源，λ_m 为待估计参数，养殖户个体、养殖经营以及心理认知特征变量的个数为 M。

(8-6)式中，$Attr_{ijk} \times Z_{im}$ 为第 k 个属性变量 $Attr_{ijk}$ 与养殖户个体、养殖经营以及心理认知特征变量 Z_{im} 的交叉项，用于考察养殖户在选择改变养殖污染防治处理率方案时对第 k 个规制政策属性偏好的异质性来源，γ_m 为待估计参数。在上述模型的基础上，可根据参数估计结果测算出各个方案属性的偏好程度：

$$Preference_k = -\beta_k / \beta_p \tag{8-7}$$

(8-7)式中，β_k 和 β_p 分别为养殖污染防治规制政策属性和养殖污染处理率变化属性的估计系数。$Preference_k$ 值越大，表明养殖户对第 k 个养殖污染防治规制政策属性的偏好程度越高。

(二)变量选择

本研究所构建模型中的被解释变量为某政策方案是否被养殖户选中，如果被选中则赋值 1，未被选中赋值为 0。替代常数项 ASC 的定义为是否“改变”养殖污染防治现状，即在每个选择集中养殖户选择方案①或方案②时赋值为 1，养殖户选择方案③，即前面两个选项都不选择时赋值为 0。

模型的核心变量为方案属性（见表 8-1）。其中，引导性规制属性共有 2 个变量，包括加强宣传教育、引导弃养转业；激励性规制属性共有 3 个变量，包括肥交易市场、治污补贴因子、技术推广服务；约束性规制属性共有3个变量，包括村规民约、限量养殖、排污标准。8个目标属性变量均为分类变量，如果某个目标出现在养殖户的选择方案中，则该目标属性变量赋值为1，否则赋值为0。此外，技术要求属性变量为养殖污染处理率，如上所示，变量取值包括处理率不变=0，处理率上升15%=0.15，处理率上升25%=0.25。

为准确衡量养殖户对不同养殖污染防治规制政策的偏好程度及其群体异质性情况，根据前文阐释的农户行为理性、行为经济学理论、环境规制理论以及国内外相关研究文献，在模型中引入养殖场负责人个体特征、养殖经营特征和心理认知变量作为控制变量。

(1)养殖场负责人个体特征包括性别、年龄和文化程度。其中，农村男主外女主内的传统习惯影响下，一般地，男性能够涉猎更多的政策、市场等信息，对于新事物的接受程度也较强，在面临相同的养殖污染防治规制政策属性组合时，男性养殖户提高养殖污染处理率的可能性越大。年龄方面，有研究显示农业经营者年龄越大，其接受农业经营新技术和新思想的意愿和能力越低(虞祎等，2012)。因此，年龄越大的养殖户提高养殖污染处理率的可能性越小。教育水平的提高能够显著提高农户采纳农业环境友好型技术的可能性(Burton，2014)，养殖场负责人的文化程度越高，对于生态化养殖的了解和接受意愿也相应越高，对于养殖污染防治技术的学习能力也越强，因此，从思想准备和接受能力方面来看，养殖户文化程度越高，其越倾向于提高养殖污染处理率。

(2)养殖户养殖经营特征包括养殖规模、养殖年限、养殖收入占比和是否兼业种植。养殖规模方面，养殖户的生猪养殖规模越大，越容易受周围农户的关注，受政府环保规制的程度也越高(潘丹，2015)。因此，为了规避政府部门对养殖污染防治的处罚或避免由生猪养殖污染带来诸如邻里关系紧张等矛盾，在面临相同的生猪养殖污染规制政策属性组合时，养殖规模越大，养殖户提高养殖污染处理率的可能性越大。养殖年限方面，养殖户从事生猪养殖的年限越久，其对该行业的依赖性越大，在政府逐渐加大对生猪养殖污染防控的现实背景下，这类养殖户为能够继续维持生猪养殖生计，在面临相同的生猪养殖污染规制政策属性组合时，养殖年限越久的养殖户，其提高养殖污染处理率的可能性越大。养殖收入占比方面，养殖收入在家庭全部收入的占比越高，则养殖业对于养殖户家庭生计来讲越重要，在维持该生计的积极性就更高，因此，在面临相同的生猪养殖污染规制政策属性组合时，养殖收入占比越大的养殖户，其提高养殖污染处理率的可能性越大。是否兼业种植方面，养殖户兼种植业表明其具有开展种养结合模式的基础和条件，在面临相同的生猪养殖污染规制政策属性组合时，其提高养殖污染处理率的可能性越大。

(3)心理认知变量包括养殖户对养殖污染治理社会影响、经济影响的认知以及对政策的了解程度，具体变量包括养殖户的风险感知、生态认知和政策压力感知。如若养殖户认为养殖污染防治对生态环境、社会环境等存在较大的危害，从自身污染制造者、受害者和治理者的多重身份出发，其在面临相同的生猪养殖污染规制政策属性组合时，越可能提高养殖污染处理率。同时，养殖户对养殖污染的危害及其防治的必要性、技术及措施等相关问题越了解，对养殖污染防治的重要性也必然有更准确的认知，在面临相同的生猪养殖污染规制政策属性组合时，其必然会提高养殖污染处理率。此外，如果养殖户对养殖污染防治政策了解越充分，在面临相同的生猪养殖污染规制政策属性组合时，其越倾向于做出提高养殖污染处理率的行为决策。

本书模型中各变量的含义、赋值及描述性统计分析结果如表 8-3 所示。

表 8-3　变量定义、赋值与描述性统计分析

变量	变量定义与赋值	平均值	标准差
被解释变量			
某方案是否被选中	某方案被选中＝1，未被选中＝0	0.333	0.470
选择特定常数 ASC	方案①或方案②＝1，方案③＝0	0.667	0.470
方案属性变量			
引导性规制			
加强宣传教育	有＝1，没有＝0	0.370	0.330
引导弃养转业	有＝1，没有＝0	0.133	0.370
激励性规制			

续表

变量	变量定义与赋值	平均值	标准差
粪肥交易市场建设	有=1,没有=0	0.435	0.330
污染防治的补贴	有=1,没有=0	0.172	0.450
污染防治技术推广服务	有=1,没有=0	0.232	0.375
约束性规制			
村规民约建设	有=1,没有=0	0.172	0.431
限量养殖	有=1,没有=0	0.132	0.372
排污技术标准	有=1,没有=0	0.172	0.431
规制目标			
养殖污染处理率	处理率不变=0;处理率上升15%=0.15;处理率上升25%=0.25	0.098	0.086
养殖户个体特征			
养殖户性别	女=0,男=1	0.862	0.345
养殖户年龄(岁)	实际年龄	47.172	8.295
养殖户文化程度	小学及以下=1,初中=2,高中/中专=3,大专及以上=4	1.810	0.787
养殖经营特征			
养殖规模(头)	实际存栏量	434.890	553.452
养殖时间(年)	实际养殖年限	12.978	5.447
养殖收入占比(%)	2015年养殖净收入占家庭总收入的比重	75.347	12.118
是否兼业种植	否=0,是=1	0.133	0.340
养殖户心理认知特征			
风险感知	对8个有关养殖污染对生态环境危害程度的评价得分总和,取值范围0~8	6.191	1.821
生态认知	对10个有关养殖污染的认知问题和相关知识问题的回答得分总和,取值范围0~10	7.041	2.597

续表

变量	变量定义与赋值	平均值	标准差
政策压力感知	对8个有关中央、地方等畜禽养殖污染防治相关政策问题的回答得分总和，取值范围0～8	5.151	2.901

注：被解释变量和方案属性变量的观察值个数为9 744个(406×8×3=9 744)，个体特征变量的观察值个数为406个。

三、模型估计结果

本书采用Stata 13.0软件进行模型估计。由于本研究的选择实验含有8个选择情景，每个选择情景包含3个方案，所以模型估计的样本数量为9744(406×8×3)。

(一)养殖污染防治规制政策的养殖户偏好

根据前文所构建的基础模型(8-3)式进行MNL模型的极大似然估计，在该模型中首先引入方案属性变量和固定常数ASC，模型估计结果如表8-4中的模型(1)所示。由模型(1)结果可知，除了引导弃养转业和村规民约变量不显著，其他规制政策属性变量均在1%的统计水平上显著，且系数符号为正；而养殖污染处理率变量在1%的统计水平上显著，且系数符号为负，这说明在选择实验方案中引入的各个政策目标能够显著增加养殖户选择“改变”方案的效用，而养殖污染处理率提高则显著减少了养殖户选择“改变”方案的效用，因此本研究的选择实验方案具有较好的效用权衡取舍的特征，方案属性设计符合应用选择实验法的技术要求。但是，模型(1)中的调整R^2仅为0.081，拟合程度并不高。基于前文关于MNL模型与随机多元Logit模型的比较，同时考虑探讨养殖户群体环境规制政策偏好的异质性水平的研究目的，进一步对基础模型(8-4)式进行随机参数Logit模型的仿真似然估计，具体做法是：根据研究惯例，将具有支付属性的变量(养殖污染处理率)和选择特定常数 ASC 设定为固定参数变量,其他变量设定为服从正态分布的随机参数变量(Train,2003),进行 200 次 Halton 抽样估计,估计结果如表 8-4 中模型(2)所示。由模型(2)可知,养殖污染防治规制方案属性均在 5%及以上的统计水平上显著,系数符号与模型(2)中完全一致,且调整 R^2 提高到了 0.258,对数似然值由−2 457.564增大到了−2 047.358,说明随机参数 Logit 模型具有更好的拟合效果。因此,围绕模型(2)的结果开展讨论如表 8-4 所示。

表 8-4　MNL 模型和随机参数 Logit 模型的基础模型估计结果

变量	模型(1)(MNL 模型)		模型(2)(随机参数 Logit 模型)	
	系数	标准差	系数	标准差
选择特定常数 ASC	—	—	0.427**	0.192
方案属性变量				
引导性规制				
加强宣传教育	0.648***	0.120	1.570***	0.535
引导弃养转业	0.445***	0.098	0.910***	0.213
激励性规制				
粪肥交易市场建设	0.853**	0.132	1.011***	0.127
治污补贴因子	0.253***	0.119	0.285**	0.121
治污技术推广服务	0.959***	0.133	0.815***	3.124
约束性规制				
村规民约建设	0.425***	0.152	0.910***	0.122
限量养殖	0.473	0.475	0.054	0.096
排污技术标准	0.048	0.083	0.279	0.263
技术要求				
养殖污染处理率	−0.126**	0.057	−0.125**	0.057
随机参数变量				
选择特定常数 ASC 的标准差	—	—	2.354***	0.180

续表

变量	模型(1)(MNL 模型)		模型(2)(随机参数 Logit 模型)	
	系数	标准差	系数	标准差
加强宣传教育的标准差	—	—	**0.003**	**1.332**
引导弃养转业的标准差	—	—	0.375**	0.176
粪肥交易市场建设的标准差	—	—	0.413**	0.203
污染防治补贴的标准差	—	—	0.442**	0.180
治污技术推广服务的标准差	—	—	0.180**	2.121
村规民约建设的标准差	—	—	**0.572**	**0.478**
限量养殖的标准差	—	—	**0.003**	**1.332**
排污技术标准的标准差	—	—	**0.139**	**0.182**
观测值	9 744		9 418	
R^2	0.081		0.258	
对数似然值	−2 457.564		−2 047.358	

注：表中*、**、***分别表示10%、5%、1%的水平上显著。

选择特定常数ASC的均值在1%的统计水平上显著，且系数符号为正，参照前文对ASC的设定，这意味着选择"改变"养殖污染处理率能够显著提高养殖户效用，因此，与选择"不改变"方案（即方案③）相比，养殖户选择"改变"方案（即方案①或方案②）的概率更大。然而，选择特定常数ASC的标准差在1%的统计水平上显著，说明养殖户对"改变"方案的选择具有明显的异质性。

从生猪规模养殖污染防治规制政策属性变量的估计结果来看，除了限量养殖和排污技术标准两个变量为通过显著性检验之外，宣传教育、引导转业、粪肥交易市场、污染防治补贴、技术推广服务、村规民约变量均在5%以上的统计水平上通过了正向的显著性检验（系数分别为0.648、0.445、0.853、0.253、0.959、0.425）。由此表明，在加强宣传教育、实施引导转业、粪肥交易市场建设、实施污染防治补贴、治污技术推广服务和村规民约建设的情况下，能够显著提高养殖户选择“改变”方案的概率。即表明养殖户对以上污染防治规制措施具有一定的偏好。这和已有的研究结论类似。例如，潘丹(2016)研究发现，沼气补贴、牲畜粪便处理全面技术支持政策、排污费政策以及粪肥交易市场政策均能显著提高养殖户牲畜粪便处理率。Zheng et al.(2014)研究发现，沼气补贴和粪肥交易价格提高、技术支持能够显著提高养殖户污染处理率；虞祎等(2012)研究发现，政府补贴对养殖户污染处理率的提高有显著的正向影响。与预期相反，限量养殖和排污技术标准政策属性在均值系数估计结果中不显著，说明该项政策对养殖户“改变”方案的选择没有影响，也即不会对养殖户污染处理率变化具有影响。该结论的可能解释是，排污技术标准属于典型的命令控制型政策，该类规制措施发挥作用的前提是规制对象明确、稳定且监督内容明确可达，而这一要求与养殖粪污污染的随机性、滞后性、难以监督和产生机理复杂等特征不相匹配，因此，排污技术标准政策对养殖户污染处理率变化不具有显著影响。

进一步地，由模型(2)中标准差系数来看，宣传教育、村规民约、限量养殖和排污技术标准四个养殖污染防治规制措施的标准差未通过显著性检验，而引导弃养转业、粪肥交易市场、治污技术推广服务、污染防治补贴四个环境规制措施均在5%的统计水平上通过了正向显著检验。由此表明，养殖户对引导弃养转业、粪肥交易市场、治污技术推广服务、污染防治补贴4项养殖污染防治规制政策的偏好存在较大的异质性，需要进一步分析异质性的具体维度。宣传教育、村规民约2项养殖污染防治规制措施在均值系数估计结果中显著，而在标准差系数估计结果中不显著，表明加强宣传教育和完善村规民约建设能够显著提高养殖户选择“改变”方案的概率，提高养殖污染处理率，而且养殖户对这两项规制政策的偏好不具有异质性，即加强宣传教育和完善村规民约建设对不同养殖户群体提高养殖污染处理率均具有显著影响。

养殖污染处理率变量在1%的统计水平上显著，且系数为负(−0.014)，意味着在保持其他条件不变时，养殖污染防治规制政策所要求的提高养殖污染处理率的水平会显著降低养殖户的效用。养殖污染治理具有显著的正外部性和公共产品特性，在没有政策压力制下，养殖户自身并没有进行成本投入减少外部性污染的动力。养殖污染防治成本的投入显而易见地会直接增加养殖户的经营成本，因此，从养殖户角度来衡量进行养殖污染防治前后的效用，自然环境规制政策之下，养殖污染处理率的提高会显著地降低养殖户的效用，从而明显降低其选择“改变”方案的概率。

(二)养殖户污染防治处理水平及规制政策偏好的异质性来源分析

为了进一步考察养殖户关于养殖污染处理水平即污染防治规制政策偏好的异质性来源，本研究将养殖户个体特征、养殖经营特征以及心理认知特征变量纳入模型分析，对带交叉项的随机参数 Logit 模型式(8-5)和(8-6)进行极大似然值估计。操作方法为：将模型(2)中随机参数的标注差估计结果显著的选择特定常数 ASC、引导弃养转业、粪肥交易市场建设、污染防治的补贴和技术推广服务五个变量设定为随机参数变量，同时，分别生成这 5 个变量与养殖户个体特征、养殖经营特征以及心理认知特征变量的交叉项，并将交叉项和其他变量均设定为固定参数变量，采用 200 次 Halton 抽样估计，估计结果见表 8-5 的回归模型(3)、回归模型(4)和回归模型(5)回归模型(6)回归模型(7)。表 8-5 的结果显示，所有回归的 R^2 值和对数似然值较表 8-4 中的模型(2)均有所提高，且各个属性变量的系数符号及显著性均未发生较大变化，说明模型结果较为稳健，加入了交叉项的模型回归结果解释能力更强。

1.养殖户污染防治处理水平偏好的异质性来源

根据前文关于选择特定常数 ASC 的定义(选择方案①或方案②，即“改变”方案的取值为 1，选择方案③，即“不改变”方案的取值为 0)，ASC 与养殖户个体、养殖经营和心理认知等特征变量的交叉项反映了养殖户选择“改变”方案的异质性来源。由表 8-5 中的模型(3)结果显示，引入交叉项后，选择特定常数 ASC 的标准差虽然在 1%的统计水平上显著，但系数却由模型(2)中的 2.354 减小到了 2.108，说明养殖户个体、养殖经营和心理认知特征的差异解释了养殖户污染防治处理水平偏好的部分异质性。具体来说：

在养殖户个体特征方面，养殖户性别、文化程度与 ASC 的交叉项显著，且系数为正，养殖户年龄与 ASC 的交叉项也显著，但影响系数为负。由此表明，在面临相同的养殖污染防治规制政策属性组合时，男性、文化程度较高、年龄较小的养殖户提高养殖污染处理率的可能更大。

在养殖户养殖经营特征方面，养殖规模、养殖年限、养殖收入占比与 ASC 的交叉项显著，且系数为证，表明在面临相同的养殖污染防治规制政策属性组合时，养殖年限越久、养殖收入占比越高的养殖户更倾向于选择“改变”方案，以提高养殖污染处理率。养殖年限越久、养殖收入占比越高一定程度上象征着养殖户对养殖业的依赖越大，提高养殖污染处理率可能是其为维持养殖生计，对养殖污染防治政策的积极响应。养殖规模越大的养殖户越能够从养殖污染防治中获取规模效益，因此，越倾向于提高养殖污染处理率。是否兼业种植变量未通过显著性检验，这可能与当前调研区域养殖户兼业种植的数量较少，所有样本在兼业种植变量的取值较为集中，即标准差过小有关。

在养殖户心理认知特征方面，养殖户的生态认知、风险感知、风险偏好各自与 ASC 的交叉项显著，且系数为正，说明养殖户生态认知水平越高、风险感知越高、政策了解程度越高的农民，越能够从“改变”方案中获得更大的效用。由计划行为理论、复杂环境行为理论可知，养殖户对养殖污染防治的必要性和重要性认知水平越高，即生态认知水平越高，在复杂的环境治理内外部条件作用下，养殖户选择提高养殖污染处理率方案的行为概率将越大。再者，由诱致性技术变迁理论和养殖户的政策压力感知方面可以进一步解释风险感知和风险偏好心理认知因素的影响，当养殖户对养殖污染环境风险的评价越高，越会诱发养殖户改变传统的养殖方式，在熟知当前养殖污染防治相关政策内容的情况下，政策压力会促使养殖户采取积极的养殖污染防治行为。因此，认为养殖户养殖污染风险和政策压力感知越高，其选择提高养殖污染处理率方案的概率也越大。

表 8-5　带交叉项的随机参数 Logit 模型估计结果

变量	模型(3)	模型(4)	模型(5)	模型(6)	模型(7)
选择特定常数 ASC	0.427** (0.196)	−0.747** (0.289)	0.456** (0.215)	0.442** (0.180)	0.431** (0.201)
方案属性变量					
引导性规制					
加强宣传教育	1.570*** (0.535)	1.578*** (0.542)	1.301*** (0.445)	1.586*** (0.424)	1.397*** (0.417)
引导弃养转业	0.910*** 0.213	0.012 (0.053)	0.891*** (0.215)	0.876*** (0.254)	0.976*** (0.243)
激励性规制					
粪肥交易市场建设	1.011*** (0.127)	1.246*** (0.431)	0.833*** (0.129)	0.987*** (0.312)	1.121*** (0.354)
污染防治的补贴	0.285** (0.121)	0.281** (0.121)	0.299 (0.219)	0.289** (0.125)	0.289** (0.125)
污染防治技术推广服务	0.815*** (3.124)	0.691*** (3.029)	0.710*** (3.080)	0.891*** (3.315)	0.215 (0.176)
约束性规制					
村规民约建设	0.910*** (0.122)	1.397*** (0.417)	1.500*** (0.420)	1.589*** (0.424)	1.282*** (0.414)
限量养殖	0.330*** (0.017)	0.498*** (0.148)	0.492*** (0.147)	0.206*** (0.029)	0.086 (0.097)
排污技术标准	0.279 (0.116)	0.283** (0.117)	0.215** (0.093)	0.254*** (0.061)	0.246*** (0.048)
技术要求					
养殖污染处理率	−0.104** (0.047)	−0.096** (0.047)	−0.093** (0.047)	−0.095** (0.047)	−0.125** (0.053)
随机参数变量					
选择特定常数 ASC 的标准差	2.108*** (0.183)	2.255*** (0.446)	0.643*** (0.158)	1.499*** (0.420)	2.420*** (0.190)
引导弃养转业的标准差	0.375** (0.176)	0.072 (0.086)	0.552*** (0.151)	1.499*** (0.420)	1.58*** (0.425)
粪肥交易市场建设的标准差	0.442** (0.180)	0.606*** (0.165)	0.287** (0.121)	0.998 * (0.547)	0.9106*** (0.2138)

续表

变量	模型(3)	模型(4)	模型(5)	模型(6)	模型(7)
污染防治的补贴的标准差	0.180** (2.121)	1.088** (0.376)	0.7217*** (0.2542)	0.248** (0.1044)	2.396*** (0.473)
技术服务的标准差	0.413** (0.203)	0.174** (0.080)	0.413 * (0.237)	3.309*** (1.038)	0.153 (0.126)
交叉项(随机参数变量×个体特征变量)	ASC×	引导弃养转业×	粪肥交易市场建设×	污染防治的补贴×	技术服务×
养殖户性别	0.532** (0.263)	0.230 (0.903)	0.120 (0.109)	0.821 (0.497)	−0.016*** (0.001)
养殖户年龄	−0.689*** (0.135)	−0.032** (0.013)	−0.028** (0.013)	−0.003 (0.011)	−0.007 (0.015)
养殖户文化程度	1.426*** (0.419)	1.403*** (0.419)	0.097 (0.145)	0.909*** 0.217	0.280 (0.278)
养殖规模	0.916*** (0.214)	1.121*** (0.392)	1.121*** (0.392)	0.637* (0.362)	2.068** (0.827)
养殖年限	0.985 (0.679)	−0.093** (0.035)	0.616 (0.468)	0.454 (0.292)	0.001 (0.048)
养殖收入占比	1.116*** (0.383)	0.541 (0.379)	0.280 (0.278)	0.113 (0.194)	1.116*** (0.383)
是否兼业种植	0.231 (0.903)	1.107 (1.892)	−0.435* (0.239)	0.751 (0.618)	0.762 (0.828)
风险感知	1.444*** (0.418)	1.404*** (0.419)	5.025*** (0.935)	0.072 (0.086)	0.711*** (0.203)
生态认知	2.619*** (0.301)	1.589*** (0.424)	0.139 (0.182)	0.119 (0.099)	0.004* (0.002)
政策压力感知	0.913*** (0.214)	0.363 (0.221)	0.930** (0.502)	1.501*** (0.421)	0.876 (0.596)
观测值	9 744	9 744	9 744	9 744	9 744
R^2	0.276	0.275	0.284	0.285	0.272
对数似然值	−2 015.067	−2 021.012	−2 002.041	−2 002.017	−2 017.213

注：括号内为标准误差。表中*、**、***分别表示10%、5%、1%的水平上显著。

2.养殖户污染防治规制政策偏好的异质性来源

模型(4)中引入引导弃养转业与养殖户个体、养殖经营和心理认知特征变量的交叉项,用以解释养殖户选择“改变”养殖污染防治方案时对引导弃养转业规制政策的偏好异质性来源。模型(4)的结果可以看出,引入交叉项后,引导弃养转业的均值和标准差都不再显著,说明养殖户个体、养殖经营和心理认知特征的差异完全解释了养殖户在改变养殖污染防治处理率方案时对引导弃养转业规制政策偏好的异质性。具体来说,养殖户个体特征方面,养殖户年龄与引导弃养转业规制政策的交叉项在 0.5 的显著性水平上通过了负向显著性检验,养殖户的文化程度与引导弃养转业规制政策的交叉项分别在 0.1 和 0.01 显著性水平上通过了正向检验,说明养殖户年龄越小、文化程度越高,越倾向于选择引导弃养转业规制措施。在政府的扶持下放弃养殖业转向从事其他行业的生产或经营是当前面临养殖污染巨大压力的创新举措,对此,年龄越大、文化程度越低的养殖户容易受求稳思想、学习能力和现有技能等方面因素的制约,对于从事新行业产生心理抗拒,表现为对引导弃养转业规制政策缺乏偏好。反之,养殖户的年龄越小、文化程度越高,其对新生事物的接受能力、具有更多新行业从业技能和更强的学习能力,因此,其对放弃养殖业享受新行业从业政策优惠更为支持和青睐。养殖经营特征方面,养殖规模、养殖年限与引导弃养转业规制政策的交叉项均在 0.01 显著性水平上通过了正向检验,说明养殖规模越大、养殖年限越久的养殖户,越不倾向于选择引导弃养转业规制措施来提高养殖污染处理率。对此,可能是由于从事养殖年限越长、规模越大的养殖户通常对养殖业的依赖程度也越高,形成较多的沉淀成本,放弃养殖业从事新行业的机会成本越高,因此,更不倾向于通过引导弃养转业的规制措施来提高养殖污染处理率。心理认知方面,养殖户生态认知、风险感知与引导弃养转业规制政策的交叉项在 0.01 显著性水平上通过了正向检验,说明生态认知水平、风险感知越高的养殖户,越倾向于选择引导弃养转业规制措施来提高养殖污染处理率。养殖户对养殖污染防治的重要性的认识越充分,对养殖污染产生的危害评价越高,则其对生猪养殖业的成本评估越高,在政策引导下,对放弃养殖从事生态友好型行业具有更积极的偏好。

模型(5)中引入粪肥交易市场建设与养殖户个体、养殖经营和心理认知特征变量的交叉项,用以解释养殖户选择"改变"养殖污染防治方案时对粪肥交易市场建设政策的偏好异质性来源。模型(5)的结果可以看出,引入交叉项后,粪肥交易市场规制的标准差虽然在0.05的统计水平上显著,但系数却由0.413下降到0.287,说明养殖户个体、养殖经营和心理认知特征的差异解释了养殖户在改变养殖污染防治处理率方案时对粪肥交易市场建设规制政策偏好的部分异质性。具体地,养殖户个体特征方面,养殖户年龄与粪肥交易市场建设规制政策的交叉项在0.05显著性水平上通过了负向检验,说明养殖户年龄越小,越倾向于选择粪肥交易市场建设规制措施。年轻的养殖户一般具有更为先进的养殖生产经营理念,对于粪肥交易市场规制政策更为了解也更愿意接受。养殖经营特征方面,养殖规模与粪肥交易市场建设规制政策的交叉项均在0.01显著性水平上通过了正向检验,说明养殖规模越大的养殖户,越倾向于选择粪肥交易市场建设规制措施来提高养殖污染处理率。是否兼业种植与粪肥交易市场建设规制政策的交叉项在0.1显著性水平上通过了负向检验,表明兼业种植的养殖户越不倾向于选择粪肥交易市场建设规制措施来提高养殖污染处理率。养殖规模越大的养殖户具有更大的粪肥产生量,也面临更大的粪肥消纳压力,自然对粪肥交易市场建设具有更大的需求。兼业种植的养殖户自身已经有消纳粪肥的渠道,对粪肥交易市场建设的偏好并不强烈。心理认知方面,生态认知与粪肥交易市场建设规制政策的交叉项在0.05显著性水平上通过了正向检验,说明生态认知水平越高的养殖户,越倾向于选择粪肥交易市场建设规制措施来提高养殖污染处理率。养殖户对于生态环境保护和养殖污染防治相关知识储备越多,其对粪肥资源化利用的价值自然也更为关注,从而更了解粪肥交易市场的重要性,表现为对该规制政策的积极偏好。

模型(6)中引入养殖污染防治补贴与养殖户个体、养殖经营和心理认知特征变量的交叉项,用以解释养殖户选择"改变"养殖污染防治方案时对养殖污染防治补贴规制政策的偏好异质性来源。模型(6)的结果可以看出,引入交叉项后,粪肥交易市场规制的标准差虽然在0.05的统计水平上显著,但系数却由0.442下降到0.248,说明养殖户个体、养殖经营和心理认知特征的差异解释了养殖户在改变养殖污染防治处理率方案时对养殖污染防治补贴规制政策偏好的部分异质性。具体来说,养殖户个体特征方面,养殖户文化程度与养殖污染防治补贴规制政策的交叉项分别在0.01显著性水平上通过了正向检验,说明养殖户文化程度越高,越倾向于选择养殖污染防治补贴规制措施。文化程度越高的养殖户对于政府养殖污染防治规制政策的理解越强,同时具有更强的成本收益核算能力,在进行养殖污染防治成本核算时,更希望通过政府补贴的形式分担一部分的治理成本。养殖经营特征方面,养殖规模与养殖污染防治补贴规制政策的交叉项在0.1显著性水平上通过了正向检验,说明养殖规模越大的养殖户,越倾向于选择养殖污染防治补贴规制措施来提高养殖污染处理率。心理认知方面,养殖户风险感知、政策压力感知与养殖污染防治补贴规制政策的交叉项在0.01显著性水平上通过了正向检验,说明风险感知和政策压力感知越高的养殖户,越倾向于选择养殖污染防治补贴规制措施来提高养殖污染处理率。养殖户对当前养殖污染防治的必要性和养殖污染危害的认知越充分,其对养殖污染防治的发展趋势的评价也将越积极,因此也将更加积极地响应养殖污染防治补贴政策。养殖户对养殖污染防治的重要性的认识越充分,对养殖污染产生的危害评价越高,则其对生猪养殖污染防治的技术指导和服务的需求就越强烈。

模型(7)中引入养殖污染防治技术服务与养殖户个体、养殖经营和心理认知特征变量的交叉项,用以解释养殖户选择“改变”养殖污染防治方案时对养殖污染防治技术服务规制政策的偏好异质性来源。模型(7)的结果可以看出,引入交叉项后,养殖污染防治技术服务规制政策的均值和标准差都不再显著,说明养殖户个体、养殖经营和心理认知特征的差异完全解释了养殖户在改变养殖污染防治处理率方案时对养殖污染防治技术服务规制政策偏好的异质性。具体来说,养殖户个体特征方面,养殖户性别与养殖污染防治技术服务规制政策的交叉项在0.01显著性水平上通过了负向检验,说明女性养殖户更倾向于选择养殖污染防治技术服务规制措施。女性养殖户在技术知识和应用方面较男性更为薄弱,更倾向于对其基于技术指导和服务。养殖经营特征方面,养殖规模、养殖收入占比与养殖污染防治技术服务规制政策的交叉项分别在0.05和0.01显著性水平上通过了正向检验，说明养殖规模越大、养殖收入占比越高的养殖户，越倾向于选择养殖污染防治技术服务规制措施来提高养殖污染处理率。规模较大的养殖场能够有污染防治技术使用上获取更高的规模效益，具有更加积极的污染治理技术采取意向，但与此同时，大规模的养殖场在进行养殖污染防治时所采纳的技术也相对较为复杂，在技术指导和服务方面具有更高的需求。因此，规模较大的养殖场对污染防治技术服务具有更积极的偏好。心理认知方面，养殖户生态认知、风险感知与养殖污染防治技术服务规制政策的交叉项分别在0.01和0.1的显著性水平上通过了正向检验，说明生态认知水平、风险感知越高的养殖户，越倾向于选择养殖污染防治技术服务规制措施来提高养殖污染处理率。

(三)养殖户对养殖污染防治规制偏好次序分析

根据上述模型构建部分的(8-7)式，基于表8-4和表8-5的估计参数可以分别计算出不同回归结果下养殖户对不同养殖污染防治规制政策的偏好程度，即养殖户选择不同养殖污染防治规制政策下的养殖污染处理率提高水平，计算结果见表8-6。据表8-6所示结果可知，在不同回归模型结果下，样本养殖户对养殖污染防治各种规制措施的偏好次序具有高度的一致性。考虑到模型6控制了养殖户个体特征、养殖经营特征和心理认知特征的异质性且R^2最大，下面主要基于模型(6)所计算的结果展开讨论，即表8-6中的(6)列。

虽然养殖污染防治的各项规制政策均能够显著提高养殖户参与养殖污染防治的效用，但养殖户对不同养殖污染防治规制措施的偏好程度存在较大差异，具体地，养殖户对各个环境规制措施的偏好程度排序为：村规民约＞宣传教育＞粪肥交易市场建设＞治污技术推广与服务＞引导弃养转业＞污染防治技术补贴＞排污技术标准＞限量养殖。养殖户对村规民约规制措施的偏好程度最高，如果在养殖污染防治过程中能够形成有效的村规民约，那么村规民约每提高一个级别，养殖户废弃物处理率将提高16.726%。村庄是特定地域范围内的典型“熟人社会”，这个小型社会内有着特殊宗族文化、风俗习惯、行为规范等，虽然农村社会也逐步走向现代化，但这些约定促成的软约束仍然为养殖户的偏好。宣传教育规制措施的偏好程度排名第二，该措施每提高一个级别，养殖户废弃物处理率将提高16.695%。宣传教育措施虽然传统，但是长期看来具有一定的显著效果，结合当前养殖户对养殖污染“身临其境”的现实背景下，以提高养殖户“谁污染谁治理”生态责任认知水平的宣传教育确实受到了养殖户的一定青睐。粪肥交易市场规制措施排名第三，其每提高一个级别，养殖户废弃物处理率将提高10.389%。当前，养殖废弃物资源化利用面临的最大瓶颈即为粪肥的消纳问题，在当地市场和社会粪肥消纳已基本饱和的情况下，养殖户寄希望于政府解决粪肥交易消纳问题，因而对粪肥交易市场具有较高的偏好。养殖污染防治技术推广与服务排名第四，其每提高一个级别，养殖户废弃物处理率将提高9.379%。调研中发现，养殖户对污染防治技术服务具有较高的需求，但由于当前养殖污染防治技术政策的不稳定，影响了养殖户对污染防治技术推广和服务的预期。引导弃养转业排名第五，其每提高一个级别，养殖户废弃物处理率将提高9.221%。在身临养殖污染的现实环境，养殖户对养殖业的可持续发展问题表现出较大的担忧，同时对政府扶持转产转业表现出积极的响应，但该措施在实际操作中仍然面临诸多的问题，如产业选择受限、养殖户不愿离乡、其他产业相对回报率低等，这些都导致养殖户对该规制措施产生消极预期，也一定程度上影响了养殖户对该规制措施的偏好程度。污染防治技术补贴排名第六，其每提高一个级别，养殖户废弃物处理率将提高3.042%。由于当前国家层面大力开展畜牧养殖“三区”划定工作，同时，在福建生态文明综合试验区建设的大背景下，研究区域的生猪养殖污染防治仍以“限量养殖”为主，污染防治技术补贴措施缺乏系统性和一定的合理性，加之猪肉价格的不稳定，多因共促之下，影响了养殖户对污染防治技术补贴规制措施的偏好程度。排污技术标准规制措施排名第七，其每提高一个级别，养殖户废弃物处理率将提高2.674%。养殖户对排污技术标准规制措施的偏好程度不高的原因可能在于：一方面，该措施属于纯行政命令型措施，具有强制性约束特征，且技术标准的制定往往较为复杂，一般由政府组织相关人员来完成，不管是制定还是执行，都缺乏养殖户的参与和互动，导致养殖户对该措施缺乏偏好；另一方面，排污技术标准在当前研究区域的执行还较为滞后，养殖户对于该措施的了解多基于调研人员的介绍和解释，缺乏实质性的直观了解，由此可能影响养殖户对该规制措施的预期和偏好。养殖户对限量养殖措施的偏好程度最低，其每提高一个级别，养殖户废弃物处理率将提高 2.168%，这很大程度上是由该措施可能对养殖户生计产生影响，出于维持生计考虑，养殖户对该措施的缺乏积极的响应。

表 8-6　养殖户对不同养殖污染防治规制政策的偏好程度：养殖污染处理率

单位：%

规制政策	(1)	(2)	(3)	(4)	(5)	(6)	(7)
引导性规制							
加强宣传教育	5.143	12.560	15.096	16.438	13.989	16.695	11.176
引导弃养转业	3.532	7.280	8.750	—	9.581	9.221	7.808
激励性规制							
粪肥交易市场建设	6.770	8.088	9.721	12.979	8.957	10.389	8.968
污染防治补贴	2.008	2.280	2.740	2.927	—	3.042	2.312
治污技术推广服务	7.611	6.520	7.837	7.198	7.634	9.379	—
约束性规制							
村规民约建设	3.373	7.280	8.750	14.552	16.129	16.726	10.256
限量养殖	—	—	3.173	5.188	5.290	2.168	—
排污技术标准	—	—	—	2.948	2.312	2.674	1.968

注：①(1)～(7)列分别根据模型 1～模型 7 的结果计算得到。②笔者只计算了对养殖户选择“改变”方案有显著影响的环境规制政策属性的养殖污染处理率提高水平。

第九章　环境规制下生猪规模养殖污染防治利益相关者动态博弈分析

养殖污染防治具有明显的公共性特征，并非只关乎养殖户个体利益的独立经济行为，养殖户在进行养殖污染防治行为决策时必然受到多方利益主体的直接影响。因此，将利益相关者思想引入环境污染防治是十分必要的，主要原因在于利益相关者之间的博弈也是环境管理的博弈，生猪养殖污染防治涉及不同的主体，为实现各自利益的最大化，不同主体为实现目标均会采取最有利于自身的方案而造成一定的冲突和矛盾，利益相关者理论正是为解决此类冲突而设计一种最优方案。同时，在冲突矛盾之下所产生的风险需要利益相关者共同承担，即生猪养殖污染防治中所产生的环境污染问题，利益相关者要共同为此承担一定的社会责任。鉴于此，为深入分析生猪规模养殖户污染防治行为机理，需将其置于环境规制情境下，把握养殖污染防治各方利益主体行为选择之间的相互影响，探讨各方力量之间均衡的实现条件，以进一步分析生猪规模养殖户污染防治行为形成背后的经济性、社会性和政策性复杂规律。

一、环境规制下生猪养殖污染防治的利益相关者分析

由于利益相关者的存在对生猪养殖污染防治存在利益或权力的要求，所以利益相关者对污染防治具有不可忽略的影响。利益相关者权力是指其运用自有资源获得目标利益的一种能力，因此在分析权力与利益

的行为关系时，要正确认识到利益相关者从经济组织所获利益和维护其利益的权力大小，如图 9-1 所示。

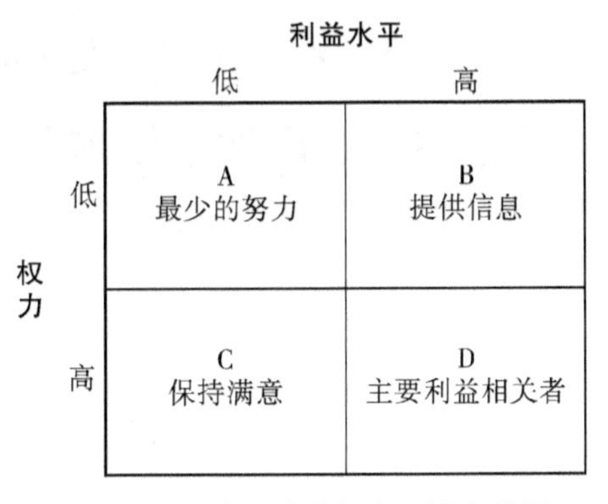

图 9-1　利益相关者的权力-利益矩阵图

基于国内外学者对农村畜禽养殖污染防治的研究可知，农业面源污染防治问题仅依靠政策制度、市场调控或技术支撑，难以彻底解决畜禽养殖污染问题。生猪养殖污染防治问题不单是某一养殖户的行为结果，它更多表现出的是多种不同性质的主体行为的结果，生猪养殖污染防治治理涉及众多利益相关者，而且存在两两相关关系，环境规制下畜禽养殖污染防治涉及利益相关者主要有地方政府(其中包括各级环境规制部门)、村委、规模养殖户以及农户社会公众消费者群体。

(一)政府及相关规制部门

政府在畜禽养殖污染防治工作中有直接管理权，其规制手段直接影响污染防治的效果，是管理权力大且获利小的利益相关者代表。政府部门包括环境规制的部门，其主要优势在于对污染防治的管理权力大，但从其中获利较小。政府是立足于宏观层面的指挥者，它的行为目标具有多重性，要将经济、政治、文化、社会、生态都纳入管理体系中，不仅要考虑各个地区的政策目标的稳定，还要促进经济增长，同时还要关注居民生活及相关民生指数以及改善地区生态环境等等。在畜禽养殖污染防治的过程中，政府作为公众利益的博弈方代表，一方面应当积极贯彻落实中央对生态保护和农业污染防治的各项要求，根据当地畜禽养殖情况制定污染防治规章制度，约束畜禽规模养殖户的畜禽养殖污染行为；另一方面，政府还应通过资金补贴、技术支持和减免纳税等措施引导规模养殖户采取多种清洁技术以此来提升畜禽粪污的资源化利用。在畜禽养殖污染防治中，政府及相关部门更多充当的是监督者和引导者的角色，因此，政府相关部门与关键利益相关者的关系是一种协作的动态博弈，权力大但利益水平低，博弈的均衡结果是“保持满意”。

(二)村民委员会

村民委员会是村民自我管理、自我教育、自我服务的基层群众性自治组织。村委会在畜禽养殖污染防治工作中起着配合和协调的作用，它的最大优势是贴近农民，能代表农民利益，能充分站在村民和养殖户的角度考虑，村民自治组织是管理农村环境污染防治的最佳选择。村民委员会在污染防治工作中享有法律规定的教育村民合理利用自然资源，保护生态环境的权力，也是目前为止我国农村管理层面最具现实意义和实践意义的基层自治组织。在畜禽养殖污染防治的过程中，村委会作为村民利益的博弈方代表，应当针对本村实际情况制定保证污染风险最小化的各项规章制度，梳理总结村内污染情况，联系政府或第三方社会组织解决棘手的环境污染问题，综合调动社会各种资源投入污染防治，将村内所有规模养殖户和居民构建于同一网络体系内，保证各个组织和个体可以相互合作，相互监督。村民委员会享受较高的权力，利益水平较低，即为矩阵图中“保持满意”。

(三)规模养殖户

规模养殖户是污染防治利益相关者获利最大的主体，规模养殖户不仅是养殖生产主体，也是畜禽养殖污染防治的责任主体，在畜禽产业链中处于核心地位。规模养殖户具有“经济人”的特点，以追求自身最大利益为养殖目标，在粪便处理方式上存在很大的选择空间。畜禽粪尿具有两面性—既有资源化利用的优点,也存在环境污染的弊端。若养殖户选择资源化、无害化等清洁技术降低环境污染的风险,由此可带来丰厚的社会利益,带来的社会利益远大于自身的经济效益,但要为此付出较高的清洁技术的成本;反之,若不进行粪污处理,节约一定的污染防治成本,传统的排污方式会造成严重的环境污染,由此会带来较低的经济成本但远小于社会效益。规模养殖户选择何种粪污处理方式一方面会影响自身所带来的社会效益、经济效益和形象,另一方面也将影响粪污处理所引发的环境变化,影响政府决策和监管。规模养殖户收益最高且维护自身利益的权力也最大,即为矩阵图中"主要利益相关者"。

(四)村民

村民是畜禽养殖污染防治的参与者,不同于养殖户,村民、公众和消费者不参与畜禽养殖行为。村民的环境治理需求会直接影响其他利益主体的行为,其自身作为环境污染的受害者,会自发地对养殖企业、养殖户的污染行为进行监督。在畜禽养殖污染防治过程中,村民维护利益的权力最小,但其所获得的利益较大,优质的生态环境会提高村民的生活满意度和幸福度,在利益相关者的动态博弈中,村民以"提供信息"的角色参与博弈。

环境治理已由单方治理转向多方合作治理,在污染防治过程中考虑到社会组织的帮扶,社会组织常常担当着组织中介的角色。它包括养殖专业合作社、各大高校、研究所、养猪协会等。社会组织可为养殖户提供各种技术、信息、资源和人才的输入,另一方面和社会组织进行合作,委托双方共同进行养殖。社会组织在其中起着连接的作用,但由于养殖企业、养殖户与社会组织之间合作治理机制不完善,导致合作过程中经常出现崩盘现象。因此,社会组织是维护自身利益权力小、获利小的利益相关者代表,即付出"最小的努力"是其动态博弈的条件。

二、环境规制下生猪养殖污染防治各主体利益关系分析

环境规制下生猪养殖污染防治各利益相关者根据权力与利益的大小可以大致分为以下几类：中央政府、地方政府与村委之间、地方政府与规模养殖户之间、地方政府与村民、社会组织之间、村委会与养殖户之间、村委会与村民之间、养殖户与村民、社会组织之间等等。在环境规制的约束下，利益相关者也会做出不同的举措，相关主体间的利益关系如图 9-2 所示。

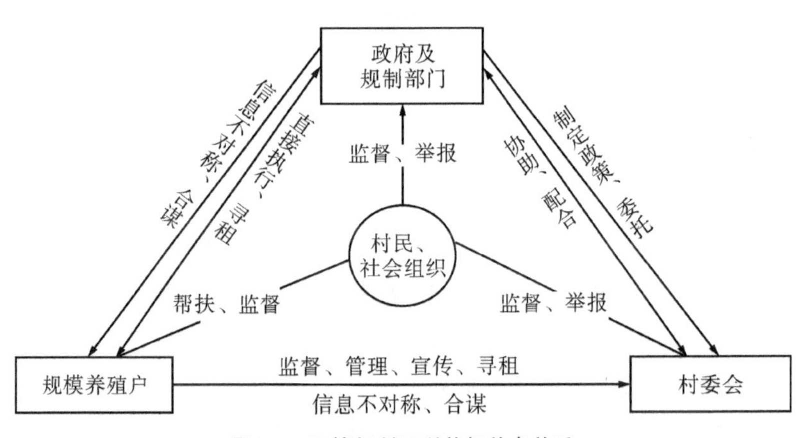

图 9-2　环境规制下利益相关者关系

(一)中央政府、地方政府与村委

中央政府作为政策制定者与监督者，享有完全立法权与督察权，但并非享受完全的执行权，将部分治理环境的权力委托给地方政府。现行“中国式财政分权”体制具有“经济分权、政治集权”的特性，在这种分权制度下，地方政府为更好地完成相关生态指标难免会降低环境规制的标准，以此更好地实现地方经济效益。乡镇政府与村委之间不存在领导关系，乡

镇政府对村委会环境工作予以指导和支持,同时村委会应当协助乡政府开展环境治理的工作。但在相互配合的过程中,双方也可能会因为利益不一致而出现分歧。

(二)地方政府与规模养殖户

地方政府中有专门负责环境治理的部门,该部门主要承担起环境治理的责任,也是与养殖群体直接关联的部门,对环境违法违规现象直接进行处置。地方政府中环境规制部门主要执行和监督环境政策的相关规定,对养殖企业和养殖户的污染防治行为进行监管。在此过程中,极有可能出现企业为隐瞒排污信息而收买、贿赂规制部门等现象;规制部门也有可能利用职权寻租腐败,趁机以污染防治为由收取企业高额费用,以此来形成相互利用的关系网。

(三)地方政府与村民

在污染防治中,村民这一群体也是值得关注的,在环境受到破坏时,村民置身于其中为保证自己的生活品质,有参与治理环境的权利。村民可委托中央政府立法部门以法律形式表达自身环保诉求,同时对各级政府、规制部门以及养殖群体施加外部监督从而影响其商业声誉和政治声誉,而各级政府则应以社会福利最大化为宗旨对社会公众负责。此外,中央政府通过派出环保督察组的形式对地方环境规制政策执行情况进行持续高压查处,对各级政府、环保部门与养殖群体均形成了强有力的监督威慑作用。

(四)村委会与养殖户

在养殖污染防治的过程中,村委会与养殖户是关系密切的两大利益主体,村委会在污染防治中扮演着重要角色。村委会开展畜禽养殖污染整治监督、管理和宣传等工作与养殖户畜禽养殖污染整治的参与意愿具有相关关系。村委会是乡村社会政治资源的垄断者，是村庄污染防治的主要宣传者，通过宣传污染防治的整治措施，制定村规民约，监督养殖户污染防治行为。同时，养殖户遵循村委会所制定的污染防治政策和村规民约，可以获取更多的政策信息，约束自身的污染行为，敦促养殖户积极参与生猪养殖污染防治工作。

(五)村委会与村民

村民也是环境治理的主要主体之一，在环境参与过程中，客观上需要存在一个贴近农民能够代表农民利益、带领农民进行环境保护的农村基层环境管理组织，必要时向他们提供相应的组织支援。村委会为村民环境治理中提供必要的平台，村民向村委会表达环境治理的诉求，对于村委畜禽养殖整治工作进行监督，并积极配合村委开展的生猪养殖污染整治工作，尽可能地为其提供一定的资金或者劳动力。在此过程中，村委会的环境治理工作受村民的监督，当村委会做出侵害村民权益的行为时，村民有权向上级部门反映，村委会可能会讨好村民代表，形成互惠的关系网。

三、环境规制下生猪养殖污染防治的演化博弈模型构建

由上述关于环境规制下生猪规模养殖污染防治各利益主体关系的分析可知，利益相关者之间在养殖污染防治中利益取向各异甚至相互冲突，存在着复杂的博弈关系。在此情况下，各主体之间如何实现利益制衡？最终又将达成怎样的博弈均衡状态？需要怎样的均衡条件？为进一步回答上述问题，本节通过构建利益相关主体间的两两博弈矩阵，分析环境规制下各相关主体的利益函数及其选择，包括养殖户之间的博弈、村委会与养殖户的博弈、规模养殖户与普通村民的博弈、政府与养殖户的博弈。各主体间博弈演化模型基于以下假设：

假设一：政府、村委、养殖户、普通农户都是有限理性经济人，以自身

利益最大化为目标。

假设二：基于我国对环境保护的重视，政府、村委对养殖户排污治污的监管十分重要，政府可以选择对养殖户进行规制或不规制，村委可以选择对养殖户进行监督或不监督，并以此对养殖户采取奖励或者罚款。此处可分别假设当政府严格规制、村委严格监督时，养殖户的不完全治污行为会被予以处罚，不存在合谋行为；当政府不规制、村委不监督时，所采取的“松懈式”监管会给养殖户不完全治污有机可乘。且政府与村委的规制监管的态度是否一致也会影响养殖户排污的行为。对此，养殖户治污行为可以分为完全治污或不完全治污的策略；政府的策略集为规制或不规制；村委的策略集为治理或不治理；农户的策略集为举报或不举报。

假设三：当政府对养殖户进行检查时，农户监督并向政府、村委举报了该养殖户的污染行为，政府、村委在对该举报进行核实后，可对该农户进行适当奖励，养殖户需对农户进行相应的赔偿。

为了表述方便，对政府、村委、养殖户、农户博弈中产生的成本和收益的各参数含义做出如下设定：

E：养殖户的正常养殖收益；

W：养殖户开展畜禽粪污资源化利用所获补贴；

C_1：政府对养殖户的执法成本；

C_2：养殖户完全治污的治污成本；

C_3：村民对养殖户的监督成本；

C_4：村委会对养殖户的监督成本；

R_1：政府对养殖户完全治污行为的奖励；

P_1：政府对养殖户不治污行为的处罚；

P_2：村委会对养殖户不治污行为的处罚；

L：政府对养殖户不治污所带来的环境污染的治理费用；

R_2：政府对普通村民举报的奖励；

R_3：村委会对养殖户完全治污行为的奖励；

R_4：村委会对村民举报行为的奖励；

F：养殖户排污给村民带来的损失；

Q：养殖户对村民污染的赔偿；

H_1:养殖户不完全治污时向规制部门支付的“贿赂款项”;

H_2:养殖户不完全治污时向村委会支付的“贿赂款项”;

O:村庄环境污染的负面声誉。

(一)养殖户之间的博弈选择

目前,规模养殖是生猪养殖的趋势,在随着经营模式的扩张下,养殖户的行为选择影响因素将发生改变。规模养殖户污染行为是畜禽养殖污染的主要原因,养殖规模较大的养殖户由于没有足够的畜禽粪污消纳能力,废弃比例远高于还田比例,严重破坏生态环境。养殖户之间的污染行为会对双方都造成不利影响,破坏公共资源,造成公地悲剧。

基于上述参数假定,构建规模养殖户之间的行为博弈分析如表 9-1 所示。由此可知,在没有制度约束和政府规制的情况下,养殖户作为“理性经济人”,如果选择治污、粪污资源化利用方式,将为此承担一定的成本。因此,在不受政府规制的情况下,若养殖户不治污,则利益仅为正常收益 E,若选择治污、粪污资源化利用,则要付出一定的治污成本,但同时也会获得开展畜禽粪污资源化利用的补贴。若 $W<C$,则不治污是规模化养殖户之间的博弈的最优选择。若 $W>C$,集体治污会影响养殖户的收益,同时可能还会带来更多的收益,因此,“治污、粪污资源化利用”是规模养殖户的最优决策,最终结果是个体理性行为产生集体最优策略。

表 9-1　规模化养殖户之间的博弈选择

博弈选择		养殖户 b	
		治污、粪污资源化利用	不治污
养殖户 a	治污、粪污资源化利用	$(E_a-C_2+W+R_1+R_3,$ $E_b-C_2+W+R_1+R_3)$	$(E_a-C_2+W+R_1+R_3,$ $E_b-P_1-P_2-Q-H_1-H_2)$
	不治污	$(E_a-P_1-P_2-Q-H_1-H_2,$ $E_b-C_2+W+R_1+R_3)$	$(E_a-P_1-P_2-Q-H_1-H_2,$ $E_b-P_1-P_2-Q-H_1-H_2)$

(二)规模养殖户与普通村民的博弈选择

规模养殖户由于环境使用的负外部性,往往不愿主动采取较高治污投入水平的完全处理养殖污染废弃物的行为,养殖户在现有减污技术和成本的约束下会采取不完全治污行为,存在偷排漏排现象,排放的养殖废弃物污染下游水源,从而可能导致下游农户农作物减产、绝收,影响农户生产生活,带来农户与养殖企业间的矛盾。同时,随着人们环保意识和维权意识的加强,下游农户也会对养殖企业的污染行为进行投诉举报从而维护自己的合法利益。养殖户的治污行为与普通村民的监督举报行为共同促进畜禽养殖污染结果。

在不受到制度约束与环境规制的情况下,规模养殖户与普通村民之间的博弈选择如表 9-2 所示。村民不举报时,承担养殖户对其所造成的污染损失 F;村民自发举报时,要承担其对养殖户的监督成本 C_3,但会获得养殖户排污对自己带来的补偿。若所获赔偿 Q 大于举报成本和所受污染的损失,则村民会选择举报。但在以往研究中,村民在没有任何外力干预的情况下,很少会主动付出监督成本,通常选择与养殖户私下和解,从而选择不举报行为。若养殖户对农户污染的赔偿大于治污的成本,即 $Q>C_2$,则选择治污、粪污资源化利用是养殖户的最优策略。在无规制的情况下,村民不举报,养殖户治污、粪污资源化利用是双方的最优策略。

表 9-2 规模养殖户与普通村民之间的博弈选择

博弈选择		养殖户	
		治污、粪污资源化利用	不治污
普通村民	举报	$(-C_3+R_2+R_4,$ $E-C_2+W+R_1+R_3)$	$(-C_3+R_2+R_4,$ $E-P_1-P_2-Q-H_1-H_2)$
	不举报	$(-F,$ $E-C_2+W+R_1+R_3)$	$(-F,$ $E-P_1-P_2-Q-H_1-H_2)$

在纳入环境规制手段后,受到政府规制及村委监督,村民的举报行为会受政府、村委的奖励,提高了村民参与治理的热情,此时村民参与治理会获得更多的回报,即村民举报,养殖户治污、粪污资源化利用是双方的

最优策略，如表 9-3 所示。

表 9-3　环境规制下规模养殖户与普通村民之间的博弈选择

博弈选择		养殖户	
		治污、粪污资源化利用	不治污
普通村民	举报	$(-C_3-F+R_2+R_4+Q,$ $E-C_2+W+R_1+R_3)$	$(-C_3-F+R_2+R_4+Q,$ $E-P_1-P_2-Q-H_1-H_2)$
	不举报	$(-F,$ $E-C_2+W+R_1+R_3)$	$(-F,$ $E-P_1-P_2-Q-H_1-H_2)$

(三)村委会与养殖户的博弈选择

村委作为基层群众性自治组织，组织带领村民进行环境治理，为村庄环境保护工作负责。村委会的治理对村庄环境的声誉有重要影响，既要监督养殖户污染防治行为，还要受理村民的举报，其治理态度与治理行为对村庄环境治理的成效有重要意义。村委会协助政府部门对村庄内的规模养殖户进行监督检查，对治污行为表现优良的养殖户加以表彰，对农户举报的养殖户加以惩罚。但村委会部分领导与养殖户形成“利益勾结”或有“亲戚连带”关系，会对养殖户的污染行为放松监管。

村委会与养殖户之间的博弈矩阵如表 9-4 所示，养殖户在进行治污、粪污资源化利用时，会得到相应的资源化补贴以及村委的治污奖励，不治污时会得到村委对其不治污行为的处罚，还要承担不治污时对村委会支付的“贿赂”。当 $E-C_2+W+R_3>E-P_2-H_2$ 时，治污是养殖户的最优选择。当 $-C_4+P_2-R_3>H_2-O$ 时，村委会治理行为的结果优于不治理行为，养殖户和村委会的博弈要取得治污、粪污资源化利用，治理的均衡结果，需要建立低成本、高效率的畜禽养殖污染防治机制。

表 9-4　村委会与养殖户之间的博弈选择

博弈选择		养殖户	
		治污、粪污资源化利用	不治污
村委会	治理	$(-C_4+P_2-R_3-R_4,$ $E-C_2+W+R_1+R_3)$	$(-C_4+P_2-R_3-R_4,$ $E-P_1-P_2-Q-H_1-H_2)$
	不治理	$(H_2-O,$ $E-C_2+W+R_1+R_3)$	$(H_2-O,$ $E-P_1-P_2-Q-H_1-H_2)$

(四)政府与养殖户的博弈选择

政府是生猪养殖污染防治的指挥者，要推动污染防治进行政策的制定和落实，并对养殖户的污染防治行为给予监督。政府相关部门在面对养殖户治污行为时是否采取规制手段对环境污染治理效果至关重要。地方政府会对辖区内的规模养殖户进行监督检查进而对其治污行为进行奖励或者处罚，但地方政府出于政绩等因素的考虑，如果“过度”监督规模养殖户排污行为，可能导致养殖户发展困难，影响政府的绩效、发展，因此地方政府可能会采取“轻度”监管的决策。

由表 9-5 所示政府部门与养殖户间的博弈矩阵可知，规模养殖户如若选择治污和开展畜禽粪污资源化利用会得到政府相关部门的激励，获得的社会经济效益为 $E-C_2+W+R_1$，养殖户如果选择不治污，将受到相应的处罚即 $E-P_1-H_1$。进一步说，在政府规制部门和养殖企业的动态博弈过程中，只有 $E-C_2+W+R_1>0$，治污才是养殖户的最优选择。政府规制、养殖户治污和开展畜禽粪污资源化利用是双方的最优选择。

表 9-5　政府部门与养殖户之间的博弈选择

博弈选择		养殖户	
		治污、粪污资源化利用	不治污
地方政府	规制	$(-C_1+P_1-R_1-L-R_2,$ $E-C_2+W+R_1+R_3)$	$(-C_1+P_1-R_1-L-R_2,$ $E-P_1-P_2-Q-H_1-H_2)$
	不规制	$(H_1,$ $E-C_2+W+R_1+R_3)$	$(H_1,$ $E-P_1-P_2-Q-H_1-H_2)$

第十章　环境规制对养殖户污染防治行为影响效应仿真分析

根据前文理论分析可知，生猪规模养殖户污染防治的行为实施是一个典型的复杂系统，不仅受到自身心理认知等的直接或间接影响，还受到诸多环境规制因素的影响，并且不同心理认知变量之间也存在交互影响作用，心理认知变量诸如主观规范等变量存在因被感知对象的行为选择变化而发生变化可能。此外，养殖户个体是养殖污染防治系统中的重要个体，养殖户与养殖户之间存在一定的交互影响，个体的行为选择可能通过交互作用影响其他养殖户的行为选择和实施。养殖户污染防治行为选择集合是开展环境规制策略选择的重要依据，因此，养殖户个体与污染防治环境规制策略必然存在动态调整关系。而结构方程模型与多元统计分析都难以具体识别和分析上述动态关系。因此，本章基于前述生猪规模养殖户污染防治行为的影响因素实证检验结果以及博弈分析结果，以系统动力学为理论依据，确定模型的目的及边界，描绘养殖污染防治环境规制系统动力学模型的因果关系图，并绘制系统动力学模型流图。在此基础上，通过模拟分析不同环境规制策略下生猪规模养殖户的污染防治行为变动趋势，并分析环境规制策略的动态影响效应，为预测生猪规模养殖户污染防治行为变动趋势以及制定相应的环境规制提供科学依据。

一、系统动力学仿真方法介绍及适用性分析

系统动力学(system dynamics，简称 SD)出现于 1956 年，其创始人

是美国麻省理工学院福瑞斯特(Jay W.Forrester)教授。历经半个多世纪,系统动力学发展成为一种以系统科学理论为基础,结合运用结构、功能、历史等多种分析方法以探析复杂反馈系统的结构与动态行为的系统科学方法;同时是一门分析研究信息反馈系统的学科,也是一门认识系统问题和解决系统问题的交叉综合学科,成为系统科学与管理科学的一个重要分支。系统动力学方法自提出以来,被广泛应用于社会、经济、生态、环境等领域的战略与决策问题的研究中,为许多现实问题的解决提供了很好的方法支撑。

系统动力学模型可在宏观与微观层次上对复杂的多层次、多部门系统进行综合分析。生猪规模养殖系统涵盖社会系统、环境系统、民生系统以及养殖系统等多个不同阶层的复杂系统,涉及诸多社会要素,具有利用系统动力学模型开展有效分析的基础条件。再者,作为定量研究非线性动态、多重反馈复杂系统的方法,系统动力学不仅能够理清生猪规模养殖污染防治系统中的各要素间的因果关系、反馈关系,而且能从联系的、整体的视角,借助有限的数据对模型要素的逻辑关系进行演泽、分析,实现政策仿真模拟的功能,弥补一般的纯描述性的因果分析方法的局限性。最后,作为政策实验工具,系统动力学模型能够通过对不同环境规制策略进行反复仿真模拟,检验不同参数赋值下的环境规制因子的政策实验效果,能够进一步深入熟知各环境规制因子的具体动态影响效应,为进行政策措施调整提供依据。

二、基本假设与边界

系统动力学模型虽然能够模拟现实系统,但毕竟还是现实系统的简化,而做不到完全复制真实世界。因此,在进行现实问题的研究和分析时,仍需要对问题解决的特定环境条件进行设置。同时,系统动力学还认为一个系统的动态行为模式是由系统界限内各部分的相互作用所产生的,明确系统边界条件,确定哪些因素纳入模型,哪些因素不应划入模型,是系统动力学建模的重要工作,因此,清晰的问题边界是开展系统分析的重要前提。因此，本书所构建的生猪规模养殖污染防治系统的基本假设为：

(1)生猪养殖污染治理宏观政策、方针具有一定的连续性和稳定性；

(2)假设环境规制策略制定与执行不存在较大偏差，即不同环境规制策略执行力相近，忽略政策执行水平差异可能对系统状况造成的影响；

(3)养殖户是否开展养殖污染防治行为具有行为自主能力；

(4)不考虑非正常事件，如自然灾害、战争等突发事件促使系统状态的突变；

(5)假设不存在对农村环境造成严重影响的其他污染源；

(6)模型只考虑养殖供给量对猪肉供求状态以及市场价格的影响，即假定市场猪肉需求相对稳定；

(7)农村社会经济发展是连续稳定的。

本研究基于生猪规模养殖污染防治系统中各行为主体的结构与行为而构建系统动力学模型。模型涵盖生猪规模养殖户行为系统、环境承载系统、村庄社会系统、环境政策系统。其中，养殖户行为包括治污行为、饲养行为、从业行为等；环境政策系统则根据研究目的需要，设计引导性、激励性以及约束性规制策略范畴；环境承载系统单独考虑生猪规模养殖所造成的外在污染源，并纳入环境自我承载及自然消解能力；社会系统考虑社会民生保障以及环境需求对养殖系统造成的影响。

三、因果关系图与反馈回路

(一)因果关系图

根据研究目的，基于对生猪规模养殖污染防治系统及其特征的分析，着重观察和分析实际系统中的主要因果反馈关系，多次征求相关研究领域专家意见，最终构建生猪规模养殖污染防治系统的因果回路图如图 10-1 所示。

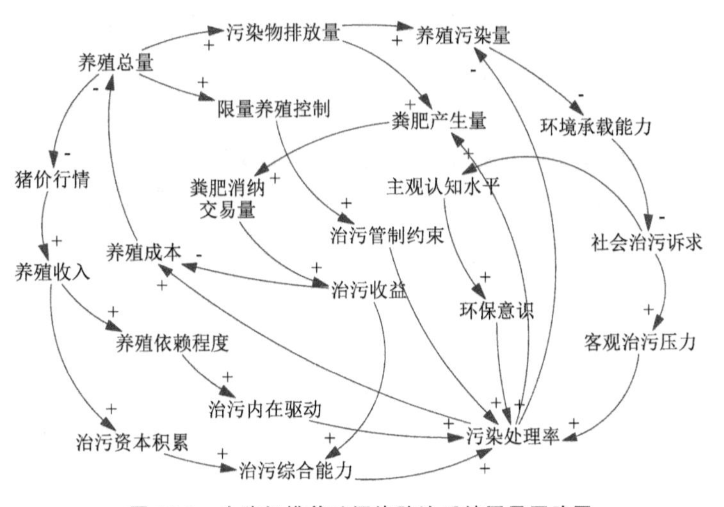

图 10-1　生猪规模养殖污染防治系统因果回路图

(二)主要反馈回路

该因果关系图中共包含 9 条因果反馈回路,具体分析如下:

回路 1:养殖总量→+污染物排放量→+养殖污染量→—环境承载能力→—社会治污诉求→+客观治污压力→+污染处理率→+养殖成本→—养殖总量

回路 2:养殖总量→+污染物排放量→+养殖污染量→—环境承载能力→—社会治污诉求→+主观认知水平→+环保意识→+污染处理率→+养殖成本→—养殖总量

以上两个回路均为负反馈回路,反映了随着养殖总量的增加,养殖污染量将不断增加,并对环境承载能力产生削弱作用,这会导致社会系统对治理养殖污染的诉求不断提高,由此提升了规模养殖户的主观认知水平和客观社会压力,并有效促使其提高养殖污染处理率;但随着处理率的提升将增加养殖成本投入,这反过来会抑制养殖总量的增加。

回路 3:污染处理率→—养殖污染量→—环境承载能力→—社会治污诉求→+主观认知水平→+环保意识→+污染处理率

回路 4:污染处理率→—养殖污染量→—环境承载能力→—社会治

污诉求→＋主客观治污压力→＋污染处理率

以上两个回路均为负反馈回路，反映了随着污染处理率的提高，环境中累积的污染量会减少，从而提高环境承载能力，并将降低社会公众对治理养殖污染的诉求，相应地规模养猪户的主观认知水平及其所感知的客观治污压力也同样会减弱，由此降低污染处理率水平。

回路5：污染处理率→＋粪肥产生量→＋粪肥消纳交易量→＋治污收益→＋治污综合能力→＋污染处理率

回路6：养殖总量→＋污染物排放量→＋粪肥产生量→＋粪肥消纳交易量→＋治污收益→－养殖成本→－养殖总量

上述回路5为正反馈回路，回路6为负向反馈回路，反映随着污染防治行为的发生，养殖户可从污染防治过程中获取一定的经济效益，由此促使其降低治污成本，提高治污综合能力，从而促使进一步提升污染处理率。

回路7：养殖总量→－猪价行情→＋养殖收入→＋养殖依赖程度→＋治污内在驱动→＋污染处理率→＋养殖成本→－养殖总量

回路8：养殖总量→－猪价行情→＋养殖收入→＋治污资本积累→＋治污综合能力→＋污染处理率→＋养殖成本→－养殖总量

以上回路均为正反馈回路，反映猪肉市场价格随养殖总量增加而降低，将降低养殖户的养殖收入水平，养殖获利水平的降低将同时减弱规模养殖户对养殖业的依赖程度及其治污的资本积累能力。第一种情况将减少养殖户治污的内在驱动力来源，从而降低污染处理率，较低的污染处理率会降低养殖成本，从而促进养殖总量的增加；第二种情况是随着治污资本积累减少，养殖户的综合治污能力同时降低，从而与第一种情况殊途同归，导致养殖总量的增加。

回路9：养殖总量→＋限量养殖控制→＋治污管制约束→＋污染处理率→＋养殖成本→－养殖总量

此回路为负反馈回路，反映了直接的约束政策措施对养殖污染防治的因果反馈关系，政府基于环境承载力对养殖总量进行适当控制，并强化对污染防治的控制约束力度，基于此促使规模养猪户提高污染处理率，引发养殖成本的提高，由此进一步控制养殖总量。

四、生猪规模养殖污染防治的环境规制系统仿真模型构建

(一)流图设计

上述系统因果关系回路是对研究对象要素之间相互关系的定性描述,仅仅反映反馈结构的基本方面,未能体现各子系统中不同性质变量的区别以及对研究对象的管理和控制过程。因此,为进一步描述系统内各个变量之间的数量关系,系统动力学模型通过合理设置变量、参数及赋值,将物质流和信息流作为中介把相关变量合成系统流图。本书在上文所构因果关系图基础上,多次征求相关专家后,运用系统动力学转业模拟软件 Vensim PLE 描绘生猪规模养殖污染防治环境规制政策的系统存量流量图,如图 10-2 所示。

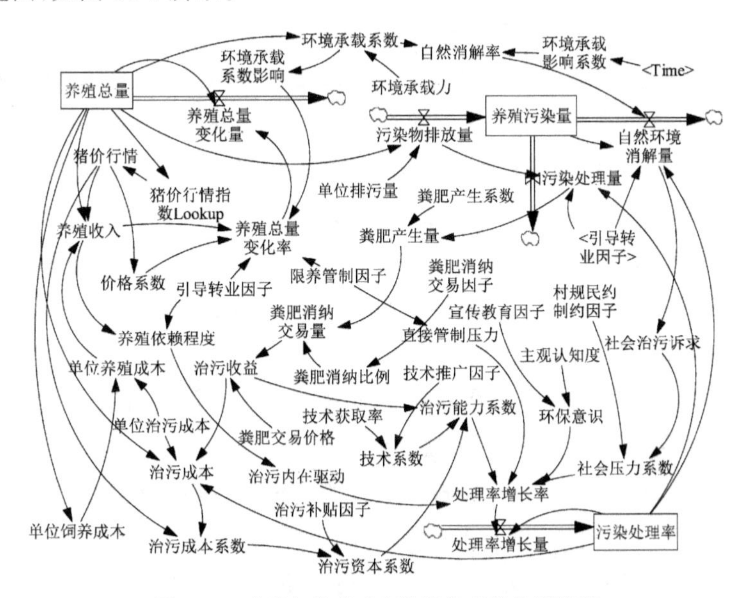

图 10-2 生猪规模养殖污染防治系统流图模型

(二)模型方程设定

以下为上述生猪规模养殖污染防治系统动力学模型流图的关系式及方程：

(1)养殖总量＝INTEG(养殖总量变化量,1 000)

(2)养殖总量变化量＝IF THEN ELSE(养殖总量＞0,养殖总量变化率×养殖总量,0)

(3)养殖总量变化率＝IF THEN ELSE(限养管制因子＞＝3.7,1.4,IF THEN ELSE(限养管制因子＜＝3.6,0.55,1))×((1＋限养管制因子/2)^0.5×(1＋引导转业因子/2)^0.5×环境承载系数×(1＋0.5×养殖收入)^0.001/(1＋5×价格系数)^3)×IF THEN ELSE(引导转业因子＞＝2,1.3,IF THEN ELSE(引导转业因子＜＝1.5,0.65,1))×2

(4)环境承载系数影响＝LOOKUP(环境承载系数)

(5)环境承载系数＝养殖总量/环境承载力

(6)价格系数＝猪价行情/10×市场价格因子

(7)猪价行情＝WITH LOOKUP(养殖总量,Lookup([(706,4)－(1 002,10)],(706.587,8.632),(795.615,8.289 47),(862.599,7.789 47),(924.153,6.947 37),(973.034,6.263 16),(1 001.08,5.184 21))

(8)养殖收入＝(养殖总量×猪价行情×250－养殖总量×单位养殖成本)

(9)单位养殖成本＝单位饲养成本＋单位治污成本

(10)单位饲养成本＝WITH LOOKUP(养殖总量,([(699,1 000)－(1 000,800)],(699.083,1000),(773.394,926.491),(844.954,882.807),(888.073,858.596),(940.367,827.895),(1000,800)))

(11)污染物排放量＝养殖总量×单位排污量

(12)养殖污染量＝INTEG(污染物排放量－污染处理量－自然环境消解量,700)

(13)自然环境消解量＝IF THEN ELSE(养殖污染量＞0.01,IF THEN ELSE(养殖污染量＞0.01,养殖污染量×(自然消解率＋0.6×污染处理率)×IF THEN ELSE(引导转业因子＞＝2,1.08,IF THEN ELSE(引导转业因子＜＝1.5,0.92,1)),0),0)

(14)自然消解率＝环境承载系数×环境承载影响系数

(15)环境承载影响系数＝WITH LOOKUP(Time,([(2 015,0)－(2 025,1)],(2 015,0.789 386),(2 016,0.85),(2 018.36,0.789 4),(2 021.24,0.705 263),(2 023.87,0.627 193),(2 025,0.54)))

(16)污染处理率＝INTEG(处理率增长量,0.3)

(17)污染处理量＝污染处理率×污染物排放量×IF THEN ELSE(引导转业因子≥2,1.08,IF THEN ELSE(引导转业因子≤1.5,0.92,1))

(18)处理率增长量＝IF THEN ELSE(污染处理率＜0.7,IF THEN ELSE(处理率增长率＜1,处理率增长率×污染处理率,0),0)

(19)处理率增长率＝19×(治污内在驱动×治污能力系数/1.216×环保意识/5×直接管制压力^0.1×社会压力系数)^5

(20)环保意识＝IF THEN ELSE(宣传教育因子＞2,IF THEN ELSE(宣传教育因子＞4,5.15,5),4.8)＋主观认知度

(21)治污能力系数＝((技术系数/1.8＋治污资本系数)×LN(abs(治污收益))/5)

(22)治污收益＝粪肥消纳交易量×粪肥交易价格

(23)粪肥消纳交易量＝粪肥产生量×粪肥消纳比例

(24)粪肥产生量＝污染物处理量×粪肥产生系数

(25)粪肥消纳比例＝IF THEN ELSE(粪肥消纳交易因子≥2,IF THEN ELSE(粪肥消纳交易因子≥4,0.61,0.6),0.59)

(26)治污资本系数＝(治污补贴因子/5)/(治污成本系数/1 760)

(27)治污成本系数＝治污成本/猪价行情

(28)技术系数＝技术获取率×技术推广因子/5

(29)治污内在驱动＝LN(1＋养殖依赖程度)/5

(30)养殖依赖程度＝养殖收入/引导转业因子^2×1.98

(31)治污成本=单位治污成本×养殖总量-治污收益

(32)饲养成本=单位饲养成本×养殖总量

(33)直接管制压力=WITH LOOKUP(限养管制因子,([(3,0)-(4.1,6)],(3.114 37,5.447 37),(3.628,3.628),(3.999 08,2.86842)))

(34)社会压力系数=村规民约制约因子/5×社会治污诉求

(35)社会治污诉求=WITH LOOKUP(自然环境消解量,([(400,0)-(900,0.8)],(400,0.131 579),(500,0.165 789),(600,0.234 211),(700,0.334 211),(789.45,0.557 895),(900,0.8)))

(36)单位排污量=1

(37)粪肥产生系数=0.02

(38)环境承载力=800

(39)单位治污成本=50

(40)粪肥消纳交易价格=100

(41)主观认知度=3.315

(42)技术获取率=0.5

针对模型方程设定,需要说明的是:首先,根据相关文献测算结果(郑薇薇等,2013;赖斯芸等,2004;张晓恒等,2015),按照平均5 kg/(头·天)的排污量测算,而每头肉猪饲养天数为200天,所得每头猪的总排污量为1吨;其次,根据调研访谈所得,估计粪肥产生系数及粪肥消纳交易价格分别为0.02和100元/吨;主观认知度为各类心理认知变量的初始平均值;同时,根据污染防治技术推广工作人员的经验,估计养殖户对于技术推广的接受和掌握率为0.5;再者,根据研究区域基于环境承载力评估所开展的养殖污染防控水平,将其与当前实际养殖总量进行比率测算,据此结合系统模型设定的养殖总量初始值反向推算仿真环境承载力。

(三)模型有效性检验

1.结构与量纲检验

结构与量纲检验是通过模型软件自带的 Check Model 和 Unites Check 的两个功能,测试模型的结构与行为以及量纲的一致性。本模型中养殖总量为万头,养殖污染量为万吨,而如上所述,所得生猪单位排污量为 1 吨/头,粪肥消纳交易价格按照调研数据估计为 100 元/吨,为便于数据观察和模型测试,未对以上变量进行以水平变量为量纲标准的换算,但并未影响测算结果。此外,猪价行情按照其与养殖总量的表函数关系进行设置,单位设置为元/斤,根据调研所得,大致估计每头生猪出售体重为 250 斤,单位养殖成本分为治污成本和饲养成本,其中,饲养成本根据养殖规模效应设置其与养殖总量的表函数,单位设置为元。综上,根据上述方程计算养殖收入,并未存在量纲错误。因此,除以上特殊单位设置外,本模型最终通过了 Check Model 和 Unites Check 测试,所建模型符合相关要求。

2.灵敏性测试

本测试是在市场需求处于相对极端的条件下,模型关键变量指标是否依然有意义,模型的响应是否依然合理。在模型受到巨大波动和极端情况下进行测试验证模型是否遵循基本的物理规律。测试结果如图 10-3 所示,假设价格系数为 0,即养猪基本无法出售,价格为 0,因此养殖已经无法带来收益,因此养殖总量迅速下降到 0 头,表明已经没有养殖户再进行养殖。

再如图 10-4 所示,随着养殖总量下降到 0,即没有养殖量,养殖污染量也开始下降,先是新增的排污量减少,然后是之前累积部分也不断被自然分解,因此养殖的污染量趋于 0。

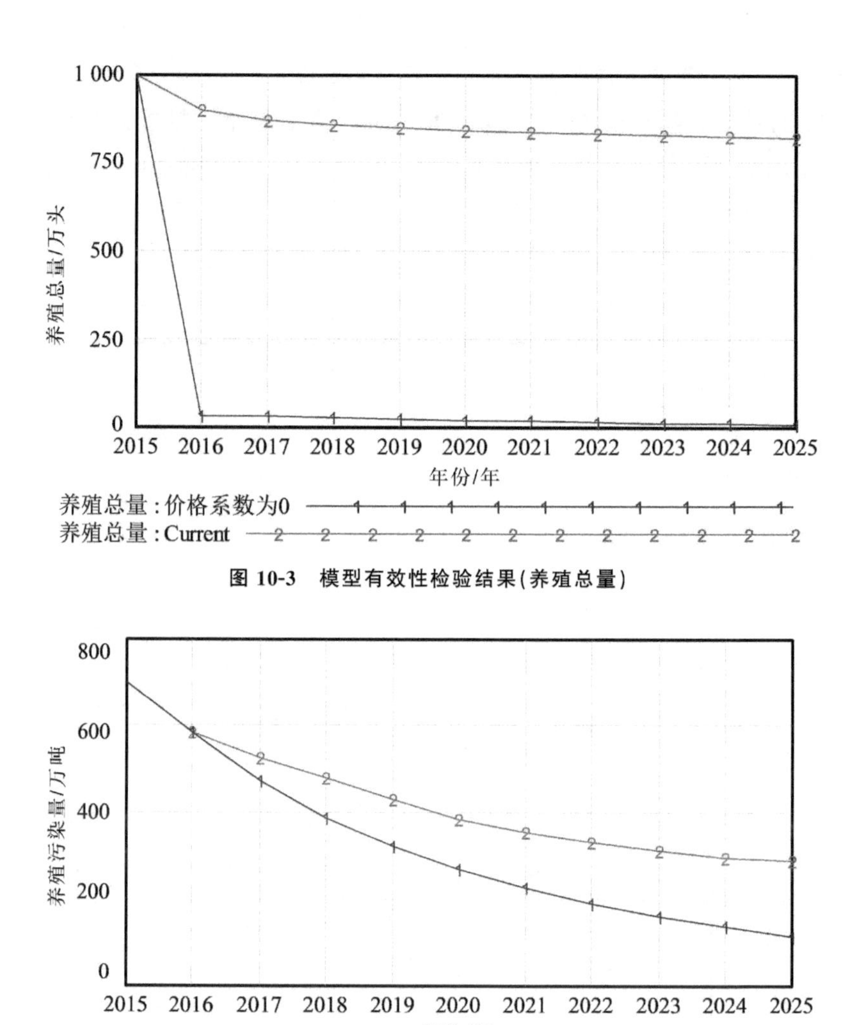

图 10-3　模型有效性检验结果(养殖总量)

图 10-4　模型有效性检验结果(养殖污染量)

3.行为测试

此外,进一步检测模型在自然产生激变时,是否展现出现实系统中观察到的各种行为模式以及变量之间的频率和相位关系是否与数据吻合。

如图 10-5 所示,假设价格指数为猪价行情/10＋STEP(0.5,10),也就是在 2020 年的时候在本有的价格基础上徒增 0.5 倍，来考察各级成员的运行状态。随着价格的突变，即在 2020 年以后价格总量的突然升高，养殖总量会随着价格的极速增加而逐渐上升。随着养殖总量的迅速上升，养殖的排污量会迅速增加，污染的处理量以及自然处理量不能够及时分解迅速增加的排污量，导致养殖污染量也会迅速上升（如图 10-6 所示）。因此，养殖总量和养殖污染量的变化符合实际的波动情况。

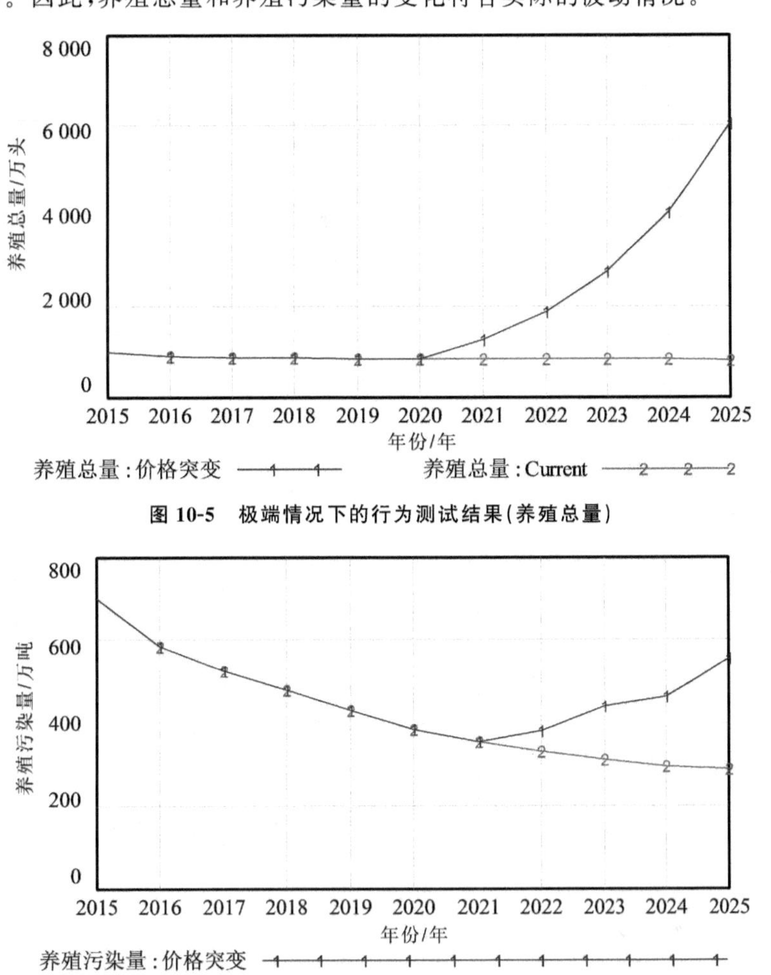

图 10-5 极端情况下的行为测试结果(养殖总量)

图 10-6 极端情况下的行为测试结果(养殖污染量)

五、生猪规模养殖污染防治系统的环境规制仿真结果分析

(一)宣传教育因子仿真结果分析

根据调研数据统计显示,目前宣传教育因子初始值为3.229。为定量观察宣传教育因子对养殖户污染防治行为选择的影响效应,本研究在其他环境规制变量不变的情况下,对宣传教育因子进行赋值调整,具体调整方案为:一是基于宣传教育因子初始值增加30%;二是基于初始值减少30%。将新的参数设置分别输入模型并重新运行,宣传教育因子对污染处理率、养殖污染量和养殖总量三个状态变量的影响作用分别如图10-7、10-8、10-9所示。

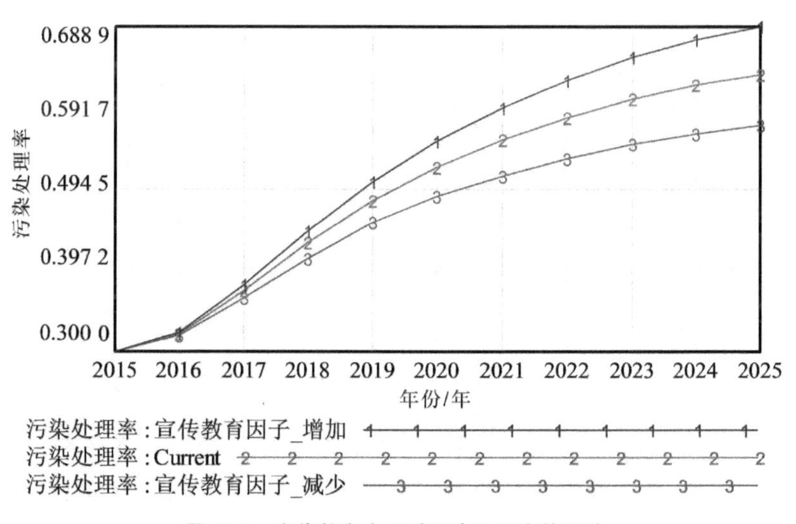

图 10-7　宣传教育水平对污染处理率的影响

仿真结果显示,在其他系统要素不变的情况下,改变宣传教育因子的

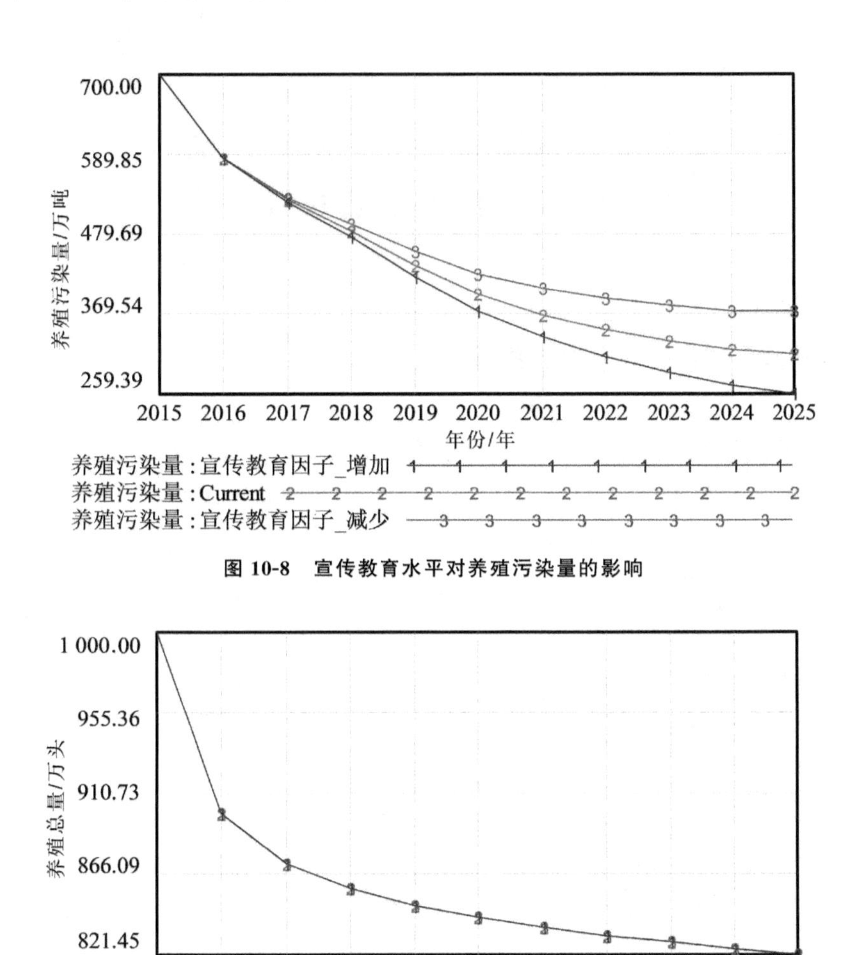

图 10-8　宣传教育水平对养殖污染量的影响

图 10-9　宣传教育水平对养殖总量的影响

参数赋值,能使污染处理率和养殖污染量发生改变,但对养殖总量未产生影响。具体而言,当宣传教育因子赋值增加为 4.197 时,污染处理率在 2025 年达到 68.89%,增长幅度达到 129%;养殖污染量在 2025 年降低为 259.39 万吨,降低幅度为 62.8%。可见,加大对养殖污染防治的宣传教育能够有效提高养殖户的环保意识和责任意识,显著提高养殖户的污染处理率,从而降低养殖活动产生的环境污染量。此外,宣传教育因子能促进减少养殖总量,但其因子参数的变动未对养殖总量产生显著影响,可能是由于养殖活动为传统农业经营活动,在假定其他要素变量不变的情况下,宣传教育虽能显著提升养殖户的环保意识及其对污染防治的责任主体意识,但对其高劳动报酬率的农业经营类型行为选择未能产生显著影响。当宣传教育因子减小时,其作用效果与增大时的效果相反,污染处理率及环境污染量分别相应减少和增加,但养殖总量同样未发生改变。

(二)引导转业因子仿真结果分析

根据调研数据,引导转业效果因子初始值为 1.980。在其他环境规制变量因子不变的情况下,针对引导转业因子的定量调整方案为:一是基于引导转业因子初始值增加 50%;二是基于引导转业因子初始值减少 30%。将新参数设置分别输入模型并重新运行,引导转业因子对污染处理率、养殖污染量和养殖总量三个状态变量的影响作用分别如图 10-10、10-11、10-12 所示。

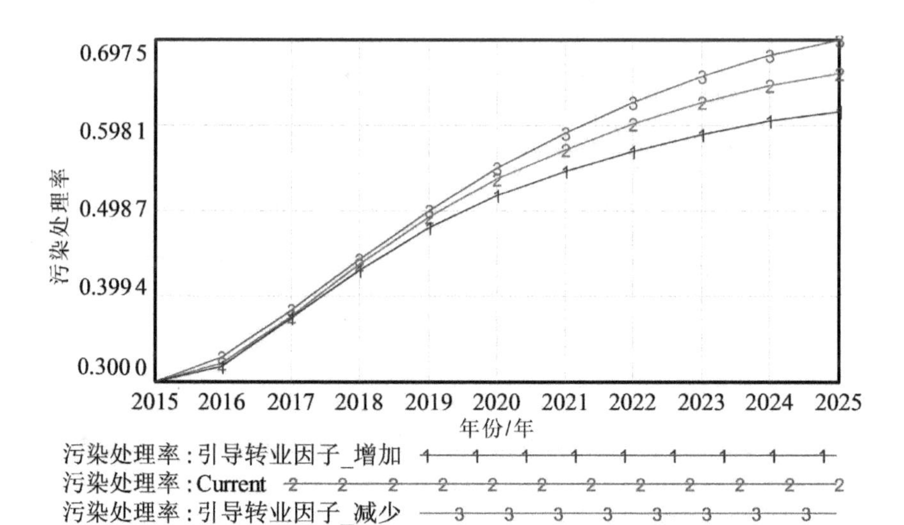

图 10-10　引导转业因子对污染处理率的影响

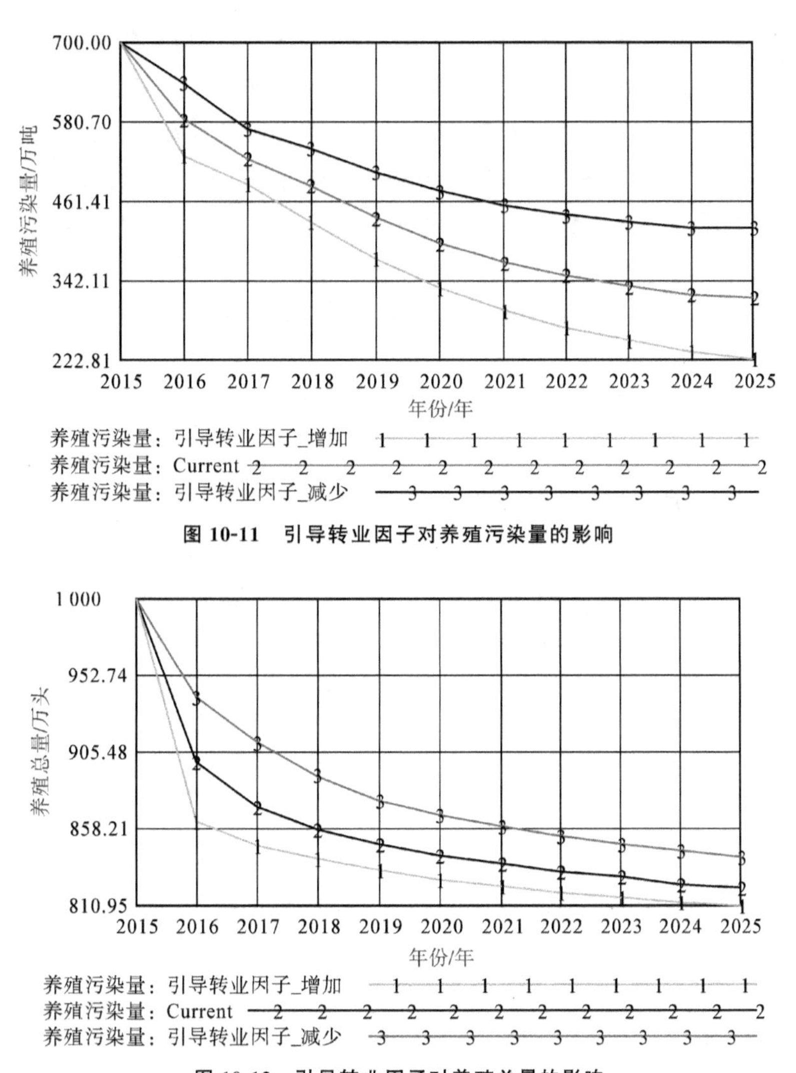

图 10-11　引导转业因子对养殖污染量的影响

图 10-12　引导转业因子对养殖总量的影响

根据定量仿真所得污染处理率随时间变动曲线可知，引导转业因子减少能够稳步提高污染处理率，原因是调节效应检验结果基于截面数据回归结果，是规模养殖群体间对不同引导转业水平的行为响应。引导转业因子负向调节效应的解释为所处引导转业水平较低环境的养殖户容易因对养殖业的较强依赖性，出于生存理性而形成积极的污染防治行为。相比而言，引导转业因子作用效果的预测结果说明：在较长时间跨度上引导转业因子通过产业扶持促使不具有污染防治能力或意愿的部分养殖户放弃养殖业，最终不断提升整体规模养殖户的污染防治行为发生率。对这二者在时间和主体维度上的差异化，在引导转业效果因子高低赋值进行的仿真实验结果中进一步加以体现。当引导转业效果因子为 2.97（高值）时，同一时间节点，养殖户污染处理率要低于初始值曲线，表明拥有较好的后备产业选择可能会使养殖户产生观望心理，从而削弱养殖污染防治的行为积极性。这一结论的政策含义表明引导转业规制策略的实施可能出现短期反弹现象，此时可以将引导转业与限养管制措施进行软硬兼施，加快实现产业转移。此外，虽然引导转业效果因子未能显著提高污染处理率，但如图 10-11 和图 10-12 所示，其能够使养殖总量和污染量显著减少。

（三）粪肥消纳交易因子仿真结果分析

根据调研数据统计所得粪肥消纳交易因子初始值为 2.532，进行定量仿真方案设计包括：一是基于粪肥消纳交易因子初始值增加 30%，二是基于粪肥消纳交易因子初始值减少 30%。粪肥消纳交易因子对污染处理率、养殖污染量和养殖总量三个状态变量的影响作用分别如图 10-13、图 10-14、图 10-15 所示。

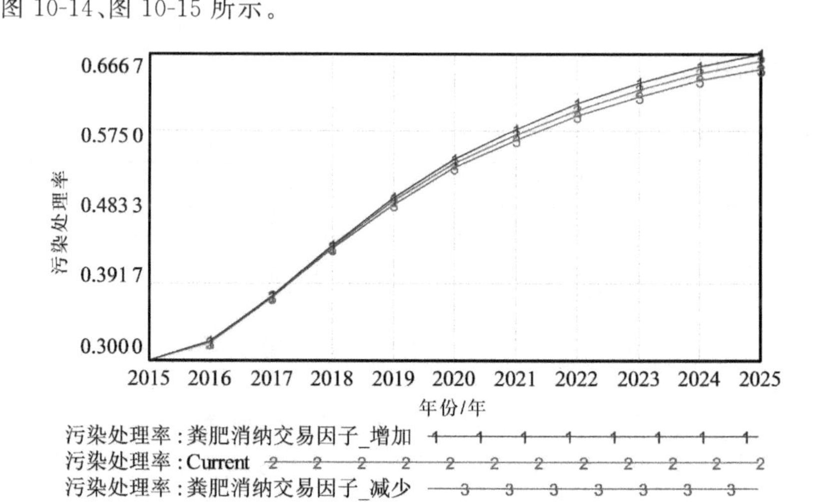

图 10-13　粪肥消纳交易因子对污染处理率的影响

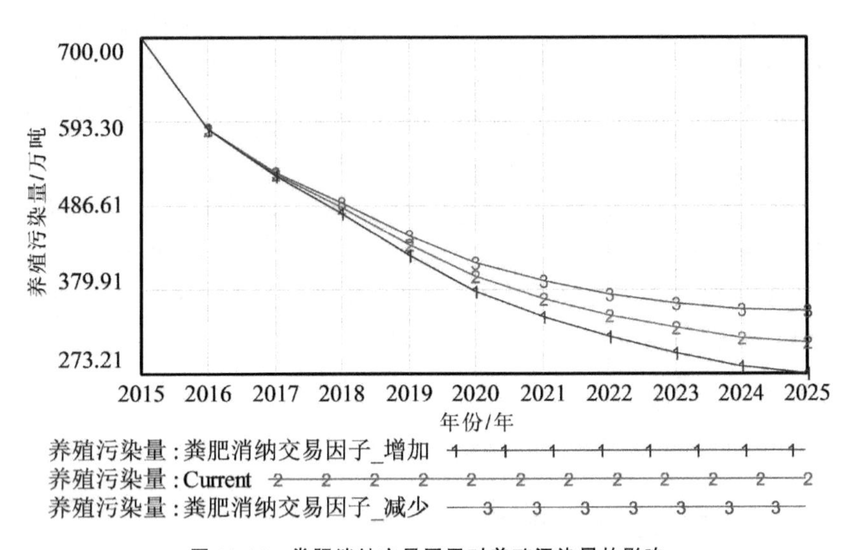

图 10-14 粪肥消纳交易因子对养殖污染量的影响

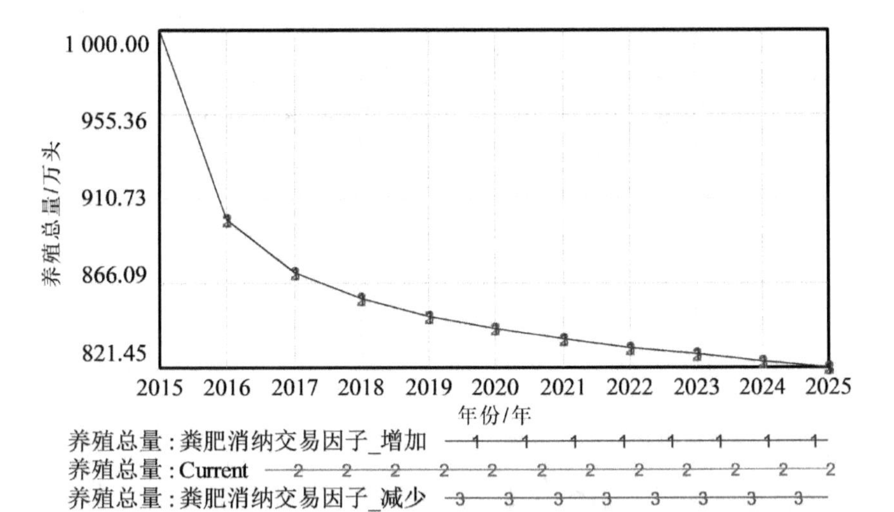

图 10-15 粪肥消纳交易因子对养殖总量的影响

由图 10-13 所示,粪肥消纳交易因子对污染处理率具有促进作用,但作用不明显,这一结果呼应了前文关于粪肥消纳交易因子仅对资源化利用行为产生显著调节效应的结论。由于资源化利用行为属于污染防治行为的末端处理行为,对污染物削减作用相对有限,由此限制了污染处理率的提升。养殖污染量随不同粪肥消纳交易因子水平的下降幅度均随时间逐渐减小,且前期下降幅度较为相近,但随着时间的推移不同粪肥交易因子对养殖污染量的影响差异逐渐凸显。导致这一现象的可能原因是有机肥市场具有较大潜力,粪肥消纳所带来的经济效益和便利性可能成为激励养殖户进行养殖废弃物资源化利用的重要动力来源。最后,如图 10-15 所示,粪肥消纳交易因子未对养殖总量产生显著影响。

(四)政府治污补贴因子仿真结果分析

根据调研数据,污染防治政府补贴因子初始值为 2.345。定量仿真分析设计方案为:一是基于治污补贴因子初始值增加 30%,二是基于治污补贴因子初始值减少 30%。经由数据输入及仿真操作所得治污补贴因子对污染处理率、养殖污染量及养殖总量的影响结果如图 10-16、图 10-17、图 10-18 所示。

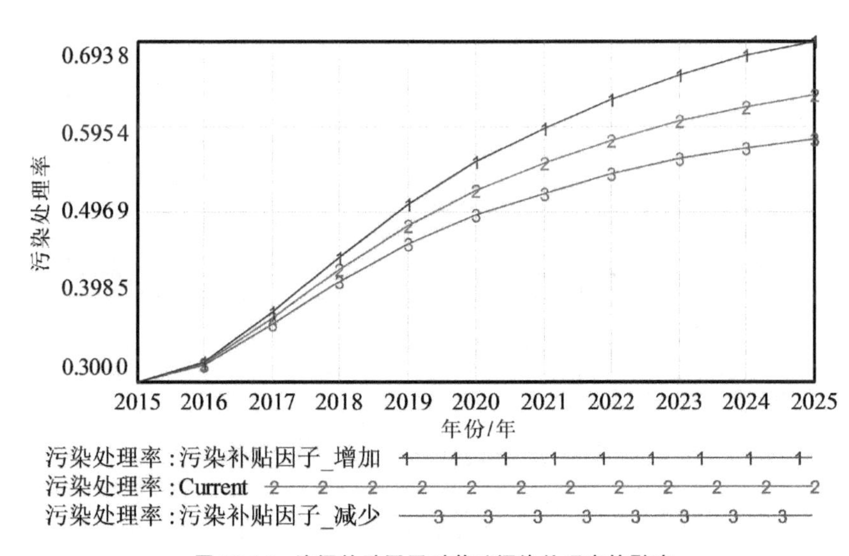

图 10-16 治污补贴因子对养殖污染处理率的影响

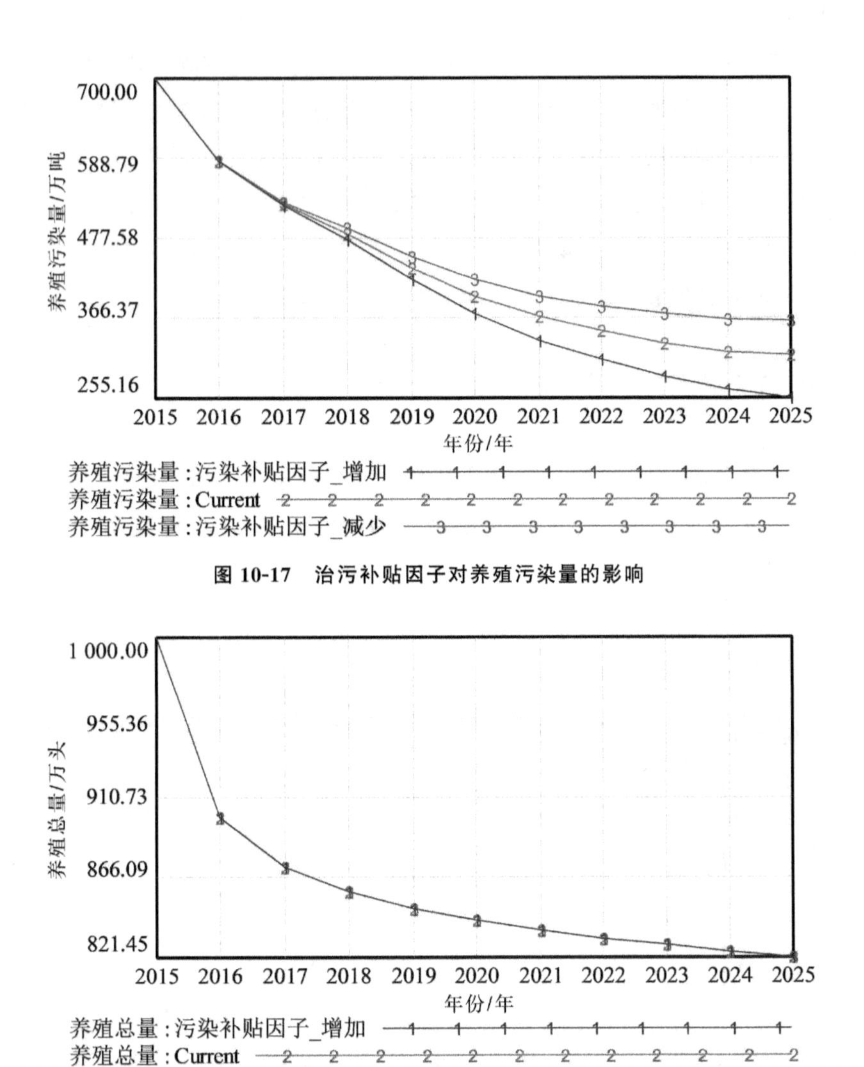

图 10-17　治污补贴因子对养殖污染量的影响

图 10-18　治污补贴因子对养殖总量的影响

仿真结果显示治污补贴因子能有效促进污染处理率的提高。当补贴因子在初始值基础上提高 30%时，污染处理率提升效果较为明显，在 2025 年达到 69.38%，为基准状态的 2.31 倍，较于初始值预测值高出 7.6 个百分点。与其他环境规制因子不同之处在于，治污补贴因子在参数赋值为低值时，污染处理率下降幅度明显小于其处于高值水平时的增长幅度，由此表明治污补贴因子能一定程度上提升污染处理率，但较低的治污补贴水平对污染处理率的削减作用相对较不显著，即提高对养殖户的治污补贴因子对其污染防治行为具有一定的作用，但降低相应水平的治污补贴对其积极行为的退出效应较不明显。进一步分析还可发现，在治污补贴水平较高的政策模拟下，污染处理率持续提升效果在时间跨度末期仍较为明显，这表明合适的治污补贴措施不仅具有较好的即时效应，而且累积效应也较基准状态佳。治污补贴因子通过影响污染处理率产生对养殖污染量的影响效应，使得该参数赋值变动对养殖污染量具有相似的变动趋势。此外，由图 10-18 所示，治污补贴因子对养殖总量不具有显著影响，由此表明治污补贴未对养殖户养殖行为决策产生显著影响。

(五)技术推广因子仿真结果分析

根据调研数据统计显示，目前技术推广因子初始值为 3.067。定量仿真设计方案为：一是基于技术推广因子初始值提高 30%，二是基于技术推广因子初始值降低 30%。仿真结果如图 10-19、图 10-20、图 10-21 所示。

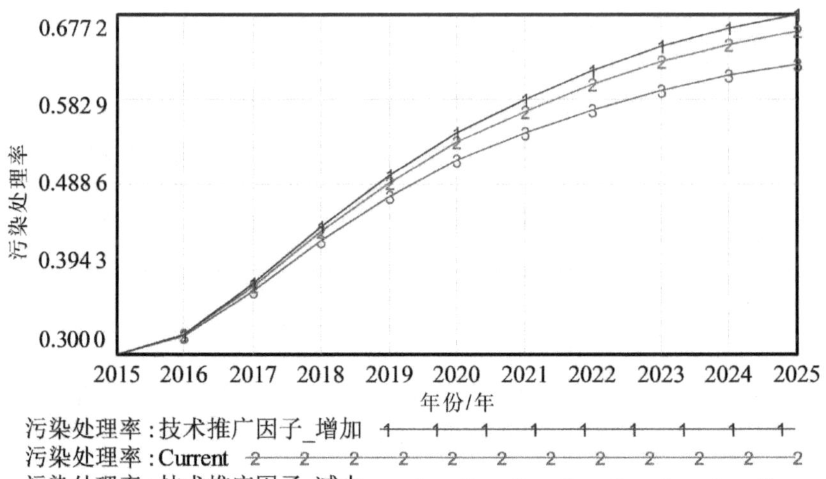

图 10-19　技术推广因子对养殖污染处理率的影响

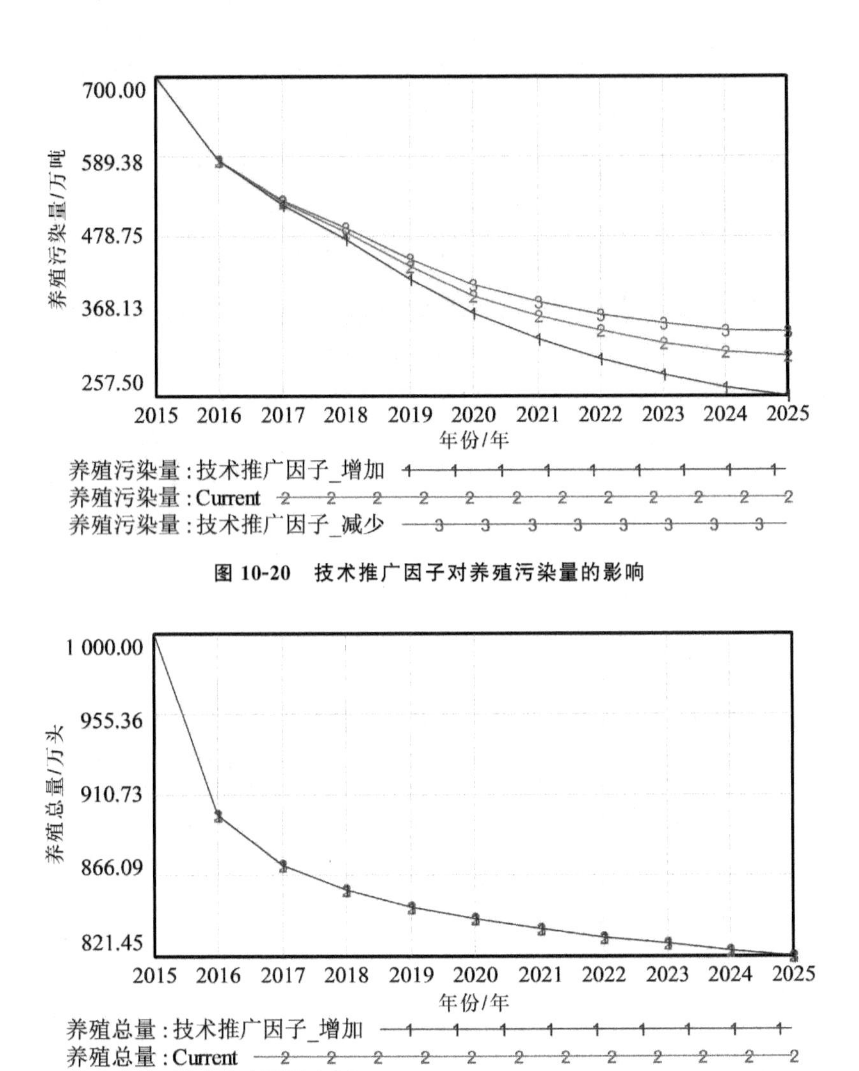

图 10-20　技术推广因子对养殖污染量的影响

图 10-21　技术推广因子对养殖总量的影响

图 10-18 所示为技术推广对污染处理率影响的仿真实验结果，技术推广的前期效应较为显著，随着技术使用容易达到饱和状态，其对污染处理率的影响效应趋于平稳。与治污补贴因子相反，技术推广因子在低值参数赋值时，污染处理率降低幅度远大于其在高值参数赋值，即变动相同的技术推广水平，降低技术推广会对污染处理率产生更大幅度的影响效

应。具体地，当技术推广因子赋值分别增加和减少 30%时，至 2025 年，养殖污染处理率相比技术推广初始值相应预测值分别增加 2.654 个百分点和减少 5.126 个百分点。由于，技术推广因子参数变动对养殖总量未产生显著影响，其对养殖污染量的影响作用呈现出与污染处理率的相同变动趋势。

(六)村规民约因子仿真结果分析

根据调研数据统计，村规民约因子初始值为 2.910。在其他系统要素不变的情况下，设计村规民约仿真实验方案为：一是基于村规民约因子初始值上调 30%，二是基于村规民约因子初始值下调 30%。村规民约因子在不同参数赋值水平下对污染处理率、养殖污染量及养殖总量的影响效应仿真结果分别如图 10-22、图 10-23、图 10-24 所示。

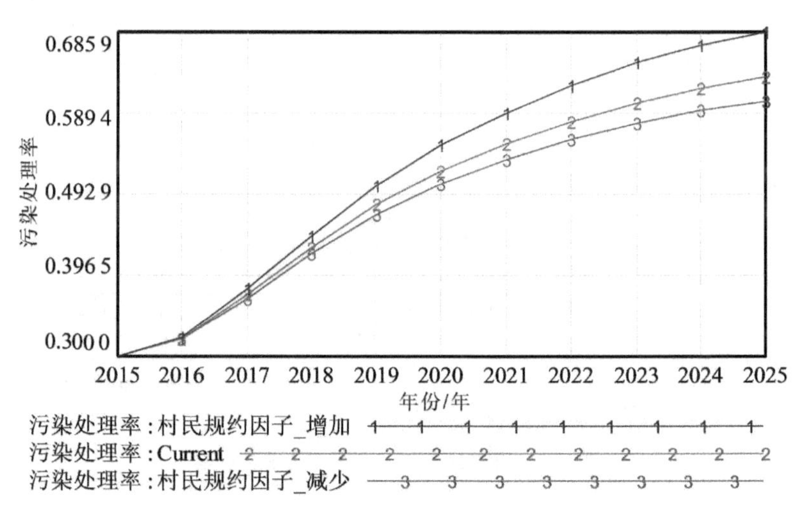

图 10-22 村规民约因子对养殖污染处理率的影响

仿真结果显示，村规民约因子能促进污染处理率的提升和养殖污染累积量的减少以及养殖规模的减小。基准状态下，污染处理率在 2015—2025 年年均提高了 9.6 个百分点，较于基准态势年均增长量高出 1.5 个百分点，养殖污染累积量和养殖总量在 2015—2025 年年均分别下降 11.5

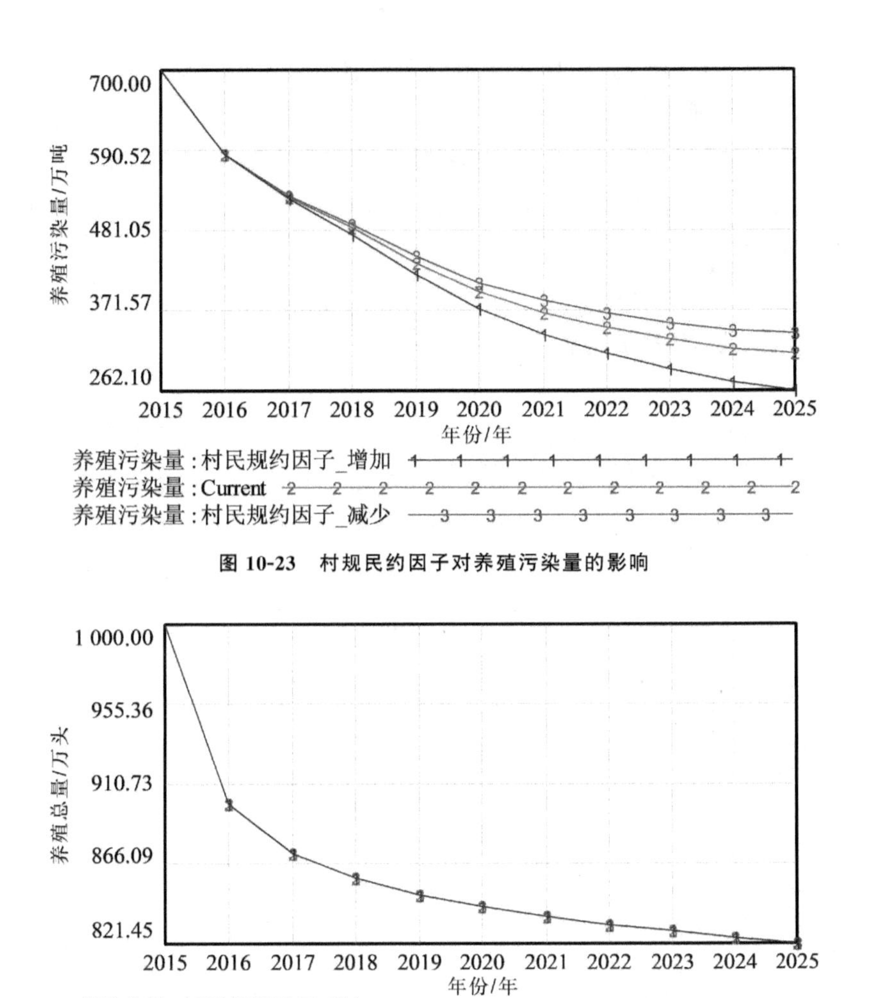

图 10-23　村规民约因子对养殖污染量的影响

图 10-24　村规民约因子对养殖总量的影响

个和 8 个百分点，仅为初始状态的 37.4%和 50%。具体地，当村规民约因子基于初始值增加至 3.783 时，表明村庄对养殖污染防治的软约束力增强，养殖污染处理率在 2025 年的预测值为 68.59%，较于村规民约因子初始值在同一年度的预测值提高 7.56 个百分点；而当村规民约基于初始值降低 30%时，污染处理率在 2025 年的预测值相应地较于初始状态降低了接近 3.26 个百分点。与污染处理率变动趋势相同，村规民约因子的增加和减少也引发养殖污染累积量较于基准状态相应地减少和增加。但是不同的村规民约因子参数赋值未对养殖总量产生显著影响。这是由于村规民约是源于传统乡村固有社会关系和习俗所形成的软约束力，本身并不具有强制性，但会对被规制主体产生一定的约束引导作用，只是这种约束力短期内难以要求养殖户放弃养殖业，而仅仅是促使其提高养殖污染防治。但长期来讲，“保护环境和治理养殖污染”之类的村规民约所营造环境保护和治理污染能够潜移默化地提高农户的环境保护意识和责任，从而可能促使一部分养殖户退出养殖业。

(七)限量养殖控制因子仿真结果分析

根据调研数据统计所得限量养殖控制因子的初始值为 3.628。定量仿真方案设计分别为：一是基于限量养殖控制因子的初始值增加 30%，二是基于限量养殖控制因子的初始值降低 30%。据此输入参数设置所得仿真结果如图 10-25、图 10-26、图 10-27 所示，分别对应限量养殖控制因子对污染处理率、养殖污染量以及养殖总量的政策仿真效应。

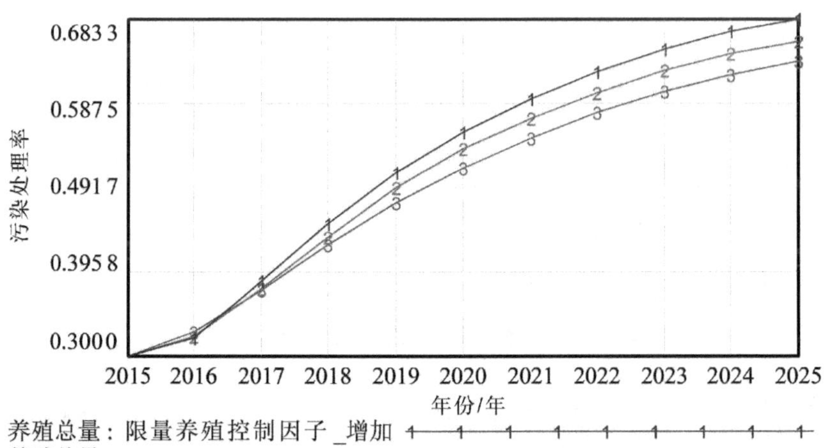

图 10-25　限量养殖控制因子对养殖污染处理率的影响

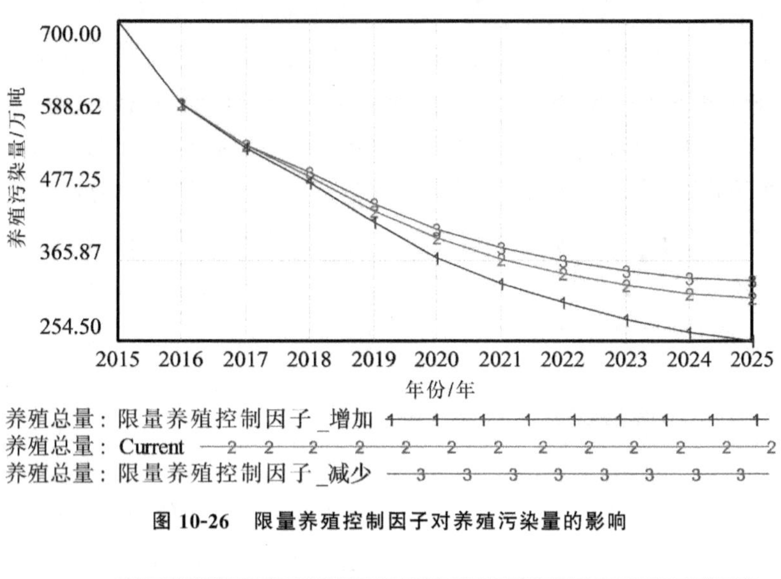

图 10-26　限量养殖控制因子对养殖污染量的影响

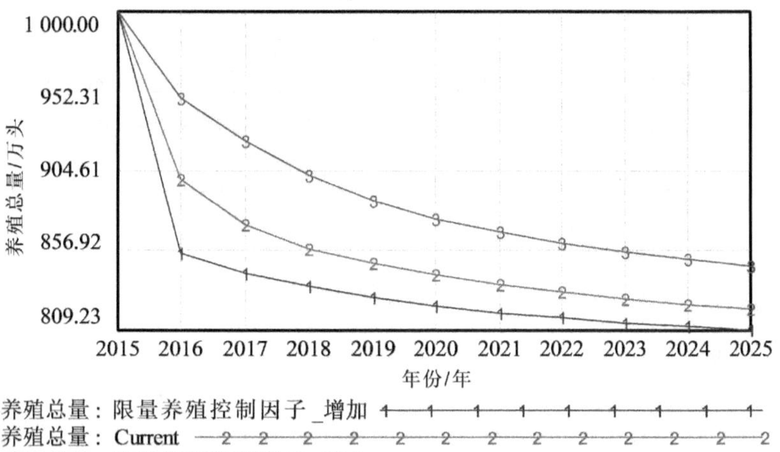

图 10-27　限量养殖控制因子对养殖总量的影响

限量养殖控制因子的直接效应为迅速减少养殖总量，并能够减少养殖污染累积量，同时限量养殖控制作为控制养殖污染和促进养殖产业规范化发展的直接措施，该政策之下首当其冲为没有进行污染防治处理的养殖主体，因此，限量养殖控制因子的规制措施能够有效提高整体的生猪养殖污染处理率。对比限量养殖管制因子的不同情景仿真结果，当限量管制因子基于初始值增加30%时，至2025年，生猪养殖污染处理率的预测值为68.33%，较基准状态预测值高出2.08个百分点，养殖污染累积量和养殖总量则分别较基准状态减少63.60%和19.17%。由此可见，限量养殖管制因子在控制养殖量及其养殖污染量方面有着较为显著的效应，但相对其他环境规制因子，其对于污染处理率的提升效应较为一般。这表明一味通过强制性养殖控制手段并不是有效控制养殖污染防治的较佳措施。

第十一章　环境规制对生猪规模养殖户污染防治绩效的影响效应分析

养殖污染防治环境规制是政府作为监管主体，为承担养殖污染治理中的监管责任，而采取一系列约束和支持的政策手段。这种监管责任是公民与政府间委托代理关系之下的权力和义务履行，通常来源于公民的现实需求。生猪规模养殖产业在蓬勃发展的同时，由其引发的环境污染和社会和谐问题成为公民普遍关心的重点社会问题，必然成为政府监管和治理的重点。因此，从很大程度上讲，生猪规模养殖污染防治环境规制是在生态环境和社会和谐问题推动形成的政策倒逼，目的在于通过环境规制手段，降低生猪规模养殖污染排放，减少其对生态环境的污染，从而缓和紧张的邻里关系等社会问题。

生猪规模养殖户可能在规模上已经不再是传统意义上的小农，但我国小农经营观念根深蒂固，在养殖场经营管理实践上很多情况下还是受到了传统小农经营观念的影响，更多关注当下的经济成本收益的衡量，存在明显的短视行为。与此同时，生猪规模养殖户是农业经济发展中的重要主体，与其他竞争市场主体一样，其具有一般逐利性，以生产利润最大化为经营目标。养殖污染防治成本的投入无疑会在短期内增加养殖成本，因此，从“生存小农”经营理念和利润最大化的角度出发，规模养殖户自身并没有进行养殖污染防治的直接动力，而是在政府环境规制等情境下形成的行为决策。既然养殖户污染防治不具有直接的内在自觉性，污染防治绩效也不单纯只有经济层面的内涵。那么，在环境规制之下，生猪规模养殖污染防治的综合绩效如何？环境规制对生猪规模养殖污染防治综合绩效的影响效应如何？影响效应有着怎样的内在形成逻辑？这些成为本书在此阶段要进一步探讨的关键问题。

本章节依据上述理论研究框架及思路，结合第七章关于环境规制与生猪规模养殖户防治行为间关系的研究结论，以及第十章环境规制对生猪规模养殖户污染防治行为影响效应的仿真分析结果，本章形成环境规制通过养殖户污染防治行为间接影响养殖污染防治绩效的基本判断，即以养殖户的污染防治行为，包括无害化处理行为和资源化利用行为为传导媒介，分析引导性、激励性和约束性环境规制措施对养殖污染防治经济、社会与环境绩效的影响。

一、生猪规模养殖户污染防治绩效测算

(一)防治绩效测算方法选择

生猪规模养殖户作为生产经营主体，追求利润最大化。但是，如果只用养殖户的养殖污染防治收入减去成本得到的利润值来衡量养殖污染防治的绩效，某种程度上只能衡量污染防治的经济绩效，而且忽略了投入产出之间的比例关系，扩大了规模对防治绩效的影响，所得结果不够准确，也脱离实际。鉴于此，为了全面测量养殖污染防治综合绩效，从经济、社会、环境三方面全面考量养殖污染防治产出水平，并选取 DEA 方法科学测算养殖污染防治的综合效率值。

DEA 模型由著名运筹学家 Charnes 等（1978）在“相对效率评价”概念的基础上发展起来，是使用数学规划（包括线性规划、多目标规划等）方法对决策单元（DMU）间的相对有效性进行评价的一种非参数统计估计方法（魏权龄，2004），任意一个决策单元都具有相同的目标和任务、外部环境以及输入输出指标，常用于绩效评价。由于 DEA 方法无须构造生产函数，并且可以避免不同指标间的单位差异，通过数学规划和统计数据确定决策单位中的有效生产前沿面，计算出各决策单元的相对效率。此外，可通过投影理论计算非 DEA 有效决策单元的投入冗余量，为改进决

策单元生产组合提供参考(陈东,2011)。根据养殖户的养殖污染防治活动投入可控的特点,选择投入导向的 BCC 模型,其经济含义是在保持养殖户的养殖污染防治产出不变的情况下,将投入的各个分量按同一比例 θ 减少,$\theta<1$ 表明决策单元可以用更少的投入获得相同产出,即该决策单元非有效。其数学形式为:

$$\min\theta$$

$$s.t.\begin{cases}\sum_{j=1}^{n}\lambda_j x_j + s_i^- = \theta x_0, i = 1,2,\cdots,m \\ \sum_{j=1}^{n}\lambda_j y_j + s_r^+ = y_0, r = 1,2,\cdots,s \\ \sum_{j=1}^{n}\lambda_j = 1, \lambda_j \geqslant 0 \\ s_j^- \geqslant 0\end{cases}$$

式中,θ 为养殖污染防治综合绩效(效率值);x_0,y_0 分别表示决策单位(养殖户)的投入与产出值;λ 表示 $j=1,2,\cdots,n$ 的权重;i 和 r 分别表示投入项和产出项个数;s_i^- 表示投入要素 i 的松弛变量,s_r^+ 表示产出变量 r 的松弛变量。

(二)指标选择、说明与统计分析

根据前文关于养殖污染防治绩效的概念界定,构建养殖污染防治投入产出指标如图 11-1 所示。养殖污染防治综合绩效的投入指标包括治理过程中的年投入固定成本与可变成本,通过问卷调查获取实际数额。养殖污染防治综合绩效的产出指标主要包括经济、社会、环境三方面的 5 个指标,其中,经济性产出包含通过养殖废弃物资源化利用所获得的经济收入和进行养殖污染防治所获得的政府经济补贴,通过问卷调查获取实际数额。废弃物资源化利用所获得的经济收入包括出售粪污、沼液、沼渣、沼气,沼气发电收入等;政府经济补贴主要包括养殖户的粪肥加工补贴、病死畜禽无害化处理补贴、设施设备的建设与购置等各项补贴。此外,养殖污染防治环境规制能够促使养殖户进行清洁养殖,防治养殖场病菌滋生和传播，降低病死猪率，从而节省养殖成本，但环境规制与养殖成本降低二者间的准确数量关系需要较长时期的观测和记录才能获取，而以获取截面数据为目的的实地调研存在局限性，为衡量之，选取养殖户对此主观判断“养殖污染防治对降低生猪养殖成本的作用”指标。社会性产出基于养殖污染日益严重所导致的社会问题而提出，养殖污染防治能够有效应对污染防治成为主要绩效目标之一，但社会绩效的考量难以直接进行量化处理，采取养殖户对“养殖污染防治改善邻里关系的作用程度”的主观认同程度加以衡量。环境性产出同样面临难直接量化测量的问题，对此，采取养殖户对“养殖污染防治改善周边环境的作用程度”的主观认同程度加以衡量。根据调研数据统计，养殖污染防治绩效评价的投入产出指标统计结果如表 11-1 所示。

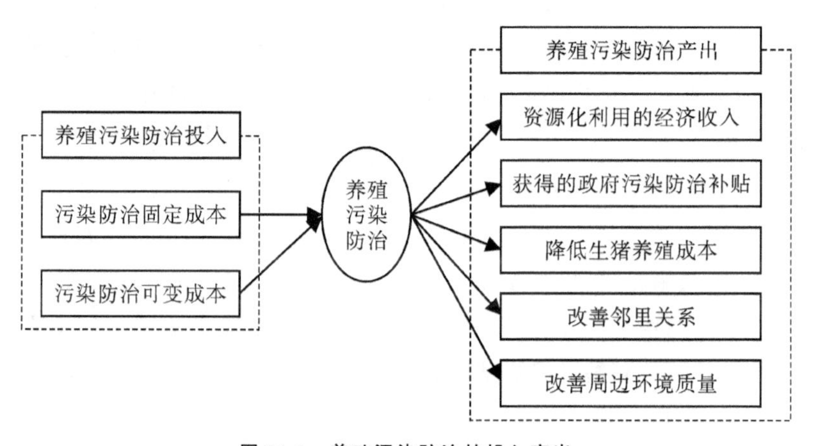

图 11-1　养殖污染防治的投入产出

表 11-1　养殖污染防治的投入产出指标说明与统计描述

	单位	均值	标准差
投入			
养殖污染防治年投入固定成本	元/年	4 334.57	8 399.22
养殖污染防治年投入可变成本	元/年	5 687.34	14 373.41
产出			
养殖废弃物资源化利用年收入	元/年	8 654.02	39 821.80

续表

	单位	均值	标准差
养殖污染防治获得的政府补贴	元/年	3 006.67	5 890.04
养殖污染防治对降低生猪养殖成本的作用	1=完全没有作用,2=作用不大,3=一般,4=较有作用,5=作用非常大	2.74	1.36
养殖污染防治对改善邻里关系的作用	1=完全没有作用,2=作用不大,3=一般,4=较有作用,5=作用非常大	3.21	1.20
养殖污染防治对养殖场周边环境的改善作用	1=完全没有作用,2=作用不大,3=一般,4=较有作用,5=作用非常大	3.52	1.53

在使用 DEA 方法进行多指标综合评价时,多个指标之间往往存在较高的相关性,有学者验证高度相关的指标会使效率测算结果产生偏差(智冬晓,2009)。此外,“同向性”假设是对各投入与产出项相互作用方向的基本要求,即投入量的增加不能引发产出量的减少(刘斌,2012),因此,需要首先对投入与产出指标以及各产出指标进行相关性分析。采用 Pearson 相关检验方法对投入指标与产出指标以及各产出指标间进行相关性检验,结果显示,投入变量与产出变量之间的相关系数均为正,且均在 10%或 5%水平下显著,说明选取的投入产出指标符合模型所要求的同向性假设。特别需说明的是,养殖户的养殖污染防治的投入固定成本、可变成本、年收入表面上有一定的相关性,但是实际情况是养殖户出售养殖废弃物资源化成果的价格参差不齐,甚至有免费赠送,沼气发酵等设备利用率也差异巨大。所以治理的固定成本、可变成本和收入之间现实中并没有表现出相关性,符合 DEA 模型的要求。

(三)养殖污染防治绩效测算结果分析

使用 DEAP 2.1 软件构建 DEA 模型测算生猪规模养殖户的养殖污染防治绩效的综合效率、纯技术效率、规模效率,所得结果如表 11-2 所示。综合效率是纯技术效率与规模效率的乘积,以综合效率反映养殖户的污染防治综合绩效，则纯技术效率表示由技术与管理水平影响的综合绩效，规模效率表示由规模影响的综合绩效。DEA 模型结果主要可归结为以下三个方面：第一，有 57.23%的养殖户污染防治综合绩效呈现出规模收益递增，41.03%的养殖户污染防治绩效的规模收益不变，1.74%的养殖户污染防治绩效的规模收益递减；第二，养殖户的养殖污染防治综合绩效整体水平表现为中等水平，综合效率均值仅为 0.545，仍有 45.49%的上升空间；第三，纯技术效率值 0.833，高于规模效率值 0.654，说明养殖污染防治的技术与管理水平对经济绩效的贡献要高于规模效应，但仍有 16.70%的提高空间。

表 11-2　养殖污染防治综合绩效测算的统计结果

	均值	中位数	标准差
综合效率	0.545	0.598	0.363
纯技术效率	0.833	1.000	0.382
规模效率	0.654	0.752	0.286

二、环境规制对生猪规模养殖户污染防治绩效的影响

(一)检验方法选择与模型构建

为检验环境规制对养殖污染防治绩效的影响效应，基于养殖污染防治绩效的测算结果，选用 Tobit 方法构建回归模型，Tobit 模型由 Tobin(1958)提出，是受限因变量回归的一种，也被称为截尾回归模型或删失回归模型，回归模型如下：

$$\begin{cases} y_i^* = \beta x_i + \varepsilon, \varepsilon_i \sim (0, \sigma^2) \\ y_i = y_i^*, y_i^* \in (0,1) \\ y_i = 0, y_i^* \notin (0,1) \end{cases}$$

式中：β、x_i、y_i^* 与 y_i 分别是回归参数向量、自变量向量、因变量向量与经济绩效综合效率值向量。采用极大似然估计法对 Tobit 模型进行估计能得到 β 和 σ 的一致估计，有效避免普通最小二乘法造成的参数估计值有偏、不一致等问题。以养殖户污染防治综合绩效的效率值为因变量，符合 Tobit 模型对因变量的要求。对模型进行回归后，可将环境规制作为核心变量检验其对养殖户污染防治综合绩效的影响效应。

为检验养殖污染防治行为在环境规制对污染防治绩效影响的传导机制，构建中介效应检验模型如下：

$$Y_{it} = \alpha_0 + \gamma ER_{it} + \sum_j \eta_j \times X + \varepsilon_{it} \tag{11-1}$$

$$M_{it} = \alpha_1 + \theta ER_{it} + \sum_j \eta_j \times X + \varepsilon_{it} \tag{11-2}$$

$$Y_{it} = \alpha_2 + \gamma' ER_{it} + \delta M_{it} + \sum_j \eta_j \times X + \varepsilon_{it} \tag{11-3}$$

其中，Y_{it} 表示养殖污染防治绩效，M_{it} 表示中介变量，ER_{it} 表示环境规制，X 表示一系列控制变量，γ 代表环境规制的总效应，γ' 为直接效应，θ、δ 为中介效应。根据中介效应的定义，如果 γ 显著，同时 γ' 和 δ 显著，并且 γ' 的绝对值小于 γ，那么为部分中介效应。如果 γ 显著，但是 γ' 不显著，δ 显著，那么为完全中介效应。

根据前面关于环境规制对养殖污染防治绩效的理论分析与研究假设，本章主要探讨环境规制对生猪规模养殖污染防治绩效的影响，兼论养殖污染防治行为的传导媒介作用，将前文所述研究假设转化为环境规制对养殖污染防治绩效的影响机理理论模型如图 11-2 所示，引导性、激励性、约束性三类环境规制通过无害化处理和资源化利用两类污染防治行为对养殖污染防治综合绩效产生影响。

(二)变量选取与统计

根据上述环境规制对养殖污染防治绩效影响机理的理论模型，为实证检验环境规制、污染防治行为与污染防治绩效三者间的关系，选取环境规制作为核心自变量，包括引导性规制、激励性规制和约束性规制三类，

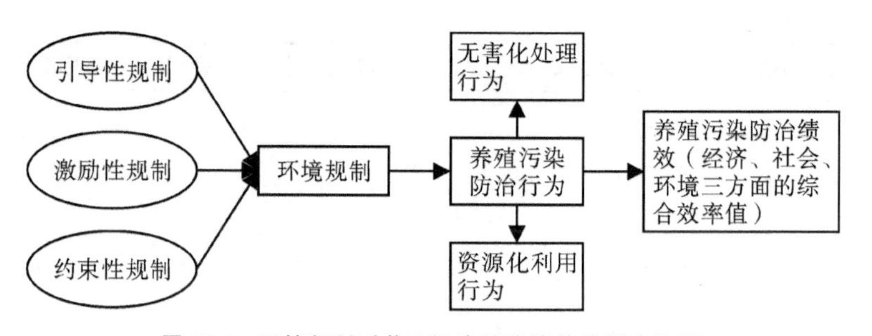

图 11-2　环境规制对养殖污染防治绩效的影响机理

养殖污染防治行为为中介变量，包括无害化处理和资源化利用行为两类，因变量为上述所测养殖污染防治综合绩效。此外，根据已有文献做法和个人经验积累，从养殖户个人特征、养殖经营特征和养殖户心理认知三个维度选取控制变量，其中，养殖户个人特征包括性别、文化程度、年龄；养殖经营特征包括养殖年限、养殖规模、养殖收入；养殖户心理认知包括对养殖污染防治对邻里关系改善、对养殖质量改善的认知以及对《畜禽规模养殖污染防治条例》等政策的了解程度等。全部变量的定义、赋值与统计性描述结果如表 11-3 所示。

表 11-3　变量赋值与统计描述

变量类别	变量定义	变量赋值	均值	标准差
因变量				
污染防治绩效	生猪养殖污染防治效率	综合效率值	0.545	0.363
核心变量				
环境规制	环境规制总指数	引导性、激励性和约束性规制的算术平均值	2.765	1.064
	引导性规制	宣传教育和引导转业的算术平均值	2.605	1.099
	激励性规制	粪肥消纳交易、治污补贴和技术推广的算术平均值	2.648	1.039
	约束性规制	村规民约和限量养殖的算术平均值	3.044	0.936

续表

变量类别	变量定义	变量赋值	均值	标准差
中介变量				
养殖污染防治行为	养殖污染防治行为	无害化处理行为与资源化利用行为取均值	2.980	1.258
	无害化处理行为	干清粪方式、沼气池规模、好氧处理行为的算术平均值	2.617	1.189
	资源化利用行为	肥料化和能源化利用行为的算术平均值	3.342	1.308
控制变量				
养殖户个体特征	养殖户性别	女=0,男=1	0.862	0.345
	养殖户年龄(岁)	实际年龄	47.172	8.295
	养殖户文化程度	小学及以下=1,初中=2,高中/中专=3,大专及以上=4	1.810	0.787
养殖特征	养殖规模(头)	实际存栏量	434.890	553.452
	养殖时间(年)	实际养殖年限	12.978	5.447
	养殖收入占比(%)	2015 年养殖净收入占家庭总收入的比重	75.347	12.118
	是否兼业种植	否=0,是=1	0.133	0.340
养殖户心理认知	养殖污染防治能够改善邻里关系	很不同意=1,较不同意=2,一般=3,比较同意=4,非常同意=5	3.762	1.221
	养殖污染防治能提高生猪养殖质量	很不同意=1,较不同意=2,一般=3,比较同意=4,非常同意=5	3.441	1.197
	了解《畜禽规模养殖污染防治条例》	很不同意=1,较不同意=2,一般=3,比较同意=4,非常同意=5	3.151	1.201

(三)环境规制对养殖污染防治绩效影响效应检验结果

基于实地调研数据,运用 Stata 17.0 软件检验环境规制对养殖污染防治绩效的影响效应,所得结果如表 11-4 所示,模型 1 为环境规制总指数对防治绩效的影响效应检验结果,模型 2 至模型 4 分别为引导性规制、激励性规制和约束性规制对防治绩效的影响效应检验结果。由各模型回归结果可知,环境规制总指数和各异质性环境规制措施均对养殖污染防治绩效有显著的正向影响,但三种异质性的环境规制措施影响强度有差异。其中,约束性规制措施影响效应最强,在 0.01 水平上正向显著,激励性规制措施影响效应最弱,在 0.1 水平上正向显著,而引导性规制措施影响效应居中,在 0.05 水平上正向显著。该结论揭示了当前关于生猪规模养殖污染防治的规制措施较好地促使了养殖户污染防治绩效的提升,不仅如此,不同类型的环境规制措施中,以约束性规制措施的作用效果最佳,激励性的规制措施作用效果最差。由此表明,以限制养殖为主的行政命令式和以村规民约为主的非正式约束措施的环境规制对养殖污染防治绩效发挥着关键作用。而以粪肥交易市场培育、污染治理政府补贴等激励性的规制措施的作用效果还存在较大提升空间;此外,宣传教育、引导转业等引导性的规制措施作用效果亦开始显现,发挥主要作用。

表 11-4　环境规制对养殖污染防治绩效影响效应检验结果

	(1)	(2)	(3)	(4)
环境规制总指数	0.565*** (0.039)	—	—	—
引导性规制	—	0.093** (0.041)	—	—
激励性规制	—	—	0.344* (0.161)	—
约束性规制	—	—	—	0.645*** (0.031)
养殖户性别	1.146** (0.364)	0.148*** (0.058)	0.846*** (0.062)	0.263** (0.096)

续表

	(1)	(2)	(3)	(4)
养殖户年龄	−0.370** (0.115)	−0.565*** (0.038)	−0.609*** (0.072)	−0.800*** (0.181)
养殖户文化程度	0.249* (0.112)	1.033*** (0.139)	0.060 (0.052)	1.262 (1.088)
养殖规模	0.020* (0.042)	0.010 (0.188)	0.241*** (0.024)	0.259** (0.098)
养殖年限	1.060*** (0.252)	−0.099 (0.075)	−0.0692 (0.0676)	0.097** (0.042)
养殖收入占比	0.087 (0.082)	0.074 (0.062)	0.249* (0.112)	1.800** (0.576)
是否兼业种植	−0.022 (−1.391)	−0.011 (−0.961)	0.035 (0.275)	0.087 (0.68)
养殖污染防治能够改善邻里关系	0.009 (0.061)	0.038* (0.021)	0.928 (0.512)	0.122 (0.126)
养殖污染防治能提高生猪养殖质量	0.079* (0.043)	0.259** (0.09)	0.185 (0.125)	0.193 (0.103)
了解《畜禽规模养殖污染防治条例》	1.096*** (0.335)	0.800*** (0.18)	0.011 (0.058)	0.136* (0.062)
_cons	26.610*** (6.044)	7.288 (7.912)	18.410** (6.842)	10.660*** (0.012)
N	406	406	406	406
R^2	0.293	0.393	0.395	0.472

注：括号内表示标准误，***、** 和 * 分别表示在 1%、5%和 10%的水平上显著。

引导性规制措施在提升养殖污染防治绩效具有积极作用，主要通过宣传教育和引导转业两方面举措实现。宣传教育措施要想发挥作用需要长期的时间积累，就福建生猪养殖业发展现状及其污染引发的现实问题来看，宣传教育措施起效的背后有政策、社会、环境方面的因素。长期以来，养殖污染引发的邻里关系紧张和生态环境恶化问题与在宣传教育下养殖户逐渐提高的环境意识和生活品质意识形成拉锯状态，此时，政府强势的养殖污染防治态度成为促使养殖户提高养殖污染防治绩效的“临门一脚”。2016 年上半年开始持续下跌的生猪市场价格为政府开展引导转业提供了市场条件，“优胜劣汰”地淘汰了一批小规模、缺乏经济能力开展养殖污染防治的养殖户，提升了养殖污染防治的整体绩效。

激励性规制措施的探索在理论和实践方面都在不断推进，当前看来，福建省生猪规模养殖污染防治的激励性规制措施起到了一定作用，但存有较大提升空间。对于污染防治的政府补贴措施，实地调研中不少养殖户对于政府补贴水平和方式存有较大意见。技术推广措施在强效推行养殖污染防治治理的公共政策大背景下在提升污染防治绩效方面具有非常积极的作用，但其经费和人员可持续性仍存在显著问题；同时，不同养殖场在规模、场地、可利用劳动力等方面均具有不同特点，需根据养殖场的特色选择相适宜的污染防治技术，而非政府强制指定污染防治设施或技术。尽快转变政府职能，促进养殖户技术服务购买与技术服务提供间的自由选择和匹配，通过控制养殖场排污标准和加强治污监督管理而不是干预市场行为。此外，所调研的生猪规模养殖户一般是在生猪价格引导下由小规模养殖不断扩大而成，规模虽然扩大了，但仍然保留以家庭式规模化养殖为主，由于缺乏前期整体性规划，养殖污染防治面临诸多客观因素如处理设施建设选址、排污管道铺设等的限制；更为严重的是，较于养猪业，种植业相对效益较差，且较少养殖户有种养结合规划，大量的养殖废弃物无害化处理后的粪肥面临如何消纳的关键现实问题，出现赠送都无法完全消纳的现象。因此，下阶段需进一步积极推广有机肥的使用，加快有机肥交易市场建设，有效推进有机肥行业发展，为养殖污染防治提供后续保障。

不同类型环境规制措施的实施具有其各不相同的政策、社会、经济以及环境等现实条件。约束性规制措施一方面是地方政府响应国家和上级政府关于畜禽养殖污染防治要求以及生猪养殖功能区调整规划要求，以开展畜禽养殖“三区”划定为主要任务的直接措施，另一方面也在日趋严重的养殖废弃物环境污染压力下，为促进福建生态省建设和缓解环境污染的倒逼结果，因此，主要以行政性命令为主的该类措施，能够在短期内取得较为突出的效果。但本书未将此类措施直接命名为行政性规制措施的缘由在于养殖户污染防治所面临的约束力量不仅来源于行政命令，还有来自“熟人社会”内部自发形成的村规民约，这一约束力量同样源自长期以来积累的养殖污染环境问题和由此引发的乡村邻里和谐社会问题。该规制措施由来已久，只是因行政命令规制政策的严格实施得到了进一步强化，对养殖户提升污染防治绩效产生了积极的显著作用。因此，约束性规制措施的积极显著作用在不同的政策、社会和环境条件下如何常态化发挥作用是一个需要重点关注的现实问题。

控制变量方面，养殖户个人特征中养殖户性别在0.05到0.01的显著性水平上对污染防治绩效产生正向影响，表明养殖场负责人为男性的，其污染防治绩效更好。在农村地区，男性当家作主的情况较为普遍，以养殖业为家庭主业的情况下，男性养殖户相比女性养殖户具有更强的话语权和决策权，同时，男性通常具有更强的信息获取能力和更长远的经营规划，对养殖污染防治事项的发展趋势及其在养殖业发展中的重要性具有较为深刻的认识，因此，更注重提高养殖污染防治绩效。养殖户年龄在0.05到0.01的显著性水平上对污染防治绩效产生负向影响，表明养殖户年龄越大，其养殖污染防治绩效越不理想。由表11-3变量的统计结果，随机抽样之下，全部调研样本的平均年龄为47.172岁，由此可知，研究区域养殖户年龄偏大；且如前所述，该区域养殖业发展始于传统家庭养殖，养殖经营很多情况受传统观念的影响，仍然保留养殖废弃物可自然消解的错误认知，对于养殖污染防治新事物的接受程度还有待提高—这一现象在较大年龄的养殖户群体中表现更甚，如何针对该类群体开展有效性的引导教育成为重要工作内容之一。养殖户文化程度在环境规制总指数影响效应模型检验中通过了显著性水平为0.1的正向检验，在引导性规制影响效应检验中通过了显著性水平为0.01的正向检验，而在激励性和约束性规制影响效应检验模型中未通过显著性检验。由此表明，养殖户文化程度越高，其养殖污染防治绩效也响应越好，对此不难理解，养殖户文化程度越高，其对于污染防治的思想接受程度越高，对于养殖污染防治的技术应用、投入产出等各类要素的配置能力也相应较强，且在相应的引导性规制作用下，其养殖污染防治绩效的提升效果较为显著。鉴于此，如何提高较低文化程度养殖户的污染防治综合能力水平成为相对棘手的工作。值得注意的是，养殖户文化程度在激励性和约束性规制措施检验模型中不显著，表明激励性规制和约束性规制的作用在养殖户文化程度因素上无显著的群体差异。

养殖经营方面，养殖规模在环境规制总指数、激励性规制和约束性规制检验模型中均通过了正向显著检验，而在引导性规制模型中未通过显著性检验，表明养殖规模越大在激励性和约束性环境规制作用下其养殖污染防治绩效越好，而引导性规制对其污染防治绩效无显著影响。养殖规模直接决定了养殖户对养猪业的生存依赖度，其提高养殖污染防治绩效的积极性更多出于对养殖业经营可持续性的理性思考，即经济补贴、养殖约束要求等。养殖年限在环境规制总指数和约束性规制回归模型中均通过了正向显著检验，在引导性和激励性规制回归模型中未通过显著性检验，表明养殖年限越长的养殖户，其养殖污染防治绩效水平越高，这与养殖规模作用效应的解释类似，是由养殖户对于养殖业的依赖程度决定，养殖年限越久的养殖户通常具有对养殖业较大的依赖性，在面临养殖污染防治约束条件时，为了维持养殖经营，其具有更高的提升养殖污染防治绩效的积极性。而与养殖规模不同的在于，养殖年限较长的养殖户可能出现养殖规模的分化，而激励性规制措施往往具有明显的规模效应，小规模养殖户可能对于激励性规制措施更加“无感”，最终表现为整体养殖户的无显著现象。养殖收入变量分别在激励性规制和约束性规制回归模型中通过了显著性水平为 0.1 和 0.05 的正向检验，在激励性规制和约束性规制作用下，表明养殖户养殖收入水平越高，其养殖污染防治绩效水平越高。这主要是因为养殖户养殖收入占比高的养殖户对养殖业的依赖性越高，因此，具有更加积极配合养殖污染防治政策要求的外在动力，但引导性规制模型中未能显著表明下阶段应着力开展针对性的引导，将治理动力转化为政策约束之外的内在自觉性。养殖户是否兼业种植变量在四个模型中均未通过正向显著检验，表明同时兼有种植业比没有兼有种植的养殖户污染防治绩效水平更高。伴随着近年来猪肉价格的持续上涨，在缺乏系统产业规划的情况下养猪业疯狂扩张，种养结合模式较少得到实践，仅是简单、少量地将养殖废弃物用于林木灌溉等做法，并非严格意义上的种养结合，成为兼业种植变量未能通过显著性检验的重要原因。

养殖户心理认知方面，“养殖污染防治能够改善邻里关系”变量仅在引导性规制影响效应回归模型中通过了显著性水平为0.1的正向检验，表明在引导性规制作用下，养殖户认为养殖污染防治对于邻里关系的改善作用越大，其污染防治绩效水平越高，这种关系在引导性规制措施下较为显著。“养殖污染防治能提高生猪养殖质量”变量在环境规制总指数和引导性规制影响效应回归模型中通过了正向显著性检验，表明在环境规制下养殖户认为养殖污染防治能够有效提高生猪养殖质量，那么其养殖污染防治绩效水平也会相应越高，且这种效应在引导性规制作用下表现更为显著。以上两个现象体现了引导性规制措施在提高养殖户养殖污染防治意识方面正在产生着积极正面的影响。“了解《畜禽规模养殖污染防治条例》”变量在环境规制总指数、引导性规制和约束性规制影响效应的回归模型中均通过了正向显著性检验，表明在环境规制下养殖户对养殖污染防治政策越了解，其养殖污染防治绩效水平越高。在了解当前生态化养殖发展趋势和污染防治高压态势下，养殖户更倾向于将养殖污染防治作为长期性经营内容来对待，自然更会认真盘算污染防治投入产出比，获取更高水平的治理绩效。

(四)养殖污染防治行为对环境规制－防治绩效的中介效应检验结果

基于上述构建的中介效应检验式(11-2)和式(11-3)，构建养殖污染防治行为中介效应检验模型，结果如表11-5、表11-6所示。表11-5为养殖废弃物无害化处理行为在环境规制－养殖污染防治绩效间的中介效应的检验结果，其中，(5)、(6)、(7)、(8)分别为环境规制总指数、引导性规制、激励性规制、约束性规制对养殖废弃物无害化处理行为影响效应的检验模型，(9)、(10)、(11)、(12)为养殖废弃物无害化处理行为分别与环境规制总指数、引导性规制、激励性规制、约束性规制对养殖污染防治绩效的影响效应的检验模型。与之相同，表11-6为养殖废弃物资源化利用行为在环境规制－养殖污染防治绩效间的中介效应的检验结果，其中，(13)、(14)、(15)、(16)分别为环境规制总指数、引导性规制、激励性规制、约束性规制对养殖废弃物资源化利用行为影响效应的检验模型，(17)、

(18)、(19)、(20)为养殖废弃物资源化利用行为分别与环境规制总指数、引导性规制、激励性规制、约束性规制对养殖污染防治绩效的影响效应的检验模型。

1.无害化处理行为的中介效应检验结果

由表 11-5 中的模型(5)结果所示,环境规制总指数在 0.1 显著性水平上对养殖废弃物无害化处理行为产生显著正向影响。模型(6)结果所示,引导性规制在 0.1 显著性水平上对养殖户养殖废弃物无害化处理行为产生显著正向影响,表明引导性规制对养殖户无害化处理行为具有一定的促进作用,直观的解释是引导性规制通过宣传教育、引导转业等引导性规制措施能够提高养殖户在“谁污染谁治理”的责任认知和养殖污染防治必要性和重要性等方面的认知水平,促使其认同并将养殖废弃物无害化处理作为生猪规模养殖生产经营的必备项目,促使养殖户形成开展废弃物无害化处理的思想认知。模型(7)结果显示,激励性规制在 0.01 显著性水平上对养殖户废弃物无害化处理行为产生显著正向影响,表明激励性规制对养殖户无害化处理行为具有显著促进作用。当前,研究区域主要开展以无害化处理设施建设为主的政府补贴项目,对养殖户采取无害化处理设施购置和建设产生了积极的推动作用。此外,技术推广服务措施有效解决了养殖户文化程度较低面临的无害化处理技术使用和管理维护等方面问题。简而言之,激励性规制措施为养殖开展无害化处理提供了行动能力保障。模型(8)结果显示,约束性规制则在 0.01 显著性水平上对养殖废弃物的无害化处理行为产生显著的正向影响,表明约束性规制对养殖废弃物无害化处理行为具有显著的促进作用。对此,可结合当时的经济和政策背景加以理解,研究区域内,生猪养殖业发展面临着产业发展和环境保护高度冲突的紧张关系。一方面,畜禽养殖相关政策要求严格按照“三区”规定减小养殖规模,缓解生猪养殖对生态环境的影响,这一措施在养殖户中间产生了极大的威慑力,大部分持观望态度的养殖户在此措施之下不得已做出了相对理性选择;而另一方面,高涨的猪肉市场价格因素也在左右着养殖户的去留,但此因素与高压污染防治政策存在相反的作用。如此之下,为实现享受价格利好,同时又满足政策要求,约束性措施在短期之下取得了显著的积极成效。因此,限量养殖、村规民约和排污技术标准等一系列的约束性措施有效地促使养殖户无害化处理行为的持续开展,当然这一持续促进作用需要相适宜的政策和经济背景条件。

由表 11-5 中的模型(9)结果可知,环境规制总指数和无害化处理行为均在 0.1 显著性水平上对养殖污染防治绩效具有正向影响,结合上述结论表明无害化处理行为对环境规制和养殖污染防治绩效具有中介效应。模型(10)可知,引导性规制和无害化处理行为均在 0.05 的显著性水平上对养殖污染防治绩效产生正向影响,表明在引导性环境规制下养殖户无害化处理行为对养殖污染防治绩效具有促进作用,即无害化处理行为在引导性环境规制对养殖污染防治绩效影响过程中起到部分中介效应。如前所述,引导性环境规制通过潜移默化的方式培育养殖户绿色化、低碳化的生产经营理念,这一方面可以强化其优化养殖废弃物治理工作,提高其污染防治绩效;另一方面,绿色化、低碳化生产理念将促使养殖户采取无害化处理行为,通过直接改造污染防治方式的形式,而不是改良的方式来提升防治绩效。

由模型(11)所示结果可知,激励性规制和无害化处理行为均在 0.1 显著性水平上对养殖污染防治绩效产生正向影响,表明在激励性环境规制下养殖户无害化处理行为对养殖污染防治绩效具有促进作用,即无害化处理行为在环境规制对养殖污染防治绩效影响过程中起到部分中介效应。以设施补贴、技术推广以及粪肥消纳为主的激励性规制对污染防治绩效作用可一分为二:一是促使养殖户优化污染防治投入产出结构,表现为直接作用于污染防治绩效;二是单纯促使养殖户增加污染防治无害化处理投入,包括设施建设、技术应用等,表现为通过促使无害化处理行为,提高养殖污染防治绩效。

由模型(12)所示结果可知,约束性规制和无害化处理行为均在 0.01 显著性水平上对养殖污染防治绩效产生正向影响,表明在约束性环境规制下养殖户无害化处理行为对养殖污染防治绩效具有促进作用,即无害化处理行为在环境规制对养殖污染防治绩效影响过程中起到部分中介效应。如前所述,以限量养殖、村规民约和排污标准为主的约束性规制能够促使养殖户短期内快速强化污染防治绩效,进行养殖污染防治成本投入和经济产出方面的仔细盘算，从而提高污染防治绩效，但与此同时，迫于对养殖业的生存依赖，依据"适者生存"法则，养殖户最终将通过积极采取无害化处理行为来提高养殖污染防治绩效。因而，表现为约束性规制不仅有助于直接提高污染防治绩效，而且还通过无害化处理行为提高养殖污染防治绩效。

由此表明，引导性规制、激励性规制和约束性规制三个类型环境规制措施均既对养殖污染防治绩效产生直接促进养殖污染防治绩效，又通过无害化处理行为这一中介变量强化了该促进作用，即环境规制下养殖户无害化处理行为对养殖污染防治绩效具有部分中介效应。相比而言，约束性环境规制下养殖户的无害化处理行为对养殖污染防治绩效的传导效应最强，其次是引导性规制，激励性规制下无害化处理行为的中介效应作用最弱。

表 11-5　养殖户无害化处理行为的中介效应检验的估计结果

	(5)	(6)	(7)	(8)	(9)	(10)	(11)	(12)
环境规制总指数	0.122* (0.068)	—	—	—	0.114* (0.068)	—	—	—
引导性规制	—	0.015* (0.007)	—	—	—	0.312** (0.256)	—	—
激励性规制	—	—	0.435*** (2.697)	—	—	—	0.210* (0.100)	—
约束性规制	—	—	—	1.127*** (2.962)	—	—	—	0.090*** (3.217)
无害化处理行为	—	—	—	—	0.106* (0.062)	1.146** (0.362)	0.027* (0.005)	1.375*** (4.155)
养殖户性别	0.045 (0.079)	1.628*** (12.115)	0.435*** (2.697)	0.364*** (3.141)	0.108*** (3.112)	0.017 (1.361)	0.003 (0.752)	0.364*** (3.142)
养殖户年龄	0.098** (0.040)	1.743*** (7.627)	1.613*** (7.467)	0.029 (1.410)	0.102* (0.058)	−0.839** (−2.035)	0.041 (1.183)	0.0293 (1.411)
养殖户文化程度	0.089*** (0.016)	1.033*** (0.138)	0.340*** (3.262)	0.069*** (3.465)	0.164*** (0.038)	0.452*** (3.575)	0.094 (1.110)	0.069*** (3.460)
养殖规模	0.164*** (0.038)	1.219*** (3.214)	−3.982*** (−11.291)	0.400*** (3.090)	0.062 (0.093)	0.023*** (3.160)	0.021*** (3.280)	0.400*** (3.092)

续表

	(5)	(6)	(7)	(8)	(9)	(10)	(11)	(12)
养殖年限	−0.013 (0.098)	−0.003 (−0.892)	−0.146*** (−3.074)	0.002*** (2.953)	0.066* (0.035)	0.007 (1.415)	0.001*** (2.918)	0.002*** (2.955)
养殖收入	0.085*** (0.016)	0.667*** (2.891)	−0.057 (−0.196)	0.406*** (3.308)	1.849*** (0.067)	0.094 (1.101)	0.251*** (2.904)	0.406*** (3.138)
是否兼业种植	0.086*** (0.024)	−0.064 (−0.221)	0.640*** (3.572)	0.088 (1.275)	0.091*** (0.021)	0.018 (1.341)	0.092** (2.380)	0.088 (1.271)
养殖污染防治能够改善邻里关系	0.077 (0.128)	0.655*** (3.512)	0.627*** (3.460)	0.279** (0.004)	0.085*** (0.016)	0.423*** (3.506)	0.395*** (3.613)	0.279** (0.004)
了解《畜禽规模养殖污染防治条例》	0.001 (0.040)	0.311*** (2.818)	0.303*** (2.791)	0.024*** (3.106)	0.086*** (0.024)	0.251*** (2.914)	0.425*** (2.088)	0.023*** (3.106)
养殖污染防治能提高生猪养殖质量	0.253*** (0.038)	0.068*** (2.972)	0.080*** (3.519)	0.168*** (2.188)	0.272*** (0.034)	0.633 (0.465)	0.070*** (2.852)	0.268*** (2.888)
_cons	2.465* (1.103)	71.130*** (29.527)	87.308*** (61.364)	61.135*** (559.498)	1.186*** (26.10)	80.534*** (54.316)	74.789*** (35.803)	61.135*** (559.498)
N	406	406	406	406	406	406	406	406
R^2	0.089	0.295	0.295	0.357	0.098	0.387	0.487	0.357

注：括号内表示标准误，***、** 和 * 分别表示在 1%、5% 和 10% 的水平上显著。

2.资源化利用行为的中介效应检验结果

由表 11-6 中的模型(13)结果可知，环境规制总指数在 0.1 显著性水平上对养殖户资源化利用行为产生显著正向影响，表明环境规制对养殖户采取资源化利用行为具有一定促进作用。据模型(14)所示结果可知，引导性规制在 0.1 显著性水平上对养殖户养殖废弃物资源化利用行为产生显著正向影响，表明引导性规制能够促使养殖户积极采取资源化利用行为，养殖废弃物资源化利用需要投入的成本相对较低，且可从中获取一定的人情、经济等收益，从这些特征考虑，引导性规制在提高养殖户资源化利用方面较易取得了一定成效。模型(15)结果显示，激励性规制在

0.01显著性水平上对养殖户废弃物资源化利用行为产生显著正向影响，表明激励性规制对养殖户资源化利用行为具有显著促进作用。粪污处置、干清粪、病死猪无害化处理等污染防治措施将产生大量的有机粪肥，如何进行粪肥合理消纳是养殖户进行资源化利用的最大障碍，因此，激励性措施中加快建设粪肥消纳、交易市场建设措施将有效促使养殖户采取积极的资源化利用行为。模型(16)结果显示，约束性规制则在 0.1 显著性水平上对养殖废弃物的资源化利用行为产生显著的正向影响，表明约束性规制对养殖废弃物资源化利用行为具有显著的促进作用。在高压的污染防治政策措施下，选择继续维持生猪养殖生计的养殖户将在约束性规制措施下进行系统的养殖污染防治规划和设计，包括积极解决养殖废弃物再利用问题，即倾向于采取积极的资源化利用行为。

由表 11-6 中的模型(17)可知，环境规制总指数和资源化利用行为分别在 0.1 和 0.05 显著性水平上对养殖污染防治绩效产生正向影响，表明在环境规制下养殖户资源化利用行为对养殖污染防治绩效具有促进作用，资源化利用行为起到部分中介效应。从模型(18)可知，引导性规制和资源化利用行为分别在 0.01 和 0.05 的显著性水平上对养殖污染防治绩效产生正向影响，表明在引导性环境规制下养殖户资源化利用行为对养殖污染防治绩效具有促进作用，即资源化利用行为在环境规制对养殖污染防治绩效影响过程中起到部分中介效应。由模型(19)所示结果可知，激励性规制和资源化利用行为均在 0.05 显著性水平上对养殖污染防治绩效产生正向影响，表明在激励性环境规制下养殖户资源化利用行为对养殖污染防治绩效具有促进作用，即资源化利用行为在环境规制对养殖污染防治绩效影响过程中起到中介效应。由模型(20)所示结果可知，约束性规制和资源化利用行为分别在 0.01 和 0.05 显著性水平上对养殖污染防治产生正向影响，表明在约束性环境规制下养殖户资源化利用行为对养殖污染防治绩效具有促进作用，即资源化利用行为在环境规制对养殖污染防治绩效影响过程中起到部分中介效应。

由此表明，引导性规制、激励性规制和约束性规制三个类型环境规制措施均既对养殖污染防治绩效产生直接促进养殖污染防治绩效，又通过资源化利用行为这一中介变量强化了该促进作用，即在引导性、激励性和约束性环境规制措施下能够通过促进养殖户积极采取资源化利用行为来提高养殖污染防治绩效。相比而言，激励性环境规制下养殖户的资源化利用行为对养殖污染防治绩效的传导效应最强，其次是引导性规制，约束性规制下资源化利用行为的中介效应作用最弱。

表 11-6 养殖户资源化利用行为的中介效应检验的估计结果

	(13)	(14)	(15)	(16)	(17)	(18)	(19)	(20)
环境规制总指数	0.149* (0.076)	—	—	—	0.061* (0.034)	—	—	—
引导性规制	—	0.414* (0.005)	—	—	—	0.515*** (3.252)	—	—
激励性规制	—	—	0.435*** (2.697)	—	—	—	0.223** (0.300)	—
约束性规制	—	—	—	0.015* (0.007)	—	—	—	0.241*** (0.025)
资源化利用行为	—	—	—	—	0.107** (0.042)	0.058** (0.025)	0.235** (0.181)	0.053** (0.025)
养殖户性别	0.035 (0.027)	1.628*** (12.115)	0.435*** (2.697)	0.228*** (0.037)	0.031 (0.027)	0.612 (0.173)	0.068*** (0.027	0.048** (0.235)
养殖户年龄	0.063 (0.055)	1.743*** (7.627)	1.613*** (7.467)	0.211** (0.098)	0.149* (0.076)	0.073 (0.271)	0.016** (0.026)	0.009** (0.043)
养殖户文化程度	0.226*** (0.035)	1.033*** (0.13)	0.340*** (3.26)	0.092*** (0.016)	0.225*** (0.035)	0.084*** (0.057)	0.056** (0.025)	0.071 (0.012)
养殖规模	0.322*** (0.074)	1.219*** (3.214)	−3.982*** (−11.291)	0.097*** (0.021)	0.356*** (0.092)	0.172** (0.611)	0.534*** (3.393)	0.114*** (0.023)
养殖年限	0.068 (0.044)	−0.003 (−0.89)	−0.146*** (−3.074)	0.037** (0.016)	−0.032 (0.039)	0.209** (0.092)	0.460 (0.049)	0.608** (0.800)
养殖收入	1.864*** (0.102)	0.667*** (2.89)	−0.057 (−0.196)	0.066* (0.035)	0.088*** (0.016)	0.009*** (0.265)	0.206 (0.105)	0.135 (0.083)
是否兼业种植	0.106* (0.062)	−0.064 (−0.221)	0.640*** (3.57)	0.272*** (0.034)	0.089** (0.036)	0.194 (0.150)	0.113 (0.226)	0.254 (0.176)
养殖污染防治能够改善邻里关系	−0.041 (0.095)	0.655*** (3.52)	0.627*** (3.46)	2.614 (1.673)	0.092*** (0.016)	0.155* (0.436)	0.173 (0.147)	0.020 (0.483)

续表

	(13)	(14)	(15)	(16)	(17)	(18)	(19)	(20)
了解《畜禽规模养殖污染防治条例》	0.074*** (0.021)	0.311*** (2.88)	0.303*** (2.79)	0.206*** (0.036)	0.110*** (0.024)	0.223** (0.300)	0.405 (0.103)	0.072* (0.741)
养殖污染防治能提高生猪养殖质量	0.263*** (0.041)	0.068*** (2.97)	0.080*** (3.59)	0.228*** (0.037)	0.259*** (0.038)	0.173 (0.147)	0.263* (0.113)	0.412* (0.238)
_cons	0.089*** (3.372)	71.130*** (29.527)	6.717 (2.187)	7.834*** (3.385)	7.757 (3.154)	87.308*** (61.364)	2.465* (1.103)	2.614 (1.673)
N	406	406	406	406	406	406	406	406
R^2	0.087	0.295	0.295	0.292	0.052	0.189	0.191	0.159

注：括号内表示标准误，***、** 和 * 分别表示在1%、5%和10%的水平上显著。

三、环境规制对生猪规模养殖户污染防治绩效的影响效应假设检验

基于上述研究结论，对前文所提出的研究假设验证情况进行归纳总结（见表11-7）。第一，环境规制对养殖污染防治绩效具有正向影响，具体地，不同性质规制措施均对养殖污染防治绩效具有显著正向影响，影响显著水平方面，约束性规制最为显著，其次为引导性规制，显著性最差的为激励性规制措施，表明当前，养殖污染防治绩效更多依赖约束性规制措施。由此，H15、H15a、H15b、H15c假设内容均得以验证。第二，养殖废弃物无害化处理行为在环境规制及其三种不同性质的环境规制与养殖污染防治绩效关系间具有部分中介效应，表明环境规制不仅直接对养殖污染防治绩效产生促进作用，而且通过无害化处理行为作为中介变量强化了这一促进作用。概括而言，约束性环境规制下养殖户的资源化利用行为对养殖污染防治绩效的传导效应最强，其次是引导性规制，激励性规制下无害化处理行为的中介效应作用最弱。由此，H16、H16a、H16b、H16c

假设内容均得以验证。第三,养殖废弃物资源化利用行为在环境规制及其三种不同性质的环境规制与养殖污染防治绩效关系间具有部分中介效应,表明环境规制不仅直接对养殖污染防治绩效产生促进作用,而且通过资源化利用行为作为中介变量强化了这一促进作用。相比而言,激励性环境规制下养殖户的资源化利用行为对养殖污染防治绩效的传导效应最强,其次是引导性规制,约束性规制下资源化利用行为的中介效应作用最弱。由此,H17、H17a、H17b、H17c假设内容均得以验证。

表 11-7 研究假设检验结果

代码	假设内容	验证结果
H15	环境规制对养殖污染防治绩效具有显著正向影响	成立
H15a	引导性规制对养殖污染防治绩效具有显著正向影响	成立
H15b	激励性规制对养殖污染防治绩效具有显著正向影响	成立
H15c	约束性规制对养殖污染防治绩效具有显著正向影响	成立
H16	养殖废弃物无害化处理行为对环境规制—防治绩效具有显著中介效应	成立
H16a	无害化处理行为对引导性规制—养殖污染防治绩效具有显著中介效应	成立
H16b	无害化处理行为对激励性规制—养殖污染防治绩效具有显著中介效应	成立
H16c	无害化处理行为对约束性规制—养殖污染防治绩效具有显著中介效应	成立
H17	养殖废弃物资源化利用行为环境规制—养殖污染防治绩效具有显著中介效应	成立
H17a	资源化利用行为对引导性规制—养殖污染防治绩效具有显著中介效应	成立
H17b	资源化利用行为对激励性规制—养殖污染防治绩效具有显著中介效应	成立
H17c	资源化利用行为对约束性规制—养殖污染防治绩效具有显著中介效应	成立

第十二章　提高生猪规模养殖污染防治成效的对策建议

习近平总书记强调,加快畜禽养殖废弃物处理和资源化关系 6 亿多农村居民生产生活环境,关系农村能源革命,关系能不能不断改善土壤地力、治理好农业面源污染,是一件利国利民利长远的大好事。基于前文所得研究结论,综合生猪规模养殖户污染防治行为特征、行为影响因素、环境规制对养殖户污染防治行为、防治绩效的影响效应以及养殖户对环境规制的偏好等一系列研究结果,本章提出应从提高生猪规模养殖户的污染防治意识;规范生猪规模养殖户的防治行为;加快生态养殖产业建设;发展养殖污染综合治理及利用模式以及完善和创新养殖污染环境规制措施等五个方面综合提高生猪规模养殖污染防治成效。

一、提高生猪规模养殖户的污染防治意识

生猪规模养殖户污染防治意识是后续各项环境规制政策和措施实施的保障和基础。研究结论也显示:生猪规模养殖户的心理认知对其污染防治行为具有显著影响。因此,要注重提升养殖户生态认知、责任意识,强化其对养殖环境、健康风险和损失的认知,同时,还需提高养殖户对相关政策的理解能力和感知水平。然而,养殖污染防治心理认知的形成并非一朝一夕的事情,而是需要长期的宣传教育引导进行持续性的强化。宣传教育规制措施对污染防治行为的显著调节效应,对养殖污染防治绩效的提升也具有积极的影响效应,同时,生猪规模养殖户对养殖污染防治

规制政策的偏好分析显示养殖户对宣传教育的偏好程度最高。这些结论的政策启示在于：有关政府部门应重视和加大宣传教育手段在提升生猪规模养殖户污染防治心理认知中作用，以提高生猪规模养殖户的污染防治意识。具体地，可从以下几个方面着手开展：

（一）加强宣传教育，丰富宣传方式和手段

首先，完善养殖污染防治宣传教育的工作机制。政府有关部门要高度重视宣传教育的重要性，建立常态化的宣传工作模式，并配套建立宣传教育工作的监督考核机制，要求宣传工作人员要经常性的深入到基层中，将宣传教育工作切实落实到具体的养殖场。其次，宣传内容方面要尽量系统全面，包括“谁污染、谁治理”的主体责任意识，养殖污染防治重要性的认知，养殖污染严重程度，科学化、规范化的养殖模式，各级、各有关部门制定的养殖污染防治政策法规等。同时，在宣传教育过程中要注重强化养殖户对养殖环境和健康风险的认知，以及对相关政策的感知水平和理解能力，以促使环境保护观念逐步内化为深层次的自觉行为。再者，要因地制宜采取相应的宣传教育方式和手段。突破以往简单地以条幅和村干部游说的方式，创新形式活泼、有激励性的宣传教育方式，如可通过举办绿色养殖示范创建活动，对于绿色养殖示范地区可以进行适当的嘉奖，也可以开展地区内的模范养殖场管理的评级活动，通过竞争评级的形式提高养殖场的活动参与率，从而提高养殖户对于规范养殖、绿色养殖模式的了解和接受程度。此外，还可通过电视、报纸、微信等宣传污染治理带来的好处，让更多的群众感受到国家污染治理的决心，让人人参与其中，人人享受带来的成果，达到相互促进、良性互动。

（二）紧扣养殖户群体差异，开展针对性的宣传教育

生猪养殖污染防治行为具有显著的群体差异性，不仅如此，养殖户群体特征一定程度上解释了养殖户对不同类型养殖污染防治规制政策偏好的异质性。鉴于此，应紧扣群体的差异性，开展针对性的宣传教育，以提

高养殖户对宣传教育的可接受性。由于禀赋特征的差异，养殖户对政策的理解能力存在较大差异，养殖污染防治的宣传教育要特别注重针对性，避免传统行文式的泛泛宣传，结合乡村的地域文化提高宣传教育的可接受性。年老、受教育程度低的养殖户群体，往往对养殖污染防治的必要性、长期治理的理念和污染防治技术缺乏了解，甚至可能一定程度上保留养殖污染能够自然消解的错误认知，对此类人群需要迫切提高其生态认知水平，因此，针对这类人群，可采取开展通俗易懂的专门培训或由重要人群开展游说等宣传手段。再比如，针对养殖年限较久、但养殖规模不大的养殖户群体，则应大力进行弃养转业宣传引导，增强其成功转产转业的信心。总而言之，政府相关部门在实际工作中应充分了解养殖户的个体、家庭、经营和心理认知等特征，并据此对养殖户群体进行分门别类，针对性地开展政策宣传和引导。

(三)发挥主观规范作用，促进防治意识内化

在农村“熟人社会”，养殖户所感知的主观规范在其养殖污染防治行为决策中具有极其重要的作用。研究结论也显示主观规范对生猪规模养殖户行为选择具有显著影响效应，并且村规民约对行为决策的显著调节效应也与此相呼应。首先，应积极发挥对养殖户而言重要人群的影响作用，这类人群包括邻居、亲人、朋友和村干部等。为了提高自身在“熟人社会”中的合群性，规避来自该社会圈子可能产生的惩罚或“舆论制裁”，养殖户会在综合衡量重要人群看法的基础上做出积极的养殖污染防治行为。因此，养殖污染防治宣传教育工作不能仅仅局限于养殖户主体，应以兼具多重身份的普通农村居民为宣传政策实施对象，提高上述人群的生态意识，由其从社会网络层面，而非政策层面，强化养殖户对养殖污染防治紧迫性和必要性的压力感知，从而促使其采取积极的防治行为。其次，应充分重视非正式制度对养殖污染防治的不可或缺性，重视运用和强化非正式制度的惩戒监督、价值导向和传递内化等功能对养殖户污染防治行为的调节作用。政府部门应加大力度鼓励和支持非正式组织的培育和发展，还可借助非正式组织宣传生态文明建设思想、养殖污染防治的益

处，纠正养殖户对养殖污染防治的认知偏差。

（四）培育“绿色养殖”示范户，发挥引领带头作用

拥有相同身份特征的养殖户之间具有明显“同群效应”和“参照效应”。鉴于此，首先，可通过积极培育“绿色养殖”示范区，通过适当嘉奖的形式提高养殖户参与示范区建设的积极性，同时，也可以开展地区内的模范绿色养殖场管理的评级活动，通过竞争评级的形式提高养殖场的活动参与率。其次，由点及面地推广“绿色养殖”示范户培育常态化工作，发现和培养“绿色养殖”先进典型，并进行总结提炼，树立标尺亮点，通过设立“标杆”，推广发挥模范示范带动作用。再者，培育生态养殖协会、生猪生态养殖合作社等非正式组织，吸引“绿色养殖”先进典型养殖户的加入，并通过其引领带动作用，吸引更多的养殖户群体加入，并借助组织宣传教育、约束监督功能进一步强化养殖户的污染防治意识。

二、规范生猪规模养殖户的防治行为

自 2013 年国家制定《畜禽规模养殖污染防治条例》以来，规模化畜禽养殖污染治理工作成为污染治理工作的重点，各地政府不断加大畜禽养殖污染排放管理力度，采取控制环境承载力、合理规划布局、加强环境影响评价、粪污零排放及达标排放等多项“严管”措施。但养殖污染的分散性、公共性和隐蔽性等特征在很大程度上削弱了这些措施和政策的效果；而且养殖总量控制与养殖成本提高的同时也引发了猪肉产品供给安全和养殖户生计保障等重要民生问题。从宏观视角选择畜禽养殖污染防治政策的同时，更为重要的是要从微观层面对养殖户的污染防治行为进行引导和规制。因此，应从加快生猪养殖污染防治监管制度建设、提高养殖户防治能力、强化非正式制度对养殖户污染防治行为的约束作用以及完善养殖户污染防治行为规范标准等方面进一步规范生猪规模养殖户的防治行为，以提高养殖污染防治水平。

(一)加快生猪养殖污染防治监管制度常态化建设

加快生猪养殖污染监管制度常态化建设,提升生态养殖规范化水平是形成生猪养殖污染综合治理长效机制的关键着力点。受非洲猪瘟疫情的影响,福建省生猪养殖规模化、集约化水平进一步提升,为开展养殖污染监管工作提供了良好的基础条件,也对养殖的规范化水平提出了新要求。一方面,应严格落实养殖环评制度和养殖场档案管理制度。要加强对环境污染的监控,以定期或者不定期的方式对养殖场周围环境情况进行评估,对于评估结果不合格的,应该给予处罚、停工等处理。同时,养殖场档案管理信息应全面包括生猪生产、防疫、粪污资源化利用等数据,切实利用生猪规模养殖场信息直联直报平台,进行统一管理和分级监督,确保数据定期准确更新,建立台账制度,实现精准及时监管。另一方面,生猪养殖主体是开展养殖污染防治和提升规范化养殖水平的直接主体,不可一味地依赖行政手段进行管制,要辅以合理的奖惩激励措施才能提高其对治污工作和规范化养殖的心理接受程度。可鼓励养殖场建设沼气生产、天然气生产工程,积极创新新型牧场,促进生猪粪便资源化利用,带动养殖业、农业等升级的同时,提高生猪养殖场环境污染治理效果。

(二)提高养殖户防治能力,弱化“无力感”心理障碍

首先,应推进积极沟通协调,降低养殖污染防治的成本。基层相关部门在制定治污补贴因子和提供技术支持时要多听取养殖户的意见,通过积极的协商和对话达成合理、适用的补贴区间和技术支持等,提高养殖户对规制措施的心理接受程度,降低其心理成本;同时,通过技术培训、集中型治污设施、生态补贴等为养殖户提供技术支持和经济支持,以降低养殖污染防治的成本。其次,创新生态补偿方案,针对不同养殖规模、不同处理工艺选择的养殖场实施不同生态补偿标准;注重全过程污染风险控制导向补偿方案的设计;与基于环境影响评价的处罚措施相结合,利用监管结果设计相应的奖励激励方案。再者,要因地制宜制定相适宜的生猪养

殖污染防治奖励政策，采取以奖代补的方式对部分环境污染治理成效显著、示范推广作用明显的禽畜养殖项目进行补助，降低养殖户的环境污染治理成本，同时发挥示范效应。最后，鉴于经济、技术等实际控制条件对养殖户污染防治行为的重要作用，应注重对激励性环境规制的优化利用，减少生猪规模养殖户的污染防治成本压力。建议有关政府部门在制定治污补贴因子和提供技术支持时要多听取养殖户意见，并通过协商、对话与决策等渠道达到合理及适用的区间，以提高规模养猪户的污染防治积极性。

(三)强化非正式制度对养殖户行为的规范作用

生猪规模养殖户污染防治行为影响因素的研究结论现实根植于日常生产生活和独特风俗习惯的非正式制度对其污染防治行为的形成具有较强的约束力。而养殖户对养殖污染防治规制政策的偏好研究显示养殖户对村规民约非正式制度具有较高的偏好。这些结论的政策启示共同表明应充分发挥非正式制度对养殖户污染防治行为的规范作用。对此，一方面，应积极培育基层非正式组织，如生猪生态养殖协会、生猪生态标准化养殖专业合作社等，依托这类组织不仅可以宣传生态化、规范化养殖的养殖理念，而且可以通过组织增强养殖户的议价能力让养殖户认识到生态化养殖带来的经济效益，从而促使其规范自身的养殖行为。另一方面，发挥村委会的组织带头作用，通过民主投票形式制定通俗易懂的生猪规范养殖的行为要求，突出强调养殖户遵守义务、普通村民的监督和举报责任以及相应的惩罚、规制等内容。

(四)制定具体、合理的养殖户污染防治行为规范标准

养殖污染防治行为规范养殖标准是养殖户进行养殖污染防治的依据，只有具有完善、具体的养殖污染治理规则，养殖场才可以根据政策规定做出合理的治理工作。比如，生猪粪便需要进行什么程度的处理，不同的固体污染和液体污染要进行怎样的排放，不同原因死亡的生猪尸体要

进行怎样的处理，这些细节性的治理规定都要在政策中有所体现，只有有了严格的执行标准，养殖场在进行养殖污染处理的时候才可以有正确的处理措施，空洞而不够完善的政策只会让养殖户对于养殖污染治理无从下手。不仅如此，养殖户的污染防治行为规范标准还需具有合理性和稳定性，应在综合考察区域性气候、养殖习惯、种养配套以及技术适用性等特点的基础上，经过科学系统的论证之后提出，并确保较长时间内的稳定执行，避免因政策不稳定性影响养殖户污染防治行为响应的积极性。

三、推动标准化生态生猪养殖产业发展

2018 年大范围的限制养殖政策，加上 2019 年的非洲猪瘟的冲击，导致猪肉市场供应紧张，引发了社会公众“菜篮子”安全问题。这一现象证明了简单地通过限制生猪养殖业发展的政策并非解决养殖环境污染问题的根本措施。而是要在科学合理规划的基础上，通过完善生猪养殖业健康发展的各项配套措施，推动标准化生态生猪养殖产业的有序发展，实现兼顾生猪养殖业发展和环境保护的政策目标。具体地，应从加强对生猪规模养殖产业发展规划、多措并举发展种养结合生态农业产业模式、持续推进粪污资源化利用市场机制建设以及完善生猪养殖业绿色发展的配套措施等方面大力推进标准化生态生猪养殖产业的发展。

(一)加强对生猪规模养殖产业发展规划

首先，根据 2021 年福建省政府办公厅发布的《关于促进畜牧业高质量发展实施方案》，各地要做好生猪养殖规划布局，落实《国土资源部农业部关于进一步支持设施农业健康发展的通知》(国土资发〔2014〕127 号)要求，将生猪养殖用地纳入土地利用总体规划，有效保障新建、扩建生猪规模养殖场设施用地。在规划布局中，要注重突出标准化、规模化和生态化的产业发展的目标，制定和完善相应配套措施。其次，在全省巩固提升生猪标准化规模养殖。指导大型养殖场落实种养结合、干湿分离、雨污分

离、改造提升等污染防控措施，继续按照生产高效、环境友好、产品安全、管理先进的标准化建设新要求，进一步完善提升生猪生产、环境控制、动物防疫、粪污资源化利用等环节标准化改造。再者，在科学评估基础上设立专业养殖园区，引导较小规模养殖户进入，实现粪污治理、病死畜禽处理等配套化、专业化。同时，在园区内引进畜禽粪污加工企业，利用养殖粪污生产有机肥、沼气，沼渣沼液还田，发挥园区的产业聚集效应。

(二)多措并举发展种养结合生态农业产业模式

生猪养殖污染防治工作需在以养殖户为主体基础上，以生猪养殖业绿色发展为目标，切实完善各项配套措施。首先，鉴于当前福建省的养殖规模和土地承载力，每个养殖主体纷纷开发与养殖规模相匹配的农业种植地以消纳养殖废弃物处理产品实属困难。对此，从用地政策、资金扶持、设施补贴等相关配套措施入手支持种养结合模式生态农业产业链的发展。对粪污资源化利用建设用地（规模养殖、粪污处理设施、养殖场配套粪污消纳用地），国土资源部门要按照土地法律法规规定，优先予以保障。从事生猪粪污资源化利用的个人和单位，享受国家规定的办理有关许可、税收、用电等优惠政策。生猪养殖粪污资源化利用相关企业，按规定享受企业所得税优惠政策。养殖场（小区）生猪养殖粪污资源化利用设施运行用电，执行农用电价格。整合现有关于生猪粪污处理和利用相关的涉农资金，统筹使用支持生猪粪污资源化利用的各环节，形成支持合力。出台粪污收集、贮存、运输等相关扶持政策，中央投资重点支持包括生猪粪污收集、贮存、处理、利用等环节的基础设施建设，利用中央财政农机购置补贴资金，对生猪养殖废弃物资源化利用装备实行敞开补贴。

(三)持续推进养殖废弃物资源化利用市场体系的形成

养殖废弃物资源化利用不仅是养殖污染防治的末端处理环节，更是确保其可持续开展的关键，如若不能妥善进行养殖废弃物的资源化利用将削弱养殖主体的污染防治积极性，甚至可能产生二次污染。环境规制调节效应检验结果表明粪肥消纳交易对资源化利用行为具有显著影响，且系统动力学模型仿真实验表明粪肥消纳因子对养殖污染量的削减作用明显，环境规制对养殖污染防治绩效的研究也进一步证实了粪污消纳的显著积极作用。因此，如何解决养殖废弃物资源化利用产品的消纳问题极为关键。有机肥与化肥存在明显的替代效应，政策上解决有机肥的出路是畜禽粪污治理重要的一环。在制度需求方面，要充分利用新媒体宣传畜禽粪污治理的紧迫性和必要性，不仅需要进一步提高民众对畜禽粪污治理政策的意识，更要从粪污治理的出口层面进行宣传教育，积极推进种养结合循环农业模式，完善国家关于有机肥的补助政策，探索直接补助施用有机肥农户的模式，鼓励种植主体施用有机肥。此外，还应强化高端有机或绿色农产品品牌的门槛设置，加大监管力度，做到“优质可以优价”，间接推进种养结合循环农业模式的发展与有机肥的市场需求量；在有机肥生产和运输环节加大政策扶持力度，促进社会资本积极参与以畜禽粪污为主的有机肥加工和利用，在解决粪污治理出口问题的同时推进绿色农产品项目、测土配方项目和耕地保护工程，将各项促进生态文明建设的政策联结起来，宣传绿色农业、可持续农业的发展理念，延伸粪污治理产业链，形成并完善畜禽粪污治理的市场体系。

(四)逐步完善生猪养殖业标准化发展的配套措施

生猪养殖是规模化、标准化、生态化生猪养殖业发展的重要生产环节，但不是唯一环节，要实现标准化生态生猪养殖业的可持续发展，必须逐步完善相应的配套措施。首先，优化生猪养殖的金融支持政策。对于生猪生产的信贷，在资金投向、投量、期限、利率等方面予以倾斜，不断创新增信手段，扩展抵押担保物范围。对符合授信条件但遇到暂时经营困难的生猪养殖场、屠宰加工企业，金融机构不得盲目抽贷、断贷。其次，完善生猪养殖政策性保险制度，扩大能繁母猪和育肥猪政策性保险覆盖面，积极探索推进生猪目标价格保险，降低养殖风险。再者，加强畜牧兽医队伍建设。通过改善工作条件，保障工作经费，提高畜牧兽医工作津贴等多项举措，壮大基层畜牧兽医机构和队伍，配齐配强县、乡两级动物防疫和动物卫生监督人员，确保基层动物防疫体系正常运转，切实解决畜牧兽医工作“最后一公里”保障问题。

四、健全生猪养殖污染防治技术服务综合体系

生猪养殖污染防治技术服务综合体系是发展标准化生猪生态养殖的基础和保障。在“源头减量、过程处理、末端利用”理念指导下，紧密结合养殖区域发展的实际情况，在确保规模化畜禽养殖产业可持续发展的同时，加强对畜禽养殖污染防控监管力度，从技术、经济和政策层面多角度开展针对污染物减量、处理及安全利用的研究与示范，探索适合自身发展特点的粪污处理技术模式，建立健全生猪规模养殖污染防治技术服务综合体系十分必要。因此，应从完善养殖污染防治技术推广体系、选择相适宜的生态养殖技术模式和探索第三方治理在养殖污染防治中应用等方面努力健全生猪养殖污染防治技术服务综合体系。

(一)完善养殖污染防治技术推广体系

由实地调研来看，由政府主导推广的污染防治技术和设施使用反复亦是规模养猪户行为决策犹豫难定的重要影响因素。细究其中原因主要是当前污染防治技术推广体系尚未建立，且技术推广工作多由畜牧站相关人员兼任，而这类工作人员多为畜牧兽医专业人员，对于污染防治相关技术的使用和推广缺乏专业知识，对污染防治技术和设施有效性的识别能力较低，未能根据区域性气候、养殖习惯以及种养配套等特点针对性地考察技术适用情况，表现为盲目被动推广，这不仅影响了规模养猪户的技术使用接受水平，使其对政府技术推广产生抵触、排斥心理，而且影响了养殖污染的整体防治水平。结合仿真实验所得的结果：降低相应的技术推广水平会对养殖污染处理率产生更大幅度的削减效应。鉴于此，建议上级相关部门要提高对污染防治技术研发和推广的重视，加快推进污染防治技术推广体系建设，特别要加强对专业人才的培养和引进。

(二)积极探索相适宜的生态养殖技术模式

采用相适宜的生态养殖技术模式能够有效提升养殖污染防治成效。在实践探索过程,目前已形成以种养结合、农牧循环、就近消纳、综合利用为主线的多种生态养殖技术模式。首先,根据福建省气候条件、地理条件,可在全省范围内因地制宜推广"猪一沼一果、菜"种养结合、"畜一异位发酵床一垫料生产有机肥、基质"模式。其次,还可鼓励发展农牧结合型生态养殖模式,在养殖场推行干清粪,推广漏缝地板、饮水节水装置、智能化高压冲洗系统、雨污分流、干湿分离和设施化处理技术,便于养殖污染物的后续处理与利用。在各养殖场安装畜禽饮用水水表和清洗栏舍水表,实行生活用水与生产用水分离、雨污分离等,从源头上减少畜禽养殖污水产生量。再者,针对性地发展适合不同养殖区域、养殖规模和养殖模式的生猪养殖废弃物无害化处理模式和资源化综合利用模式,如在养殖总量较为密集且地势层次明显的养殖片区可考虑引进集中处理方式;对于养殖规模难以形成较显著治理规模效应的养殖户应给予必要的技术服务咨询或鼓励采用联户污染防治模式。最后,根据不同区域资源环境特点,结合不同规模养殖场的粪污产生情况和现有经济、设施条件,尽可能听取和尊重规模养殖户的意见,因地制宜推广经济适用的粪污资源化利用模式,实现粪污就地就近利用。根据粪污消纳用地的作物和土壤特性,推广便捷高效的有机肥利用技术和装备,做到科学还田利用。

(三)探索第三方治理在养殖污染防治中应用

遵循专业化分工原则,在条件适合的区域可以探索第三方治理在养殖污染防治中的应用。福建省南平市引入第三方治理企业开展养殖污染防治,虽然最终无声终结,终结的背后有太多政策的、社会的、环境的等多方面的复杂因素,并不直接代表第三方治理模式的失败。在综合评估自然环境、社会条件、养殖总量、土地消纳能力等因素基础上,在多方科学论证基础上,可以探索建立包括政府、第三方服务企业、大中型养殖场和规模化特色种植户的资源化利用合作机制，由第三方服务企业负责项目融资、建设、运营等工作。按照补偿成本、合理收益、优质优价、公平负担的原则，合理确定财政补助标准、养殖户付费标准、种植户使用付费标准，建立多方共赢合作机制。建立一整套涵盖畜禽粪污资源化利用设施建设、粪污收集、运输、处理、再生资源利用的全过程标准化管理体系，形成体系标准，并有序推进、规范畜禽粪污资源化利用社会化服务，形成可学可用、可复制可推广的粪污资源化利用社会化服务标准体系。

五、完善和创新养殖污染环境规制政策

生猪规模养殖户污染防治环境规制效果取决于政府如何协调养殖户主体和资源化利用主体之间的利益关系，多主体之间形成合力，建立激励相容的生猪养殖污染防治机制。政府需要综合运用行政和经济手段，从制度供给和制度需求两个角度，引导养殖主体对养殖产生的粪污进行治理，鼓励种植主体等资源化利用主体参与畜禽粪污的资源化利用，形成并完善养殖污染防治的系统性政策体系。因此，建议应进一步完善地方性养殖污染防治法律政策，制定系统性的环境规制政策体系，明确利益制衡关系，提高制度供给效率，提高监管柔性，加强政策落实，丰富政策工具，优化政策组合等。

(一)完善地方性养殖污染防治法律政策

当前全国范围内有关畜禽养殖环境污染的法律法规包括《环境保护法》《水污染防治法》以及排污许可证制度等，对生猪养殖中的环境保护与治理工作提出了明确要求。由于地区养殖特点与污染情况存在差异性，现行的法律法规适用性和有效性存在不足。实践过程中，应结合自身实际情况制定全面完善的生猪养殖环境污染管理法律政策，进一步细化生猪养殖业污染排放标准，例如生猪养殖规模标准、生猪养殖污水排放标准、生猪粪肥使用标准、养殖场地选址布局标准等。还要建立严格严谨的

生猪养殖环境污染治理监管体制，加强对环境污染治理工作的政策保障，加强对生猪养殖环境污染防治工作的监督和指导，做好生猪养殖环境污染减排的核算与考核。

（二）制定系统性的环境规制政策体系

生猪粪污治理是一个长期的过程，不论源头防治还是后期治理，都有赖于完善而系统的制度。源头防控需要采取更完整的源头防控技术，在粪污产生之初做到规范收纳和及时处理，而后期治理对技术的要求也不断提高，处理技术的不断进步可以有效提高畜禽粪污资源化利用率。在制度供给方面，要明确畜禽粪污从来源到出路的治理必要条件，完善政策系统性，为畜禽粪污治理的进一步推进提供良好的法律环境和行政环境，通过加强政策引导，促使更多畜禽养殖主体加入粪污治理的工作中，与社会公众的引导形成合力，建立完善的粪污治理政策体系，为畜禽粪污治理提供根本保障，推动畜禽粪污治理向着更加全面、系统的方向发展。

（三）明确利益制衡关系，提高制度供给效率

在畜禽粪污治理过程中，责任主体和相关利益主体之间的制衡关系很大程度上影响了政策效率，松散的制衡关系会导致相关利益主体为了降低畜禽粪污治理的成本，呈现简化治理技术的特点，降低治理的有效性和彻底性。在制度供给方面，政府应加强高效率的政策制度的供给，从责任主体与相关利益主体制衡关系的角度切入，推动粪污治理责任主体与相关利益主体之间形成紧密的制衡关系，扩大激励政策覆盖范围，形成更明确的激励机制，降低粪污治理的交易费用，降低政府监管成本，提高社会公众在畜禽粪污治理过程中的反馈作用。此外，研究显示防治污染生态补贴不仅具有较好的即时效应，更具有累积效应。因此，建议应持续推进补贴政策的开展和落实，通过给予规模养猪户资金补贴或实物激励提高制度有效性。

(四)完善监管柔性,加强政策落实

过度禁限养产生的诸如猪肉有效供给等问题已初步显现,2019年农业农村部发布的《关于调整动物防疫条件审查有关规定的通知》要求暂停饲养场等五类场所选址距离的规定,恢复与发展生猪生产。2016年环境保护部和农业部联合印发的《畜禽养殖禁养区划定技术指南》指出畜禽粪污肥料化还田,符合法律法规要求以及国家和地方相关标准,不造成环境污染的,不属于排放污染物。在制度需求方面,应结合现有政策显露出的问题,明确和细化可能产生歧义的条款,及时出台相应的实施细则和执行界限。对养殖场实行分类管理,提高养殖主体畜禽粪污治理意识的同时,通过专项资金支持和政策扶持,引导和扶助养殖主体采纳畜禽粪污治理行为。

(五)丰富政策工具,优化政策组合

改变单一依靠强制性环境规制政策的做法,丰富环境规制政策工具,优化引导性、激励性和约束性规制政策组合,发挥“组合拳”效果。一方面,要强化产业转移扶持和市场化激励措施的应用。仿真实验结果证实了限养管制规制措施对养殖污染防治行为的实质性推动作用相对有限,但现阶段不乏大量养殖户迫于生存理性而选择污染防治行为,其可持续性要求较高的市场行情和强有力的长效监督保障。鉴于此,强调政府应在科学评估环境承载力基础上综合考虑农民生计及猪肉产品市场稳定供应等现实问题,适当采取限制养殖措施,同时还需加大产业转移扶持力度,两措并举刚好可以较好地规避引导转业可能引发的短期反弹现象,发挥长效降低养殖污染总量和提高污染物削减率的功效。另一方面,强化激励性和约束性规制措施的综合应用。在猪价行情低迷时,生猪规模养殖户出于生存理性的污染防治行为随即可能大幅减少,且由于生猪规模养殖户分布广、总量大,其污染又表现出随机、滞后特征,要实现全面有效监管难度较大且成本高昂。因此,建议要想长效提高养殖污染防治水平不能单纯依靠监管、警示、惩戒等强制性行政措施，而要强化对激励性规制手段的运用，利用市场机制驱动养殖户自发形成污染防治行为，采取相应措施纠正养殖户污染防治行为的环境正外部性。如通过进行价格保护、养殖补贴等，降低养殖户进行污染防治的相对成本，提高养殖户采纳污染防治行为的积极性；加大对农村基础设施的投入和生态养殖方面的资金扶持，通过政府支持改善养殖户污染防治行为。

第十三章　研究结论与展望

一、本书的研究结论

本书运用扎根理论方法对生猪规模养殖户污染防治行为开展质性研究，清晰界定了生猪养殖户的污染防治无害化处理行为和资源化利用行为的具体表征及其量化方式。根据质性研究和相关行为理论理清了可能影响生猪规模养殖户污染防治行为的心理认知和环境规制变量，基于此构建本书的理论研究模型。对研究变量选取、量表设计、调研实施以及数据质量进行严密设计和检验以确保后续研究的质量。然后，基于对调研数据的统计描述总结归纳和分析生猪规模养殖户污染防治行为的基本特征，并从养殖户个体、家庭特征以及养殖特征等方面细致分析规模养猪户的行为特征差异。在充分了解养殖户污染防治行为特征基础上，为进一步探讨其行为影响因素，本书运用结构方程模型对生猪规模养猪户污染防治行为的心理认知影响机理进行检验分析，同时运用层次回归模型审慎论证环境规制变量对养殖户污染防治行为的调节效应。养殖污染防治具有明显的公共性特征，并非关乎养殖户个体利益的独立经济行为，养殖户在进行养殖污染防治行为决策时必然受到多方利益主体的直接影响，通过构建博弈模型分析环境规制下养殖户与其他主体的利益关系及行为机理。基于此，深入分析复杂经济社会环境下环境规制的动态影响效应，同时预测区域内养殖户污染防治的变化趋势，通过设计因果关系图、系统流图，设定模型方程等系列规范步骤构建生猪规模养殖户污染防治系统动力学仿真模型。基于此通过模拟不同的环境规制参数赋值，比较其对规模养猪户污染防治行为的动态仿真影响。再者，缘何环境规制影响效应会存在差异，为探讨之，从养殖户角度分析其对不同环境规制措施的偏好程度及其异质性，并从养殖户个体特征、养殖特征以及心理认知特征分析偏好异质性的来源。

最后，养殖污染防治绩效是养殖污染防治成效的直接体现，为进一步了解环境规制和养殖户养殖污染防治行为与养殖污染防治绩效的关系，构建中介效应检验模型验证养殖污染防治行为在环境规制与养殖污染防治绩效间的传导效应。

总结本书的研究工作，所得主要研究结论如下：

(1)养殖户污染防治行为可划分为无害化处理行为和资源化利用行为。且与无害化处理行为相比，生猪规模养殖户的资源化利用行为实施情况较好。其中，资源化利用以肥料化和能源化利用行为为主，无害化处理行为以沼气池设施使用行为为最佳。养殖户具有较为积极的资源化利用和污染防治时间、精力投入的积极意向，但其无害化处理技术采纳及资本投资意向较为消极。针对生猪规模养殖户的污染防治行为特征分析显示，养猪户无害化处理行为具有显著的年龄、受教育程度、家庭总收入、家庭社会资本、养殖年限、养殖规模和养殖收入占比等特征差异，而资源化利用行为则在受教育程度、家庭社会资本、养殖规模方面具有显著差异，污染防治意向具有显著的年龄、受教育程度、家庭社会资本、养殖年限、养殖规模等方面的差异。

(2)生猪规模养殖户的行为态度、主观规范、知觉行为控制、环境风险感知对其防治意愿均具有显著正向影响，并通过防治意愿的中介作用对防治行为产生间接的正向影响。环境风险感知对无害化处理及资源化利用均具有直接影响效应，而知觉行为控制仅对无害化处理行为具有直接积极效应，对资源化利用行为不具有直接显著影响。具体而言，规模养猪户污染防治行为决策不仅来源于责任意识、生存理性和对资本、技术能力评估的主观判断，而且是其生态理性、自我效能感等心理认知的外在表现，同时还是对政府、养殖户及非养殖户的污染防治诉求的积极响应，更是养猪主体为规避养殖污染环境风险的理性选择。

(3)除行为态度、主观规范、知觉行为控制、环境风险感知以及防治意向等心理认知因素外，生猪规模养殖户污染防治行为还是在政府引导性、激励性和约束性环境规制政策调节作用下形成的综合性选择。层次回归模型分析显示引导性环境规制对无害化处理和资源化利用两类污染防治行为均具有显著正向调节效应，激励性环境规制偏向于对资源利用行为具有显著调节效应，约束性规制策略则主要对无害化处理行为起显著正向调节作用。当前激励性环境规制策略集中在对末端污染防治行为的显著促进效应，引导性环境规制措施具有更为综合的显著促进作用，而约束性规制手段对养殖户污染防治行为的显著促进作用需要更多的监管条件保障。

(4)环境规制对养殖户污染防治意愿与行为关系的调节效应检验结果表明显示，政府引导下的养殖户弃养转业对规模养猪户的污染防治行为的形成具有负向调节效应，其原因可归咎于规模养猪户对养殖业的强依赖性导致其在政府强规制力、市场高行情情景下污染防治意愿及其行为的显著不一致性。而根植于日常生产生活和独特风俗习惯的非正式制度对其污染防治行为的形成具有较强的约束力。由于养殖污染的随机性、滞后性特点，少数重点监管成为排污技术标准措施执行的合理有效选择，但这会使得排污技术标准措施不具有显著调节效应。粪肥消纳交易暂且仅对资源化利用行为产生显著影响；而当前污染防治技术推广现实操作中的强制命令特征使其具有显著调节效应。

(5)基于选择实验法对生猪规模养殖户对养殖污染防治政策偏好进行准实验研究显示，引导性、激励性和约束性环境规制措施对养殖户选择提高养殖污染处理率的影响效应不同，其中约束性措施中，限量养殖和排污技术标准政策对养殖户提高养殖污染处理率不具有显著影响效应。研究还揭示了加强宣传教育和完善村规民约建设能够显著提高养殖户提高养殖污染处理率概率，而且养殖户对这两项规制政策的偏好不具有异质性，即加强宣传教育和完善村规民约建设对不同养殖户群体提高养殖污染处理率均具有显著影响。养殖户对其他环境规制措施的偏好则在个体、社会经济特征方面具有异质性。此外，虽然养殖污染防治的各项规制政策均能够显著提高养殖户参与养殖污染防治的效用，但养殖户对不同养殖污染防治规制措施的偏好程度存在较大差异，具体地，养殖户对各个环境规制措施的偏好程度排序为：村规民约＞宣传教育＞粪肥交易市场建设＞治污技术推广与服务＞引导弃养转业＞污染防治技术补贴＞排污技术标准＞限量养殖。

(6)系统动力学模型仿真实验结果进一步验证了环境规制变量对污染防治行为的显著影响效应，同时，动态仿真模拟还预测了环境规制变量下的养殖污染防治系统的变化趋势，对比了环境规制变量在时序和主体维度上的不同影响效应。研究显示，引导转业规制策略可能会使养殖户产生观望心理，出现短期反弹现象；宣传教育和村规民约等非正式制度具有显著的持续累积效应，治污补贴措施不仅具有较好的即时效应，而且累积效应也较基准状态佳；相较于提高技术推广水平，降低相应的技术推广水平会对养殖污染处理率产生更大幅度的影响效应；所有环境规制变量中，粪肥消纳交易因子对污染防治行为的影响效应相对较弱；此外，一味地通过强制性养殖控制手段并不是有效控制养殖污染防治的较佳措施。

(7)环境规制对养殖户污染防治绩效影响效应的研究显示，环境规制对养殖污染防治绩效具有正向影响，具体地，不同性质规制措施均对养殖污染防治绩效具有显著正向影响，影响显著水平方面，约束性规制最为显著，其次为引导性规制，显著性最差的为激励性规制措施，表明养殖污染防治绩效更多依赖约束性规制措施。对养殖污染防治行为在环境规制与污染防治绩效的中介效应检验结果的显示，无害化处理行为和资源化利用行为均具有中介效应，即引导性规制、激励性规制和约束性规制三个类型环境规制措施均既对养殖污染防治绩效产生直接促进养殖污染防治绩效，又通过无害化处理行为和资源化利用行为这两个中介变量强化了该促进作用。然而，两类行为在不同类型的环境规制措施的具体传导效应有所差异。约束性规制措施更多通过无害化处理行为强化对绩效的促进作用，而激励性规制措施更多通过资源化利用强化促进作用。

二、本书的不足之处与研究展望

本书利用微观数据对生猪规模养殖户的污染防治行为及其环境规制策略选择问题开展了相关研究，着重实证分析了生猪规模养殖户的污染防治行为的心理认知影响机理，探讨了生猪规模养殖户对环境规制政策的偏好及其异质性，检验和仿真模拟了环境规制对其防治行为的调节效应，检验了环境规制对养殖污染防治绩效的影响效应。虽然本研究在畜禽养殖环境治理的相关研究中取得了较大的进展，但在研究范围、研究深度、研究设计等方面还存在一定的不足，而这些不足也是后续研究可以进一步改进和开拓的方向，具体包括以下四个方面：

第一，在研究范围上，生猪规模养殖户的污染防治行为表现不仅多样复杂，而且分布于生猪规模养殖各个环节，对其全面表征将面临信息搜索量大和难以完全量化的困难。对此，由于研究时间、精力有限，本书采取采用质性研究方法选取最具代表性的观察变量表征污染防治行为，虽能够在较大程度上体现污染防治真实情况，但终究不是在对污染防治行为进行全面表征基础上由解释能力量化测试筛选而来。因此，后续研究当尽量对生猪规模养殖户的污染防治行为进行记录观测，尽可能挖掘主要环节，并在数据量化基础上全面、真实地表征污染防治行为。

第二，在研究设计方面，由于作者研究水平和研究条件的局限，本书所使用的微观数据均为横截面调研数据，基于此通过统计推论的方法对理论模型和研究假设关系进行了检验，这一方面导致难以证明研究变量之间是否具有严格的因果关系，另一方面也使得必须从时间序列维度才能分析其影响效应的变量难以被纳入研究模型。如生猪销售价格在同一区域范围内差别极小，要考察市场价格因子对养殖户污染防治行为的影响效应需要获取较长时间跨度且具有一定波动性的序列数据。对此，后续研究当对样本养殖户开展持续的数据跟踪调查，以进一步深入佐证变量间的因果关系。

第三，生猪规模养殖污染防治系统涉及领域较广，是一个复杂的非线性系统，涉及变量众多，而且变量随环境的变化充满不确定性，变量间的反馈回路复杂多变。而根据研究目的，本书仅设置模型包含养殖、社会、政策和社会等多个子系统，同时对一些变量及变量间关系以及反馈回路进行了简化处理，可能存在遗漏重点变量或回路的缺陷。此外，为了能够更好地体现环境规制对养猪户污染防治行为选择的影响效应，本书假设仿真系统中的养殖户是除了主观认知强度和社会压力感知等内在属性存在差异性外，其他方面是同质性的。而现实中的养殖户个体是异质的，具备不同人口统计特征和家庭特征的居民其行为存在较大差异，对待政策因素的反映也是不同的，因而本书的仿真系统在模拟真实环境上还存在一定的局限。

第四，影响因素筛选和问卷量表设计上的局限。由于养殖户污染防治行为选择是受内在和外在多种因素共同影响的复杂过程，本书在综合详细分析相关理论以及文献的基础上，结合扎根理论通过对畜禽养殖防治工作人员及养殖户深度访谈和专家咨询，进行养殖户污染防治行为影响因素筛选，并设计调查量表。虽然经过预调研和正式调研检验了其可靠性和有效性，但研究仍具有一定的主观性。环境规制影响效应的检验也存在一定的主观干扰问题，本应由环境规制的现实水平进行表征，但受限于研究水平和条件，通过养殖户的主观感知进行表征难以避免主观性对研究结果的影响。对此，今后将持续观察研究区域养殖污染防治问题，通过时间序列数据收集或寻找环境规制量化指标加以解决。

参考文献

[1] Aarts H, Verplanken B, Knippenberg A. Predicting behavior from actions in the past: repeated decision making a matter of habit[J]. Journal of applied social psychology, 1998, 28(15): 1355-1374.

[2] Baumgart-Getz A, Prokopy L S, Floress K. Why farmers adopt best management practice in the United States: a meta-analysis of the adoption literature[J]. Journal of environmental management, 2012, 96(1): 17-25.

[3] Reimer A P, Weinkauf D K, Prokopy L S. The influence of perceptions of practice characteristics: an examination of agricultural best management practice adoption in two Indiana watersheds[J]. Journal of rural studies, 2012, 28(1): 118-128.

[4] Ajzen I. The theory of planned behavior[J]. Organizational behavior and human decision processes, 1991, 50(2): 179-211.

[5] Barragan-Ocana A, Del-Valle-Riveraa M D C. Rural development and environmental protection through the use of biofertilizers in agriculture: an alternative for underdeveloped countries? [J]. Technology in society, 2016, 46(8): 90-99.

[6] Scalco A, Noventa S, Sartori R, et al. Predicting organic food consumption: a meta-analytic structural equation model based on the theory of planned behavior[J]. Appetite, 2017, 112(5): 235-248.

[7] Kumar R R, Park B J, Cho J Y. Application and environmental risks of livestock manure[J]. Journal of the Korean Society for applied bi-

ological Chemistry,2013(56):497-503.

[8]Arcury T A, Christianson E H. Environmental worldview in response to environmental problems kentucky 1984 and 1988 compared[J]. Environment and behavior,1990,22(3):387-407.

[9]Mehmet A, Gul B. The Impact of between the environmental interest,concern and sensitivity level and on purchasing behaviour of environmentally friendly product[J].International journal of business and economic development.2013,1(3):37-46.

[10]Bamberg S,Schmidt P.Incentives,morality or habit? Predicting students' car use for university routes with the models of Ajzen, Schwartz and Triandis[J]. Environment and behavior, 2003, 35(2): 264-285.

[11]Bamberg S,Moser G.Twenty years after Hines,Hungerford, and Tomera:a new meta-analysis of psycho-social determinants of pro-environmental behavior[J].Journal of environmental psychology,2007, 27(1):14-25.

[12]Barr S,Ford N J,Gilg A W. Attitudes towards recycling household waste in Exeter,Devon:quantitative and qualitative approaches[J]. Local environment,2003,8(4):407-421.

[13]Fischhoff B. Environmental cognition,perception,and attitudes International encyclopedia of the social & behavioral sciences(Second Edition),2015:706-712.

[14]Bebbington A.Capitals and capabilities:a framework for analyzing peasant viability,rural livelihoods and poverty[J].World development,1999,27(12):2021-2044.

[15]Beckerman W.Economic growth and the environment:whose growth? whose environment[J]. World Development, 1992, 20(4): 481-496.

[16]Boldero J.The prediction of household recycling of newspapers: the role of attitudes,intentions and situational factors[J].Journal of ap-

plied social psyehology.1995,25(5):440-462.

[17]Steel B S, Pierce J C, Lovrich N P. Resources and strategies of interest groups and industry representatives involved in federal forest policy[J].The social science journal,1996,33(4):401-419.

[18]Beavis B, Walker M. Achieving environmental standards with stochastic discharges[J].Journal of environmental economics and management,1983,10(2):103-111.

[19]Broch S W, Vedel S E.Using choice experiments to investigate the policy relevance of heterogeneity in farmer agri-environmental contract preferences[J]. Environmental and resource economics, 2012, 51(4):561-581.

[20]Burton R J.The influence of farmer demographic characteristics on environmental behavior[J]. Journal of environmental management. 2014,135(4):19-26.

[21]Curtis C C. Economic reforms and the evolution of China's total factor productivity[J].Article review of economic dynamics,2016, 21:225-245.

[22]Charnes A,Cooper W W,Rhodes E. Measuring the efficiency of decision making units[J].European journal of operational research,1978, 2(6):429-444.

[23]Chen XD,Peterson M N,Hull V,et al. How perceived exposure to environmental harm influence environmental behavior in urban China [J].AMBIO,2013,(41):52-60.

[24]Clark C F,Kotchen M J,Moore M R.Internal and external influences on pro-environmental behavior: participation in a green electricity program[J].Journal of environmental psychology, 2003, 23(3):237-246.

[25]Dasgupta P,Heal G.Economic theory and exhaustible resources [M].Cambridge:Cambridge University Press,1979.

[26]Dean J W,Snell S A.Integrated manufacturing and job design:

Moderating effects Of organizational inertia[J].Academy of management journal,1991,34(4):776-804.

[27]Dietz T,Stern P C,Guagnano G A.Social structural and social psychological bases of environmental concern[J].Environmental and behavior.1998,30(4):450-472.

[28]Dolnicar S,Long P.Beyond ecotourism:the environmentally responsible tourist in the general travel experience[J].Tourism analysis, 2009,14(4):503-513.

[29]Dubin R.Theory development[M].New York:Free press,1978: 43-44.

[30] Dunlap R E, York R. The globalization of environmental concern and the limits of the post-materialist values explanation: evidence from four multinational surveys[J].The sociological quarterly, 2008,49(3):529-563.

[31] Tatlidil F F, Boz I, Tatlidil H. Farmers' perception of sustainable agriculture and its determinants:a case study in Kahramanmaras province of Turkey [J]. Environ dev sustain, 2009, 11 (6): 1091-1106.

[32] Moghimehfar F, Halpenny E A. How do people negotiate through their constraints to engage in pro-environmental behavior? a study of front-country campers in Alberta,Canada[J].Tourism management,2016,57,362-372.

[33]Fishbein M, Ajzen I. Attitude-behavior relations:a theoretical analysis and review of empirical research [J]. Psychological bulletin, 1977,84(5):888-918.

[34]Flynn J,Slovic P,Mertz C K.Gender,race,and perception of environmental health risks[J].Risk analysis,1994,14(6):1101-1108.

[35]Winsen F V,Mey Y D,Lauwers L,et al.Cognitive mapping:a method to elucidate and present farmers' risk perception[J].Agriculture systems,2013,122:42-52.

[36]Fransson N,Garling T. Environmental concern:conceptual definitions,measurement methods,and research findings[J].Journal of environmental psychology,1999,19(4):369-382.

[37]Gamba R J,Oskamp S. Factors influencing community residents' participation in commingled curbside recycling programs[J].Environment and behavior.1994,26(5):587-612.

[38]Gatersleben B,Steg L,Vlek C.Measurement and determinants of environmentally significant consumer behavior[J].Environment and behavior.2002,34(3):335-362.

[39] Glaser B, Strauss A. The discovery of grounded theory: strategies for qualitative research[M].Chicago:Aldine:Vii,1967.

[40]Grossman G M,Krueger A B. Economic growth and the environment.quarterly journal of economics,1995,110(2):353-377.

[41]Guagnano G A,Stern P C,Dietz T.Influences on attitude-behavior relationships:a natural experiment with curbside recycling[J].Environment and behavior,1995,27(5):699-718.

[42]Han H.Travelers' pro-environmental behavior in a green lodging context:converging value-belief-norm theory and the theory of planned behavior[J].Tourism Management,2015,47:164-177.

[43]Hedlund T,Marell A,Garling T.The mediating effect of value orientation on the relationship between socio-demographic factors and environmental concern in Swedish tourists' vacation choices[J].Journal of ecotourism,2012,11(1):16-33.

[44]Hee S P.Relationships among attitudes and subjective norm: testing the theory of reasoned action across cultures[J].Communication studies,2000,51(2):162-175.

[45]Hines J M,Hungerford H R,Tomera A N.Analysis and synthesis of research on responsible environmental behavior:a meta-analysis [J].The Journal of environmental education,1987,18(2):1-8.

[46]Hopper J R,Nielsen J M. Recycling as altruistic behavior:normative

and behavioral strategies to explain participation in community recycling program[J].Environment and behavior.1991,23(2):195-220.

[47]Hunter L M,Hatch A,Johnson A.Cross-national gender variation in environmental behaviors[J].Social science quarterly,2004,85(3):677-694.

[48]Jaccard J ,Wan C K,Turrisi R.The detection and interpretation of interaction effects between continuous variables in multiple regression [J].Multivariate behavioral researeh,1990,25(4):467-478.

[49]Lai J C, Tao J.Perception of environmental hazards in Hong Kong Chinese[J].Risk analysis,2003,23(4):669-684.

[50]Gil J,Siebold M,Berger T.Adoption and development of integrated crop-livestock-forestry systems in Mato Grosso, Brazil[J].Agriculture,ecosystems and environment 2015,199:394-406.

[51]Kaiser F G ,Wolfing S,Guhrer U.Environmental attitude and ecological behavior[J].Environmental psychology,1999,19:1-19.

[52]Kaiser F G,Gutscher H.The proposition of a general version of the theory of planned behavior:predicting ecological behavior[J].Journal of applied social psychology,2003,33(3):586-603.

[53]Lai K H,Ngai E W T,Cheng T C E.Measures for evaluating supply chain performance in transport logistics[J].Transportation research part E:logistic and transportation review,2002,38(6):439-456.

[54] Kline R B. Principles and practice of structural equation modeling (2nd ed.)[M].New York:Guilford press,2005:50-71.

[55]Klockner C A. A comprehensive model of the psychology of environmental behavior:a meta-analysis[J].Global environmental change, 2013,23(5):1028-1038.

[56]Lam T,Baum T,Pine R. Moderating effect on new employee's job satisfaction and turnover intentions: the role of subjective norm[J]. Annals of tourism research,2003,30(1):160-177.

[57]Lazo J K,Kinnell J C,Fisher A. Expert and layperson perception

of ecosystem risk[J].Risk analysis,2000,20(2):179-193.

[58]Lindenberg S,Steg L.Normative,gain and hedonic goal frames guiding environmental behavior[J].Journal of social issues,2007,63(1):117-137.

[59]Wiemik B M,Ones D S, Dilchert S. Age and environmental sustainability:a meta-analysis[J].Journal of managerial psychology,2013,28(7/8):826-856.

[60]Macey S,Brown M A. Residential energy conservation:the role of past experiences in repetitive household behavior[J].Environment and behavior,1983,15(2):123-141.

[61]Mannetti L,Pierro A,Livi S.Recycling:planned and self-expressive behaviour[J].Journal of environmental psychology,2004,24(2):227-236.

[62]Mannetti L,Pierro A,Livi S.Recycling:planned and self-expressive behaviour[J].Journal of environmental psychology,2004,24(2):227-236.

[63]Mardia K V,Foster K.Omnibus tests of multinormality based on skewness and kurtosis[J].Communications in statistics-theory and methods,1983,12(2):207-221.

[64]McDaniels T L,Axelrod L J,Cavanagh N S,et al.,Perception of ecological risk to water environments[J].Risk analysis,1997,17(3):341-352.

[65]Nunnally J.Psychometric methods [M].New York:McGraw,1978.

[66]Ogink N W M,Willers H C,Aarnink A J A.,et al. Development of a new pig production system with integrated solutions for emission control,manure treatment and animal welfare demands[R].Proceedings of the first international conference on swine housing. Des Moines,Iowa,USA,2000:9-11.

[67]Ostrom E.Governing the commons:the evolution of institutions for collective action[M].New York:Cambridge University Press,1990:

1-206.

[68]Pan D，Zhou G，Zhang N. Farmers' preferences for livestock pollution control policy in China：a choice experiment method[J].Journal of cleaner production，2016，131：572-582.

[69]Panayotou T. Empirical test and policy analysis of environmental degradation at different stages of economic development. working paper.(Wp238). Technology and employment programme，international labor office，Geneva，1993.

[70]Podsakoff P M，MacKenzie S B，Lee J Y，et al. Common method biases in behavioral research：a critical review of the literature and recommended remedies[J]. Journal of applied psychology，2003，88(5)：879-903.

[71]Poortinga W，Spence A，Demski C，et al. Individual-motivational factors in the acceptability of demand-side and supply-side measures to reduce carbon emissions[J].Energy policy，2012，48：812-819.

[72]Poortinga W，Steg L，Vlek C. Values，environmental concern，and environmental behavior a study into household energy use[J]. Environment and behavior，2004，36(1)：70-93.

[73]Halder P，Pietarinen J，Nuutinen S H，et al. The theory of planned behavior model and students' intentions to use bioenergy：a cross-cultural perspective[J].Renewable energy，2016，89：627-635.

[74]Ramasamy R K，Bong J P，Jae Y C. Application and environmental risks of livestock manure[J].Journal of the Korean society for applied biological Chemistry，2013，56：497-503.

[75]Roberts J A.Green consumers in the 1990s：profile and implications for advertising[J]. Journal of business research，1996，36(3)：217-231.

[76]Alsmadi S.Green marketing and the concern over the environment：measuring environmental consciousness of jordanian consumers[J].Journal of promotion management，2007，13(3/4)：339-361.

[77] Schwartz S H. Normative influences on altruism [M] // Berkowitz L. Advances in experimental social psychology, New York: Academic press, 1977:221-279.

[78]Schwepker C H, Cornwell T B. An examination of ecologically concerned consumers and their intention to purchas ecologically packaged products[J].Journal of public policy and marketing, 1991, 10:77-101.

[79]Sia A P, Hungerford H R, Tomera A N.Selected predictors of responsible environmental behavior: an analysis [J].The journal of environmental education, 1986, 17(2):31-40.

[80]Slovic P. Perception of risk[J].Science, 1987, 236(277):280-285.

[81]Spash C L, Urama K, Burton R, et al. Motives behind willingness to pay for improving biodiversity in a water ecosystem: economics, ethics and social psychology [J]. Ecological economics, 2009, 68 (4): 955-964.

[82]Staats H, Harland P, Wilke H A M. Effecting durable change a team approach to improve environmental behavior in the household[J]. Environment and behavior, 2004, 36(3):341-367.

[83] Steg L, Vlek C. Encouraging pro-environmental behavior: an integrative review and research agenda[J].Journal of environmental psychology, 2009, 29(3):309-317.

[84]Sterm P C.Toward a coherent theory of environmentally significant behavior[J].Journal of social issues, 2000, 56(3):407-424.

[85]Sterm P C, Dietz T, Kalof L.Value orientations, gender and environmental concern [J]. Environment and behavior, 1993, 25 (5): 322-348.

[86]Sterm P C, Dietz T'Abel T D, et al.A value-belief-norm theory of support for social movements: the case of environmentalism [J]. Human ecology review, 1999, 6(2):81-97.

[87] Sterm P C, Dietz T, Guagnano G A. The new ecological paradigm in social-psychological context[J].Environment and behavior,

1995,27(6):723-743.

[88]Straughan R D, Roberts J A.Environmental segmentation alternatives:a look at green consumer behavior in the new millennium[J]. Journal of consumer marketing,1999,16(6):558-575.

[89]Sutton S. Predicting and explaining intentions and behavior: how well are we doing? [J].Journal of applied social psychology,1998, 28(6):1317-1338.

[90]Sutton S.The past predicts the future:interpreting behavior-behavior relationships in social psychological models of health behavior. [M]//Rutter D R, Quine L. Social psychology and health: European perspectives. Aldershot,UK:Avebury,1994:71-88.

[91]Taylor S,Todd P.An integrated model of waste management behavior:a test of household recycling and composting intentions[J].Environment and behavior.1995,27(5):603-630.

[92]Tobin J.Estimation of relationships for limited dependent variables[J].Econometrica,1958,26(1):24-36.

[93]Ujjayant C,Donna K F,Chieko U.Environmental effects of intensification of agriculture:livestock production and regulation[J].Environmental economics and policy studies,2007,8:315-336.

[94]Van Ryn M. The role of experimentally manipulated self-efficacy in determining job search behavior among the unemployed[D]. Doctoral dissertation,University of Michigan,1990.

[95]Vining J,Ebreo A.What makes a recycler? a comparison of recyclers and non-recyclers[J]. Environment and behavior. 1990, 22(1): 55-73.

[96]Wang C C,Yang Y S,Zhang Y Q. Economic development,rural livelihoods,and ecological restoration:evidence from China[J].AMBIO, 2011,40:78-87.

[97]Whetten D A.What constitutes a theoretical contribution? [J]. Academy of management review,1989,14(4):490-495.

[98]Whitmarsh L.Behavioural responses to climate change:asymmetry of intentions and impacts[J].Journal of environmental psychology,2009,29(1):13-23.

[99]Zheng C,Bluemling B.,Liu Y.et al. Managing manure from China's pigs and poultry:the influence of ecological rationality[J].Ambio,2014,43(5):661-672.

[100]Zhu Q.,Sarkis J.Relationships between operational practices and performance among early adopters of green supply chain management practices in Chinese manufacturing enterprises[J].Journal of operations management,2004,22(3):265-289.

[101]Charalambos S L, Katerina S, Christos A D. Farmers' attitudes towards common farming practices in northern Greece: implications for environmental pollution[J].Nutrient Cycling in Agroecosystems,2016,105(15): 103-116.

[102]Stern P C, Oskamp S. Managing scarce environmental resources. In Stokols D,Altman I.Handbook of Environmental Psychology [D]. New York: Wiley,1987:1044-1088.

[103]skamp A.LocSim: a probabilistic model of choice heuristics. Journal of housing and the built environment.1994,9(3):285-309.

[104]Wu L, Wang H, Zhu D, et al.Chinese consumers' willingness to pay for pork traceability information—the case of Wuxi[J].Agricultural economics,2016,47(1):71-79.

[105]Thirmurthy A M. Environmental facilities and urban development in India: a system model for developing countries[J].New Delhi, India: academic foundation,1992,187-198.

[106]Brian D, Chang N B . Forecasting municipal solid waste generation in a fast-growing urban region with system dynamics modeling [J].Waste management,2005,25(7):669-679.

[107]Schultz T W. Transforming traditional agriculture[M]. New Haven:Yale University Press,1964.

[108]Park R F,Burgoss E W. An Introduction to the science of sociology[M]. Chicago:The University of Chicago Press,1921.

[109]Meadows D H,Randers J,et al. The limits to growth:a report for the club of Rome's project on the predicament of mankind[M]. New York:Universe Books,1972.

[110] Kenneth J Arrow, Bolin B, Costanza R, et al. Economic growth,carrying capacity and the environment[J]. Science, 1995, 268 (1):89-90.

[111]Adamowicz W Boxall, P Williams M, Louviere J. Stated preference approaches for measuring passive use values: choice experiments and contingent valuation[J].American journal of agricultural economics, 1998,80(1): 64-75,.

[112]Lusk J L, Schroeder T C. Are choice experiments incentive compatible? a test with quality differentiated beef steaks[J].American journal of agricultural economics, 2004,86(2):467-482.

[113]Churchill G A. A paradigm for developing better measures of marketing constructs[J]. Journal of marketing research,1979(1):64-73.

[114]Cronbach L J. Coefficient and the internal structure of tests. Psychometrika, 1951,16(3):297-334.

[115]Ruto E, Garrod G. Investigating farmers' preferences for the design of agri-environment schemes: a choice experiment approach[J]. Journal of environmental planning and management, 2009, 52 (5): 631-647.

[116]Schulz N, Breustedt G, Latacz L U. Assessing farmers' willingness to accept "Greening": insights from a discrete choice experiment in Germany[J]. Journal of agricultural economics, 2014,65: 26-48.

[117]Villanueva A J, Gomez-Limon J A, Rriaza M, Rodríguez E M. The design of agri-environmental schemes: farmers' preferences in southern Spain[J]. Land use policy, 2015,46(7): 142-154.

[118] Lancaster K J. A new approach to consumer theory[J].

Journal of political economy，1966，74(2)：132-157.

[119]McFadden D. Conditional logit analysis of qualitative choice behavior [M].//P Zarembka (eds), Conditional logit analysis of qualitative choice behavior. New York，1974，105-142.

[120]Zheng C，Bluemling B，LiuY，et al. Managing manure from China's pigs and poultry：the influence of ecological rationality[J]. Ambio，2014，43(5)：661-672.

[121]产业信息网.2017—2018年中国生猪存栏量及进出口贸易情况统计[EB/OL].https：//www.chyxx.com/industry/201808/666575.html [2018-08-13][2021-9-1].

[122]金书秦，韩冬梅，吴娜伟.中国畜禽养殖污染防治政策评估[J].农业经济问题，2018(3)：119-126.

[123]李秋成，周玲强.社会资本对旅游者环境友好行为意愿的影响[J].旅游学刊，2014，29(9)：73-82.

[124]周玲强，李秋成，朱琳.行为效能、人地情感与旅游者环境负责行为意愿：一个基于计划行为理论的改进模型[J].浙江大学学报(人文社会科学版)，2014，44(2)：88-98.

[125]朱宁，秦富.环境内生条件下畜禽规模养殖效果分析——以蛋鸡为例[J].农村经济，2016(1)：50-56.

[126]田万慧，陈润羊.甘肃省农村居民环境意识影响因素分析——基于年龄、性别、文化水平群体的分析[J].干旱区资源与环境，2013，27(5)：33-39.

[127]曲英，潘静玉.我国城市居民绿色出行行为影响因素实证分析[J].环境保护与循环经济，2014，34(6)：62-66.

[128]孙敏. 母亲更环保吗？[D].厦门大学，2017.

[129]宋妮妮. 社会资本对居民环境意识的影响研究[D].兰州财经大学，2019.

[130]申静，渠美，郑东晖，张院霞.农户对生活垃圾源头分类处理的行为研究——基于TPB和NAM整合框架[J].干旱区资源与环境，2020，34(7)：75-81.

[131]霍玲. 主观自律、客观情境与乡村游客环境责任行为意愿关系的实证研究[D].浙江工商大学,2020.

[132]王建明.消费者为什么选择循环行为——城市消费者循环行为影响因素的实证研究[J].中国工业经济,2007(10):95-102.

[133]唐素云. 规模养猪户环境风险感知对环境行为影响研究[D].华中农业大学,2015.

[134]林丽梅,何秀玲.规模化生猪养殖污染防治的现状与政策启示——基于养殖户调查数据的实证分析[J].福建农林大学学报(哲学社会科学版),2020,23(2):78-86.

[135]张丽军. 补贴等政策工具对畜禽养殖污染防治的效果分析[D].南京农业大学,2009.

[136]莫海霞,仇焕广,王金霞,等.我国畜禽排泄物处理方式及其影响因素[J].农业环境与发展,2011,28(6):59-64.

[137]林斌. 规模化养猪场沼气工程发展的影响因素研究[D].福建农林大学,2009.

[138]邓远远,郭焱,朱俊峰.政府规制下畜禽养殖废弃物处理合规行为选择[J/OL].中国农业资源与区划:1-10[2021-11-11].http://kns.cnki.net/kcms/detail/11.3513.S.20211108.1607.010.html.

[139]宋成军,张玉华,李冰峰.农业废弃物资源化利用技术综合评价指标体系与方法[J].农业工程学报,2011,27(11):289-293.

[140]王咏梅,王鹏程.农业废弃物资源化路径及综合效益分析——基于鄂、豫两省调研数据[J].生态经济,2013(8):92-95,118.

[141]姜海,白璐,雷昊,等.基于效果—效率—适应性的养殖废弃物资源化利用管理模式评价框架构建及初步应用[J].长江流域资源与环境,2016,25(10):1501-1508.

[142]黄菊文,李光明,王华,等.层次分析法评价固体废弃物的资源化利用[J].同济大学学报(自然科学版),2007(8):1090-1094.

[143]乔娟,张诩.政府干预与道德责任对养殖废弃物治理绩效的影响——基于养殖场户视角[J].中国农业大学学报,2019,24(9):248-259.

[144]卢福财,胡平波.工业废弃物循环利用:网络运行绩效及其影响

因素[J].经济管理,2015,37(12):145-153.

[145]王嘉丽,龚本刚,梁龙武,等.钢铁企业废弃物循环利用的区域绩效差异研究——基于我国 57 家钢铁企业数据分析[J].安徽工程大学学报,2017,32(2):69-74,90.

[146]郭晓. 规模化畜禽养殖业控制外部环境成本的补贴政策研究[D].西南大学,2012.

[147]王留锁.系统动力学模型在环境规划预测中的应用——以辽宁省为例[J].中国人口·资源与环境,2012,22(S2):281-286.

[148]廖誉. 规模化生猪养殖场生产过程中碳排放量的计算[D].南昌大学,2011.

[149]陈敏鹏,陈吉宁.中国种养系统的氮流动及其环境影响[J].环境科学,2007(10):2342-2349.

[150]许俊香,刘晓利,王方浩,等.我国畜禽生产体系中磷素平衡及其环境效应[J].生态学报,2005(11):119-126.

[151]王方浩,马文奇,窦争霞,等.中国畜禽粪便产生量估算及环境效应[J].中国环境科学,2006(5):614-617.

[152]赵宇.江苏省农业碳排放动态变化影响因素分析及趋势预测[J].中国农业资源与区划,2018,39(5):97-102.

[153]威廉·鲍莫尔,华莱士·奥茨.环境经济理论与政策设计(第二版)[M].严旭阳,译.2 版.北京:经济科学出版社,2003:143-147.

[154]翁贞林.农户理论与应用研究进展与述评[J].农业经济问题,2008(8):93-100.

[155]黄宗智.华北的小农经济与社会变迁[M].上海:中华书局,1986:24.

[156]封志明,杨艳昭,闫慧敏,潘韬,李鹏.百年来的资源环境承载力研究:从理论到实践[J].资源科学,2017,39(3):379-395.

[157]朱宁,马骥.风险条件下农户种植制度选择与调整——以北京市蔬菜种植户为例[J].中国农业大学学报,2013,18(4):216-223.

[158]郝文斌,张会来.社会资本对大学生环境友好行为意愿的影响[J].思想教育研究,2016(10):112-116.

[159]马云泽.规制经济学研究范式的动态演进[J].科技进步与对策,2009,26(2):4-7.

[160]原毅军,谢荣辉.环境规制与工业绿色生产率增长——对“强波特假说”的再检验[J].中国软科学,2016(7):144-154.

[161]全世文,于晓华,曾寅初.我国消费者对奶粉产地偏好研究——基于选择实验和显示偏好数据的对比分析[J].农业技术经济,2017(1):52-66.

[162]潘丹.基于农户偏好的牲畜粪便污染治理政策选择——以生猪养殖为例[J].中国农村观察,2016(2):68-83,96-97.

[163]潘丹,孔凡斌.养殖户环境友好型畜禽粪便处理方式选择行为分析——以生猪养殖为例[J].中国农村经济,2015(9):17-29.

[164]闵继胜,周力.组织化降低了规模养殖户的碳排放了吗——来自江苏三市229个规模养猪户的证据[J].农业经济问题,2014,35(9):35-42,110.

[165]仇焕广,莫海霞,白军飞,蔡亚庆,王金霞.中国农村畜禽粪便处理方式及其影响因素——基于五省调查数据的实证分析[J].中国农村经济,2012(3):78-87.

[166]姜海,雷昊,白璐,等.不同类型地区畜禽养殖废弃物资源化利用管理模式选择——以江苏省太湖地区为例[J].资源科学,2015,37(12):2430-2440.

[167]段文婷,江光荣.计划行为理论述评[J].心理科学进展,2008(2):315-320.

[168]石智雷.人口流动与中国农村地区的家庭禀赋——基于中部地区农户调查数据的分析[J].湖北经济学院学报,2012,10(5):61-68.

[169]杨云彦,石智雷.中国农村地区的家庭禀赋与外出务工劳动力回流[J].人口研究,2012,36(4):3-17.

[170]杜焱强,刘平养,包存宽,苏时鹏.社会资本视阈下的农村环境治理研究——以欠发达地区J村养殖污染为个案[J].公共管理学报,2016,13(4):101-112,157-158.

[171]朱钰,郑屹然,尹默.统计学意义下的多重共线性检验方法[J].

统计与决策,2020,36(7):34-36.

[172]罗小娟,冯淑怡,Reidsma Pytrik,等.基于农户生物—经济模型的农业与环境政策响应模拟——以太湖流域为例[J].中国农村经济,2013(11):72-85.

[173]韩洪云,杨增旭.农户农业面源污染治理政策接受意愿的实证分析——以陕西眉县为例[J].中国农村经济,2010(1):45-52.

[174]王娜娜.基于离散选择实验的农业环境政策设计及案例研究[D].中国农业科学院,2020.

[175]朋文欢,黄祖辉.契约安排、农户选择偏好及其实证——基于选择实验法的研究[J].浙江大学学报(人文社会科学版),2017,47(4):143-158.

[176]俞振宁,谭永忠,茅铭芝,等.重金属污染耕地治理式休耕补偿政策:农户选择实验及影响因素分析[J].中国农村经济,2018(2):109-125.

[177]钟甫宁,顾和军,纪月清.农民角色分化与农业补贴政策的收入分配效应——江苏省农业税减免、粮食直补收入分配效应的实证研究[J].管理世界,2008(5):65-70,76.

[178]艾怡凝,咎晓辉,姚建.四川省工业发展环境经济特征的耦合研究[J].环境科学与技术,2018,41(S2):205-209.

[179]包群,邵敏,杨大利.环境管制抑制了污染排放吗?[J].经济研究,2013(12):42-54.

[180]宾幕容,邓晨,高智勇.畜禽养殖治污补贴因子效果及其影响因素研究——基于农户满意度的视角[J].湖南农业科学,2020(5):82-86.

[181]宾幕容,文孔亮,周发明.湖区农户畜禽养殖废弃物资源化利用意愿和行为分析——以洞庭湖生态经济区为例[J].经济地理,2017,37(9):185-191.

[182]宾幕容,周发明.农户畜禽养殖污染治理的投入意愿及其影响因素——基于湖南省388家养殖户的调查[J].湖南农业大学学报(社会科学版),2015(3):87-92.

[183]蔡林.系统动力学在可持续发展研究中的应用[M].中国环境科

学出版社，2008.

[184]陈德良，徐帆，曾增.稻农低碳化生产行为的影响因素研究[J].中南林业科技大学学报(社会科学版)，2019，13(6)：46-52.

[185]陈东.我国农村医疗卫生的政府供给效率基于随机生产边界模型的分析[J].山东大学学报，2011(1)：64-71.

[186]陈敏鹏，陈吉宁.中国种养系统的氮流动及其环境影响[J].环境科学，2007(10)：2342-2349.

[187]陈书忠，周敬宣，李湘梅，等.城市环境影响模拟的系统动力学研究[J].生态环境学报，2010，19(8)：1822-1827.

[188]陈曦.环境风险感知对消费者绿色产品使用意愿影响研究[D].武汉理工大学，2019.

[189]陈雨生，房瑞景.海水养殖户渔药施用行为影响因素的实证分析[J].中国农村经济，2011(8)：72-80.

[190]仇焕广，莫海霞，白军飞，等.中国农村畜禽粪便处理方式及其影响因素——基于五省调查数据的实证分析[J].中国农村经济，2012(3)：78-87.

[191]仇焕广，严健标，蔡亚庆，等.我国专业畜禽养殖的污染排放与治理对策分析——基于五省调查的实证研究[J].农业技术经济，2012(5)：29-35.

[192]崔宁波，姜兴睿.资本禀赋、政策工具对农户玉米秸秆还田利用意愿与行为的影响[J].玉米科学，2020，28(3)：180-185.

[193]戴铁军，安佰超，王婉君.京津冀地区资源—环境—经济协调发展模式探究[J].生态与农村环境学报，2020，36(6)：731-740.

[194]杜红梅，蒋礼.农业经济增长与污染排放的环境库兹涅茨曲线验证——基于养猪大省湖南的数据分析[J].湖南师范大学自然科学学报，2016，39(5)：9-15.

[195]杜焱强，孙小霞，许佳贤，等.社会生态视阈下的敏感区养殖污染治理分析——以福建省南平市西芹水厂水源地周边地区为例[J].中国生态农业学报，2014(7)：866-874.

[196]段文婷，江光荣.计划行为理论述评[J].心理科学进展，2008，16

(2):315-320.

[197]段宇琦.互联网环境下大学生创新决策意向影响因素研究[D].哈尔滨工程大学,2018.

[198]冯淑怡,罗小娟,张丽军,等.养殖企业畜禽粪尿处理方式选择、影响因素与适用政策工具分析——以太湖流域上游为例[J].华中农业大学学报(社会科学版),2013(1):12-18.

[199]高怀友,赵玉杰,郑向群,等.西部地区农业面源污染现状与对策研究[J].中国生态农业学报,2003,11(3):184-186.

[200]耿宁,陈秋红.利益博弈下农村环境管理利益相关者行为分析——以农村畜禽养殖污染防治为例[J].郑州大学学报(哲学社会科学版),2018,51(3):69-73.

[201]郭利京,林云志,周正圆.村规民约何以规范农户亲环境行为?[J].干旱区资源与环境,2020,34(7):68-74.

[202]郭利京,赵瑾.非正式制度与农户亲环境行为——以农户秸秆处理行为为例[J].中国人口·资源与环境,2014,24(11):69-75.

[203]郭利京,赵瑾.农户亲环境行为的影响机制及政策干预——以秸秆处理行为为例[J].农业经济问题,2014,35(12):78-84.

[204]韩成吉,王国刚,朱立志.畜禽粪污土地承载力系统动力学模型及情景仿真[J].农业工程学报,2019,35(22):170-180.

[205]韩娜.消费者绿色消费行为的影响因素和政策干预路径研究[D].北京理工大学,2015.

[206]何如海,江激宇,张士云,等.规模化养殖下的污染清洁处理技术采纳意愿研究——基于安徽省3市奶牛养殖场的调研数据[J].南京农业大学学报(社会科学版),2013,13(3):47-53.

[207]何晓群.现代统计分析方法与应用[M].中国人民大学出版社,2007.

[208]何炫蕾,陈兴鹏,庞家幸.基于LMDI的兰州市农业碳排放现状及影响因素分析[J].中国农业大学学报,2018,23(7):150-158.

[209]胡保玲.参照群体影响、主观规范与农村居民消费意愿[J].企业经济,2014(6):116-121.

[210]胡浩，张晖，黄士新.规模养殖户健康养殖行为研究——以上海市为例[J].农业经济问题，2009(8)：25-31.

[211]黄祖辉，胡豹.经济学的新分支：行为经济学研究综述[J].浙江社会科学，2003(2)：72-79.

[212]贾鼎.基于计划行为理论的公众参与环境公共决策意愿分析[J].当代经济管理，2018，40(1)：52-58.

[213]姜钰，贺雪涛.基于系统动力学的林下经济可持续发展战略仿真分析[J].中国软科学，2014，(1)：105-114.

[214]蒋礼.湖南省生猪养殖业环境影响评价[D].湖南农业大学，2016.

[215]景怀斌.公共管理的认知科学研究：范式挑战与核心议题[J].武汉大学学报(哲学社会科学版)，2016，69(6)：5-15.

[216]孔凡斌，张维平，潘丹.养殖户畜禽粪便无害化处理意愿及影响因素研究——基于5省754户生猪养殖户的调查数据[J].农林经济管理学报，2016，15(4)：454-463.

[217]孔祥才，王桂霞.我国畜牧业污染治理政策及实施效果评价[J].西北农林科技大学学报(社会科学版)，2017，17(6)：75-80.

[218]赖斯芸，杜鹏飞，陈吉宁.基于单元分析的非点源污染调查评估方法[J].清华大学学报(自然科学版)2004，99(4)：1184-1187.

[219]冷碧滨，吉雪强，曾颢，等.中国大规模生猪养殖技术效率研究[J].浙江农业学报，2018，30(6)：1082-1088.

[220]冷碧滨，涂国平，贾仁安.基于SD演化博弈模型的生猪规模养殖与户用沼气开发系统动态稳定性[J].系统工程，2014(3)：104-111.

[221]李豹，金智英，王红，等.基于计划行为理论的信号交叉口行人违章行为分析[J].武汉理工大学学报(交通科学与工程版)，2018，42(4)：691-695.

[222]李贵美，彭福田，肖元松，等.鲁中山区桃园土壤养分状况评价与氮磷负荷风险研究[J].山东农业大学学报(自然科学版)，2011，42(3)：392-400.

[223]李杰，胡向东，王玉斌.生猪养殖户养殖效率分析——基于4省

277 户养殖户的调研[J].农业技术经济,2019,4(8):29-39.

[224]李京梅,王永明,宋美玲.海水养殖业环境负外部性经济学初析[J].中国渔业经济,2007(4):3-5.

[225]李鹏,张俊飚,颜廷武.农业废弃物循环利用参与主体的合作博弈及协同创新绩效研究——基于 DEA-HR 模型的 16 省份农业废弃物基质化数据验证[J].管理世界,2014(1):90-104.

[226]李启庚,冯艳婷,余明阳.环境规制对工业节能减排的影响研究——基于系统动力学仿真[J].华东经济管理,2020,34(5):64-72.

[227]李秋成.人地、人际互动视角下旅游者环境责任行为意愿的驱动因素研究[D].浙江大学,2015.

[228]李冉,沈贵银,金书秦.畜禽养殖污染防治的环境政策工具选择及运用[J].农村经济,2015(6):95-100.

[229]李云甫,薛增迪,杨慧萍.我国畜牧业发展的新特点及存在问题[J].陕西农业科学,2007(4):119-121.

[230]李争强.公众的环境保护知识、环境认知与环境行为研究[D].广西民族大学,2018.

[231]李志飞,李天骄.基于计划行为理论的乡村旅游者环境责任行为驱动因素研究[J/OL].重庆工商大学学报(社会科学版):1-12[2021-07-23].http://kns.cnki.net/kcms/detail/50.1154.C.20190530.1506.006.html.

[232]梁兵.养猪农户环境风险感知与生态行为响应[J].中国畜牧兽医文摘,2015,31(6):43.

[233]廖纮亿,柯彪.基于计划行为理论和环境价值观的城市居民低碳出行行为研究[J].资源与产业,2020,22(4):64-70.

[234]廖茂林.社区融合对北京市居民生活垃圾分类行为的影响机制研究[J].中国人口·资源与环境,2020,30(5):118-126.

[235]林丽梅,刘振滨,杜焱强,等.生猪规模养殖户污染防治行为的心理认知及环境规制影响效应[J].中国生态农业学报,2018,26(1):156-166.

[236]林丽梅,刘振滨,黄森慰,等.农村生活垃圾集中处理的农户认

知与行为响应:以治理情境为调节变量[J].生态与农村环境学报,2017,33(2):127-134.

[237]林武阳,任笔,冉瑞平.生猪养殖户污染无害化处理意愿研究——基于四川5市的调查[J].广东农业科学,2014,41(13):167-171.

[238]刘斌.中国省域地方政府财政支出效率的雁形演化:1978—2010[J].中国经济问题,2012(5):62-70,80.

[239]刘春明,周杨.中国规模化生猪养殖环境效率的空间相关及溢出效应[J].世界农业,2020(8):105-113.

[240]刘凤良,周业安,陈彦斌,等.行为经济学理论与扩展[M].中国经济出版社,2008。

[241]刘建昌,陈伟琪,张珞平,等.构建流域农业非点源污染控制的环境经济手段研究——以福建省九龙江流域为例[J].中国生态农业学报,2005,13(3):186-190.

[242]刘梦情.基于结构方程模型的我国居民环境行为影响因素分析[D].东北财经大学,2017.

[243]刘童,杨晓华,薛淇芮,等.系统动力学模型在吉林省水资源承载力的仿真应用[J].中国农村水利水电,2020(1):106-110.

[244]刘蔚.城市居民低碳出行的影响因素及引导策略研究[D].北京理工大学,2014.

[245]刘雪芬,杨志海,王雅鹏.畜禽养殖户生态认知及行为决策研究——基于山东、安徽等6省养殖户的实地调研[J].中国人口·资源与环境,2013,23(10):169-176.

[246]刘忆兰.补贴政策对养殖户畜禽粪便处理方式选择的影响研究[D].西北农林科技大学,2018.

[247]龙开胜,刘琳.性别差异视角下的农村居民生态保护行为研究[J].人口与社会,2019,35(6):98-110.

[248]龙如银,岳婷,杨冉冉,等.燃煤电力工业煤炭低碳化利用的政策仿真[J].系统工程学报,2014(6):734-743.

[249]陆文聪,马永喜,薛巧云,等.集约化畜禽养殖废弃物处理与资源化利用:来自北京顺义区农村的政策启示[J].农业现代化研究,2010,

31(4):488-491.

[250]罗斌,黄晨雨.基于系统动力学的我国居民电价政策动态决策模型[J].中国管理科学,2013,21(S2):652-662.

[251]马立强,余赛,叶楚良.消费者环境责任感对绿色消费意向的影响研究[J].山东工商学院学报,2020,34(2):104-112.

[252]马有祥.当前我国畜牧业形势与发展方式[J].四川畜牧兽医,2015(11):10-11.

[253]毛成兴.风险认知视角下的畜禽养殖场户“无抗化”生产响应行为研究[D].华中农业大学,2018.

[254]孟祥海,程国强,张俊飚,等.中国畜牧业全生命周期温室气体排放时空特征分析[J].中国环境科学,2014,34(8):2167-2176.

[255]潘丹,孔凡斌.养殖户环境友好型畜禽粪便处理方式选择行为分析——以生猪养殖为例[J].中国农村经济,2015(9):17-29.

[256]潘丹.规模养殖与畜禽污染关系研究——以生猪养殖为例[J].资源科学,2015(11):2279-2287.

[257]彭新宇.畜禽养殖污染防治的沼气技术采纳行为及绿色补贴政策研究[D].中国农业科学院,2007.

[258]曲英.城市居民生活垃圾源头分类行为研究[D].大连理工大学,2007.

[259]乔娟,张诩.政府干预与道德责任对养殖废弃物治理绩效的影响——基于养殖场户视角[J].中国农业大学学报,2019,24(9):248-259.

[260]秦天,彭珏,邓宗兵,等.环境分权、环境规制对农业面源污染的影响[J].中国人口·资源与环境,2021,31(2):61-70.

[261]舒畅,乔娟,耿宁.畜禽养殖废弃物资源化的纵向关系选择研究——基于北京市养殖场户视角[J].资源科学,2017,39(7):1338-1348.

[262]舒朗山.农户生猪养殖废弃物处置模式选择行为实证分析[D].浙江大学,2011.

[263]宋颖.鄱阳湖生态经济区资源环境与社会经济发展的协调性研究[D].江西财经大学,2017.

[264]苏杨.我国集约化畜禽养殖场污染问题研究[J].中国生态农业

学报,2006,14(2):15-18.

[265]孙岩.居民环境行为及其影响因素研究[D].大连理工大学,2006.

[266]谭荣.陕南秦巴山区农户环境行为的影响因素分析[D].山西师范大学,2012.

[267]唐凯丽,张倩,任斌,等.农村居民回收厨余垃圾行为的影响因素研究——基于计划行为理论[J].中国市场,2017(35):231-233.

[268]唐素云,齐振宏,李欣蕊.生计资产对规模养猪户环境风险感知的影响实证[J].中国生态农业学报,2014(5):602-609.

[269]唐素云,齐振宏,梁凡丽.规模养猪户生态意识影响因素的实证分析[J].科技管理研究,2014(15):229-233,250.

[270]唐学玉.安全农产品生产户环境保护行为研究[D].西北农林科技大学,2013.

[271]田文勇,余华,吴秀敏.污染治理成本视角下生猪适度养殖规模测算——基于四川生猪调出大县的调查[J].农村经济,2019(3):122-127.

[272]王笃明,郭玲玲.废旧电子产品回收环保行为影响因素研究综述[J].人类工效学,2019,25(2):74-79.

[273]王方浩,马文奇,窦争霞,等.中国畜禽粪便产生量估算及环境效应[J].中国环境科学,2006(5):614-617.

[274]王海涛,王凯.养猪户安全生产决策行为影响因素分析——基于多群组结构方程模型的实证研究[J].中国农村经济,2012(11):21-30,43.

[275]王欢,乔娟,李秉龙.养殖户参与标准化养殖场建设的意愿及其影响因素——基于四省(市)生猪养殖户的调查数据[J].中国农村观察,2019(4):111-127.

[276]王立刚,李虎,王迎春,等.小清河流域畜禽养殖结构变化及其粪便氮素污染负荷特征分析[J].农业环境科学学报,2011,30(5):986-992.

[277]王其藩.系统动力学(2009 年修顶版)[M].上海财经大学出版社,2009.

[278]王善高，田旭，雷昊，等.生猪养殖补贴对技术效率的影响研究——基于江苏省生猪养殖户的分析[J].世界农业，2020(6)：71-79.

[279]王帅，赵荣钦，杨青林，等.碳排放约束下的农业生产效率及其空间格局——基于河南省 65 个村庄的调查[J].自然资源学报，2020，35(9)：2092-2104.

[280]王纬文.不同类型环境规制对工业绿色增长的政策效应仿真研究[D].大连理工大学，2018.

[281]王晓楠，刘琳.中国居民环境行为意愿的多层分析——基于 2013 年 CSS 数据的实证分析[J].吉首大学学报(社会科学版)，2017(1)：80-90.

[282]王瑜，应瑞瑶.养猪户的药物添加剂使用行为及其影响因素分析——基于垂直协作方式的比较研究[J].南京农业大学学报(社会科学版)，2008，8(2)：48-54.

[283]魏东，刘鸿渊，孙玉平.制度信任对农民参与环境治理决策意愿影响研究[J].软科学，2019，33(7)：111-115.

[284]魏权龄.数据包络分析(DEA)[M].北京：科学出版社，2004.

[285]邬兰娅，齐振宏，李欣蕊，等.养猪农户环境风险感知与生态行为响应[J].农村经济，2014(7)：98-102.

[286]邬兰娅，齐振宏，李欣蕊，朱萌，曹丽红，唐素云.养猪企业环境行为影响因素实证研究[J].中国农业大学学报，2015(6)：290-296.

[287]邬兰娅，齐振宏，李欣蕊，等.养猪企业环境行为影响因素实证研究[J].中国农业大学学报，2015，20(6)：290-296.

[288]邬兰娅，齐振宏，张董敏，等.养猪业环境外部性内部化的治理对策研究——以死猪漂浮事件为例[J].农业现代化研究，2013(6)：694-697.

[289]吴林海，谢旭燕.生猪养殖户认知特征与兽药使用行为的相关性研究[J].中国人口・资源与环境，2015，(02)：160-169.

[290]吴林海，许国艳，HU Wuyang.生猪养殖户病死猪处理影响因素及其行为选择——基于仿真实验的方法[J].南京农业大学学报(社会科学版)，2015，15(2)：90-101.

[291]吴明隆.结构方程模型[M].重庆大学出版社,2009.

[292]吴其勉.福建省农业面源污染与农业经济增长实证研究——基于环境库兹涅茨曲线验证及灰色关联分析[J].集美大学学报(哲学社会科学版),2013,16(3):28-36.

[293]吴贤荣,张俊飚.中国省域农业碳排放:增长主导效应与减排退耦效应[J].农业技术经济,2017(5):27-36.

[294]武春友,孙岩.环境态度与环境行为及其关系研究的进展[J].预测,2006,25(4):61-65.

[295]夏佳奇,何可,张俊飚.环境规制与村规民约对农户绿色生产意愿的影响——以规模养猪户养殖废弃物资源化利用为例[J].中国生态农业学报(中英文),2019,27(12):1925-1936.

[296]肖悦.邻避型环境风险下的行为倾向及其影响因素研究[D].华东政法大学,2016.

[297]熊长江,姚娟,赵向豪,等.扩展计划行为理论框架下游客旅游生态补偿支付意愿研究——以天山天池世界自然遗产地为例[J].地域研究与开发,2020,39(3):111-117.

[298]徐晓雯.绿色农业补贴的实施及对我国农业污染的治理[J].经济论坛,2006(19):121-122.

[299]徐新悦,岳梦凡,李建国,等.滨海地区畜禽养殖户污染防治意愿影响因素及其响应机理——以盐城市为例[J].自然资源学报,2019,34(9):1974-1986.

[300]许骞骞,王成军,张书赫.农户参与对农村生活垃圾分类处理效果的影响[J].农业资源与环境学报,2021,38(2):223-231.

[301]许俊香,刘晓利,王方浩,等.我国畜禽生产体系中磷素平衡及其环境效应[J].生态学报,2005,25(11):2911-2918.

[302]杨皓天,马骥.环境规制下养殖户的环境投入行为研究——基于双栏模型的实证分析[J].中国农业资源与区划,2020,41(3):94-102.

[303]叶晓榕.风险感知、利益感知与集体行为的关系及其机制研究—矿区与非矿区居民的比较[D].四川师范大学,2015.

[304]于超.规模养猪场户清洁生产行为研究[D].山东农业大

学,2019.

[305]虞祎,张晖,胡浩.环境规制对中国生猪生产布局的影响分析[J].中国农村经济,2011(8):81-88.

[306]虞祎,张晖,胡浩.排污补贴视角下的养殖户环保投资影响因素研究——基于沪、苏、浙生猪养殖户的调查分析[J].中国人口·资源与环境,2012,22(2):159-163.

[307]袁平,朱立志.中国农业污染防控:环境规制缺陷与利益相关者的逆向选择[J].农业经济问题,2015,36(11):73-80.

[308]岳婷.城市居民节能行为影响因素及引导政策研究[D].中国矿业大学,2014.

[309]占小林.社会资本对农村共用土地资源治理的影响[D].南京农业大学,2010.

[310]张欢,宋诗佳,董雪旺.基于计划行为理论的旅游者绿色消费行为研究[J].江苏商论,2019(6):3-7.

[311]张晖,虞祎,胡浩.基于农户视角的畜牧业污染处理意愿研究——基于长三角生猪养殖户的调查[J].农村经济,2011(10):92-94.

[312]张柳.规模化畜禽养殖对生态环境的污染及对策研究[D].山东农业大学,2019.

[313]张陆彪,陈艳丽.我国畜禽养殖业环境管理立法亟待完善[J].中国家禽,2003,25(14):4-7.

[314]张美华.畜禽养殖污染的环境经济学分析[D].首都师范大学,2006.

[315]张省,顾新.城市创新系统动力机制研究[J].科技进步与对策,2012,29(:5):35-39.

[316]张世琪.文化距离、顾客感知冲突与服务绩效的关系研究:以饭店外籍顾客为视角[D].浙江大学,2012.

[317]张晓恒,周应恒,张蓬.中国生猪养殖的环境效率估算——以粪便中氮盈余为例[J].农业技术经济,2015(5):92-102.

[318]张诩,乔娟,沈鑫琪.养殖废弃物治理经济绩效及其影响因素——基于北京市养殖场(户)视角[J].资源科学,2019,41(7):

1250-1261.

[319]张绪美，董元华，王辉，等.中国畜禽养殖结构及其粪便N污染负荷特征分析[J].环境科学，2007，28(6)：1311-1318.

[320]张彦宁，郭忠印，孙智.驾驶模拟环境中激进驾驶行为的影响因素分析[J].中国公路学报，2020，33(6)：129-136.

[321]张郁，江易华.环境规制政策情境下环境风险感知对养猪户环境行为影响——基于湖北省280户规模养殖户的调查[J].农业技术经济，2016(11)：76-86.

[322]张郁，齐振宏，孟祥海，等.生态补偿政策情境下家庭资源禀赋对养猪户环境行为影响——基于湖北省248个专业养殖户(场)的调查研究[J].农业经济问题，2015，36(6)：82-91.

[323]张郁.环境风险感知、环境规制与环境行为关系的实证研究[D].华中农业大学，2016.

[324]赵丽平，邱雯，王雅鹏，等.农户生态养殖认知及其行为的不一致性分析——以水禽养殖户为例[J].华中农业大学学报(社会科学版)，2015(6)：44-50.

[325]赵敏.环境规制的经济学理论根源探究[J].经济问题探索，2013(4)：152-155.

[326]赵宇.江苏省农业碳排放动态变化影响因素分析及趋势预测[J].中国农业资源与区划，2018，39(5)：97-102.

[327]郑微微，胡浩，周力.基于碳排放约束的生猪养殖业生产效率研究[J].南京农业大学学报(社会科学版)，2013，13(2)：60-67.

[328]智冬晓.指标相关性对DEA评价效用的影响[J].统计教育，2009(6)：40-44.

[329]周力.产业集聚、环境规制与畜禽养殖半点源污染[J].中国农村经济，2011(2)：60-73.

[330]周志波，张卫国.环境税规制农业面源污染研究——不对称信息和污染者合作共谋的影响[J].西南大学学报(自然科学版)，2019，41(2)：75-89.

[331]朱建春，张增强，樊志民，等.中国畜禽粪便的能源潜力与氮磷

耕地负荷及总量控制[J].农业环境科学学报,2014,33(3):435-445.

[332]朱宁.畜禽养殖户废弃物处理及其对养殖效果影响的实证研究[D].中国农业大学,2014.

[333]朱哲毅,应瑞瑶,周力.畜禽养殖末端污染治理政策对养殖户清洁生产行为的影响研究——基于环境库兹涅茨曲线视角的选择性试验[J].华中农业大学学报(社会科学版),2016(5):55-62,145.

[334]左志平,齐振宏,邬兰娅.环境管制下规模养猪户绿色养殖模式演化机理——基于湖北省规模养猪户的实证分析[J].农业现代化研究,2016,37(1):71-78.

[335]左志平,齐振宏,邬兰娅.碳税补贴视角下规模养猪户低碳养殖行为决策分析[J].中国农业大学学报,2016,21(2):150-159.

附录 A　生猪规模养殖户污染防治行为调查问卷（预调研）

生猪规模养殖户污染防治行为调查问卷（预调研）　　编号：__________

福建省__________市__________县（区、市）__________镇/乡________村

日期：__________

农户：__________电话号码：________________调查者：__________

一、养殖户基本信息

<table>
<tr><td>性别</td><td>□ 男　□ 女</td></tr>
<tr><td>年龄（虚岁）</td><td>__________岁</td></tr>
<tr><td>上过几年学？（不包括学前班和培训班）</td><td>__________年</td></tr>
<tr><td>家中是否有人是党员、村干部或在政府部门任职？</td><td>□ 是　□ 否</td></tr>
<tr><td>您的身体健康状况如何？</td><td>□ 差　□ 一般　□ 良好</td></tr>
<tr><td colspan="2">家庭（生活在一起）共有__________人，现有__________名劳动力（16～60 周岁，无残疾，非学生；60 岁以上算 0.5 名）；其中，从事养猪的劳动力数量__________人，老人（65 周岁以上）__________人，在读学生__________人。</td></tr>
<tr><td colspan="2">2015 年您的家庭总收入为__________万元，来源为：□ 自己务工　□ 爱人收入　□ 子辈收入　□ 其他收入</td></tr>
<tr><td>2016 年上半年养猪净收入？</td><td>__________万元</td></tr>
<tr><td>2015 年全年养猪净收入？</td><td>__________万元</td></tr>
<tr><td>村里从事养猪的户数比例为？</td><td>__________%</td></tr>
<tr><td>您家耕地面积？林地面积？</td><td>共__________亩，共__________亩</td></tr>
<tr><td>您与周边农户关系的友好程度？</td><td>□ 很差　□ 较差　□ 一般
□ 较好　□ 很好</td></tr>
</table>

续表

您与村委会成员的来往互动程度如何？	□ 很差 □ 较差 □ 一般 □ 较好 □ 很好
您与政府畜牧管理部门来往程度如何？	□ 很差 □ 较差 □ 一般 □ 较好 □ 很好
您家经济状况在当地的富裕程度？	□ 低 □ 中 □ 高

二、养殖基本情况

您从哪一年开始养猪？	________年
目前您家能繁母猪数量？生猪存栏量为多少？	________头 ________头
通常情况下，您出售的生猪类型是？□ 大猪 □ 中猪 □ 猪仔 □ 中猪和大猪混合 □ 其他	
您的养猪场面积？	________平方米
您养猪场所在地是哪种养殖区域？□ 禁养区 □ 禁建区 □ 适度养殖区 □ 可养区 □ 限养区	
猪场取得方式？	□ 自建 □ 购入 □ 租赁 □ 承包 □ 其他
养猪场离家的距离？	________米
猪场离最近河流的距离？	________米
猪场离最近其他猪场的距离？	________米
您是否有加入养猪协会或合作社？	□ 是 □ 否
您是否有参加过养殖技术等培训？	□ 没有参加 □ 较少参加 □ 一般 □ 经常参加

年份	2016 年上半年	2015 下半年年	2015 年上半年	2014 年全年
饲养天数（天）				
出售体重（斤）				
能繁母猪年存栏（头）				
出栏次数（次）				
出栏头数（头）				
平均售价（元/斤）				

续表

平均成本(元/头)					
平均利润(元/头)					
2015 年养猪具体成本					
养猪总成本(万元/年)		饲料(元/头)		疾病防疫(元/头)	
雇工[元/(人・年)]		水电煤(元/年)		病死猪损失费(元/年)	
环保投入资金(元/年)			设备折旧费用(元/年)		

三、养殖户污染认知、防治意愿及行为

您认为养猪是否会造成环境污染?(可多选) □ 土壤污染　□ 水体污染　□ 空气污染　□ 噪音污染　□ 没有污染 □ 其他
养猪污染是否对人体健康产生危害? □ 是　□ 否
养猪污染是否对猪的健康和猪肉品质产生危害? □ 是　□ 否
您认为当前养猪造成的环境污染严重吗? □ 无污染　□ 有点严重　□ 较严重　□ 非常严重
您是否了解养猪排泄物的无害化处理? □ 非常不懂　□ 较不懂　□ 一般 □ 较了解　□ 非常了解
您是否了解养猪排泄物资源化再利用? □ 非常不懂　□ 较不懂　□ 一般 □ 较了解　□ 非常了解
您是否了解生态养殖模式?(猪－沼－林(竹、茶))□ 非常不懂　□ 较不懂 □ 一般　□ 较了解　□ 非常了解
您是否有采用生态养殖模式? □ 是　□ 否
您是否愿意采用生态养殖模式?　□ 很不愿意　□ 较不愿意　□ 一般 □ 较愿意　□ 很愿意
猪场是否建有雨污分离设施?　□ 有　□ 无
养猪场建有哪些污染防治设施? □ 沼气池　□ 干湿分离机　□ 化粪池　□ 贮粪池　□ 生物池　□ 好氧池　□ 发酵塔

续表

<table>
<tr><td colspan="2">您猪场是否有好氧处理设施？□ 有，设施名称：________ □ 否
使用频率如何？ □ 30%以下 □ 30%～50% □ 50%～60%
□ 60%～70% □ 70%以上</td></tr>
<tr><td>猪场是否有建沼气池？</td><td>□ 有________立方米 □ 否</td></tr>
<tr><td colspan="2">若有，沼气池建设年份、总资金及来源？建设年份________建设总资金________
□ 自有资金________元 □ 政府补贴________元 □ 银行贷款________元 □ 民间借贷________元□ 其他________元</td></tr>
<tr><td>沼气池是否正常使用？</td><td>□ 是 □ 否</td></tr>
<tr><td>沼气池是否定期清理？清理频率及费用？</td><td>□ 是________ □ 否</td></tr>
<tr><td>沼气处理方式？</td><td>□ 做饭 □ 猪仔保温 □ 直接排放
□ 其他</td></tr>
<tr><td>沼渣、沼液处理方式</td><td>□ 自己当肥料 □ 给别人当肥料
□ 丢弃 □ 其他</td></tr>
<tr><td colspan="2">沼气若不正常使用，原因是什么？
□ 离家远用不着 □ 太久没清理用不了 □ 产气量不稳定 □ 运行成本高</td></tr>
<tr><td colspan="2">您是否有获得过有关养猪沼气池建设补贴？□ 有 □ 无</td></tr>
<tr><td colspan="2">除了沼气池建设补贴，还获得过什么治理污染的生态补贴？□ ________</td></tr>
<tr><td colspan="2">您关于养猪沼气池建设补贴政策的受惠度(您从生态补贴政策中获得的好处大吗)？
□ 非常低 □ 较低 □ 一般 □ 较高 □ 非常高</td></tr>
<tr><td colspan="2">您认为治污生态补贴合理程度如何？□ 非常不合理 □ 较不合理 □ 一般
□ 较合理 □ 非常合理</td></tr>
<tr><td colspan="2">您对补贴不合理的原因是？ □ 金额较少 □ 不到位 □ 执行不及时
□ 操作不规范 □ 对象不合理</td></tr>
<tr><td colspan="2">您家病死猪如何处理？
□ 丢弃 □ 卖掉 □ 深埋 □ 焚烧 □ 干尸井 □ 自主进行病死猪处理 □ 病死猪处理中心</td></tr>
<tr><td colspan="2">您清理猪粪便的方式？□ 水冲式________% □ 干清粪式________%</td></tr>
<tr><td colspan="2">猪粪便处理方式？(可多选)
□ 排入环保公司处理管道 □ 制沼气 □ 废弃 □ 制作有机肥 □ 出售
□ 直接还田</td></tr>
</table>

续表

<table>
<tr><td colspan="2">猪粪尿及污水是否有经过无害化处理？□ 有　□ 无，直接排放
有的话，猪粪尿及污水无害化的方式是？
□ 环保公司治理　□ 沼气处理系统　□ 生态循环利用模式　□ 其他</td></tr>
<tr><td colspan="2">您本人是否愿意采纳猪粪便无害化(环保公司或干湿分离等工艺)技术？
□ 很不愿意　□ 较不愿意　□ 一般　□ 较愿意　□ 很愿意
不愿意的原因是？□ 没有钱　□ 成本太高　□ 没有场地　□ 技术难掌握
□ 没有补贴　□ 浪费时间和精力
如果政府给予相应补贴您会不会进行粪便无害化处理？□ 会　□ 否　□ 看补贴比例(理想比例为＿＿＿＿＿)</td></tr>
<tr><td colspan="2">猪粪便(尿)是否进行资源化利用？□ 有　□ 无，直接丢弃
有的话，猪粪便处理方式？(可多选)
□ 水冲入沼气池　□ 水冲入环保公司管道　□ 干湿分离堆肥　□ 直接还田
□ 干湿分离销售
猪粪便是否会经常进行肥料化利用？□ 非常不符合　□ 较不符合　□ 一般
□ 较符合　□ 非常符合
猪粪便是否会经常进行能源化利用？□ 非常不符合　□ 较不符合　□ 一般
□ 较符合　□ 非常符合
猪粪便是否会经常进行饲料化利用？□ 非常不符合　□ 较不符合　□ 一般
□ 较符合　□ 非常符合</td></tr>
<tr><td colspan="2">您本人是否愿意进行猪粪尿资源化利用？□ 很不愿意　□ 较不愿意　□ 一般
□ 较愿意　□ 很愿意
不愿意的原因是？□ 没有钱　□ 成本太高　□ 没有场地　□ 经济效益差
□ 没有补贴　□ 猪价不稳定
如果政府给予相应补贴您会不会进行粪便资源化利用？□ 会　□ 否　□ 看补贴比例(理想比例为＿＿＿＿＿)</td></tr>
<tr><td>您是否愿意对猪栏进行污水达标排放改造？</td><td>□ 很不愿意　□ 较不愿意　□ 一般
□ 较愿意　□ 很愿意</td></tr>
<tr><td colspan="2">不愿意的话，原因是什么？　□ 成本太高　□ 猪价不稳定　□ 规模太小没必要　□ 政府没要求</td></tr>
<tr><td>您是否愿意进行病死猪无害化处理？</td><td>□ 很不愿意　□ 较不愿意　□ 一般
□ 较愿意　□ 很愿意</td></tr>
<tr><td colspan="2">不愿意的话，原因是什么？　□ 成本太高　□ 收集点太远　□ 收集不及时
□ 太麻烦</td></tr>
<tr><td colspan="2">对养猪粪水直接排放的行为，您的态度是？□ 反对　□ 不赞成　□ 没有意见
□ 赞成</td></tr>
<tr><td colspan="2">您估计周围养殖户直接排放猪粪水的群体是？□ 没有人　□ 少数　□ 大部分
□ 所有人</td></tr>
</table>

续表

您对养殖户直接排放猪粪水的态度是？ □ 不管排多少都不对　□ 大量排放不对，少量可以接受　□ 没有处罚，排放没什么不好　□ 没有意见
您认为直接排放猪粪水是否对他人或社会造成危害？□ 危害大　□ 危害比较大　□ 危害小　□ 无危害
您是否愿意付出劳动力和时间进行粪污处理？□ 很不愿意　□ 较不愿意　□ 一般　□ 较愿意　□ 很愿意
您是否愿意参加养猪粪污处理技术培训？□ 很不愿意　□ 较不愿意　□ 一般　□ 较愿意　□ 很愿意
您是否愿意进行猪粪便处理设施的投资？□ 很不愿意　□ 较不愿意　□ 一般　□ 较愿意　□ 很愿意

四、政府监督管理及相关情境

<table>
<tr><td>您是否有和环保企业签订治污协议？</td><td>□ 是(含正在做或打算做)　□ 否</td></tr>
<tr><td>目前，与环保企业合作治污工作属于哪个阶段？</td><td>□ 已运行　□ 正在建　□ 打算建</td></tr>
<tr><td colspan="2">是的话，环保企业污染治理中，您现在(未来)是否有(要)缴纳养猪污水处理费？
□ 有________元/头/月(元/头)　□ 否</td></tr>
<tr><td>若有(要)的话，缴纳的金额您认为合理吗？</td><td>□ 偏高　□ 差不多　□ 偏低</td></tr>
<tr><td colspan="2">偏高或偏低，那您认为合理的缴费方式是？
□ 按出栏量________元/头　□ 按存栏量________元/头　□ 按猪舍面积________元/(米^2·年)　□ 按猪舍和存栏量结合(________元/头＋________元/(米^2·年))</td></tr>
<tr><td colspan="2">已经(运行且)有缴费的，您参与治污且缴纳处理费的原因是什么？
□ 响应政府要求　□ 不缴费怕被拆除　□ 为了治理环境　□ 为了自身健康　□ 随大流　□ 其他
已经运行但未缴费的，您未缴费的原因是？
□ 还没开始交　□ 缴费金额太高　□ 治理效果差　□ 没有缴费义务　□ 随大流　□ 其他
如果政府实行“不缴费强行拆除猪栏”政策，您未来是否会缴费？□ 会　□ 否　□ 随大流</td></tr>
<tr><td colspan="2">近两年，您认为养猪污染环保企业治理成效如何？□ 很差　□ 较差　□ 一般　□ 较好　□ 很好</td></tr>
</table>

续表

<table>
<tr><td colspan="2">您认为成效不好的表现在哪里?
□ 收集点离居民区近空气污染　□ 污水收集不全　□ 处理后水质很差
□ 管道质量太差□ 其他</td></tr>
<tr><td colspan="2">* 此栏针对没有进行集中处理的养猪户。
如果政府要请环保企业进行集中治理养猪污染,但需要每年缴纳养猪污水处理费,您是否愿意交?
□ 很不愿意□ 较不愿意□ 一般□ 较愿意□ 很愿意
愿意的话,您愿意缴纳粪污处理费的原因是什么?(可多选)
□ 响应政府要求　□ 不缴费怕被拆除　□ 为了治理环境　□ 为了自身健康
□ 随大流　□ 其他
愿意出钱的核算方式?　□ 按出栏量______元/头　□ 按存栏量______元/头
□ 按猪舍面积________元/(米^2・年)　□ 按猪舍和存栏量结合(________元/头＋________元/(米^2・年))
不愿意的原因是什么? □ 没钱,出不起　□ 治不好　□ 是政府的责任
□ 污染不严重　□ 治理对我没好处</td></tr>
<tr><td>本村或周边村是否建有病死猪处理厂?</td><td>□ 有　□ 无</td></tr>
<tr><td>村里离您家最近的病死猪收集点有多远?</td><td>__________米</td></tr>
<tr><td>您认为目前生猪市场价格水平如何?</td><td>□ 非常低　□ 较低　□ 一般
□ 较高　□ 非常高</td></tr>
<tr><td>养殖废弃物处理后的粪肥消纳交易便利程度?</td><td>□ 很差　□ 较差　□ 一般
□ 较好　□ 很好</td></tr>
<tr><td>村里或隔壁村养猪场是否有因环保而被拆除?</td><td>□ 没有　□ 较少　□ 一般
□ 较多　□ 很多</td></tr>
<tr><td>政府是否有对您的养殖场进行抽查? 多久一次?</td><td>□ 有__________次/年　□ 无</td></tr>
<tr><td>政府对养殖场污水达标或零排放标准执行力度?</td><td>□ 很松　□ 较松　□ 一般
□ 较严　□ 很严</td></tr>
<tr><td>目前政府开展养殖污染防治政策效果如何?</td><td>□ 很差　□ 较差　□ 一般
□ 较好　□ 很好</td></tr>
<tr><td>是否有开展环境保护和治理的宣传教育?</td><td>□ 是　□ 否</td></tr>
<tr><td>开展环境保护和治理的宣传教育效果如何?</td><td>□ 很差　□ 较差　□ 一般
□ 较好　□ 很好</td></tr>
<tr><td>村里是否有专人监督养猪废弃物排放?</td><td>□ 有　□ 无</td></tr>
<tr><td>村里禁止养猪废弃物直接排放规定的约束力如何?</td><td>□ 很弱　□ 较弱　□ 一般
□ 较强　□ 很强</td></tr>
</table>

续表

养殖污染防治知识、技术等条件获取的难度如何？	□ 很难 □ 较难 □ 一般 □ 较容易 □ 很容易
政府引导转业政策下您放弃养猪重新找谋生渠道的难度如何？	□ 很难 □ 较难 □ 一般 □ 较容易 □ 很容易

五、养殖污染防治行为心理认知因素

家庭规模养猪户养殖污染防治行为包括：规范使用添加剂和兽药，使用生物饲料、粪污无害化、资源化处理、病死猪无害化处理、配合改造旧猪栏、进行污水处理。

变量	题项	评分标准（请在相应栏内打钩）				
		非常不同意	较不同意	一般	较同意	非常同意
态度	人人都有保护环境的义务					
	开展养猪环境污染防治很有必要					
	养猪户应该是养猪污染治理的主体					
	政府应该是养猪污染治理的主体					
	养猪户采取污染治理行为对环境保护很有必要					
	养猪户采取污染治理为对农村发展有好处					
风险感知	当前，生猪养殖造成的环境污染很严重					
	养猪会对农村环境造成严重污染					
	养猪环境污染会对人体健康造成严重危害					
	养猪环境污染会对生猪饲养质量造成影响					
	我很了解《畜禽规模养殖污染防治条例》等法律法规					
	我很了解政府养殖污染“养治分离”政策措施					

续表

变量	题项	评分标准(请在相应栏内打钩)				
		非常不同意	较不同意	一般	较同意	非常同意
主观规范	如果家里人建议我采取治污行为,我会听取建议					
	村里非养殖农户如果要求养猪户要进行污染防治,则我采取污染治理行为					
	村里其他养殖户如果采取污染治理行为,则我也会采取					
	村委会组织动员对我是否采取污染治理行为影响很大					
	政府畜牧管理部门和环保部门对我采取污染防治行为具有很大约束力和促进作用					
	电视、新闻、网络媒体报道称养猪户应该参与治理,则我认为我应该采取防治行动					
知觉行为控制	我具备采取养殖污染防治行为的经济条件					
	养猪污染防治设施运行成本很高,我负担不起					
	养猪污染防治(建设和运行)占用太多的精力和时间					
	我知道沼气池利用的相关知识或技术					
	我自己进行污染防治对改善养殖污染有作用					
	我确信只要我愿意,我就能采取养殖污染防治行为					

附录 B 生猪规模养殖户污染防治行为调查问卷(正式)

生猪规模养殖户污染防治行为调查问卷(正式) 编号:________

福建省________市________县(区、市)________镇/乡________村

日期:________

农户:________ 电话号码:____________ 调查者:________

一、养殖户基本信息

性别	□ 男 □ 女
年龄(虚岁)	________岁
上过几年学?(不包括学前班和培训班)	________年
家中是否有人是党员、村干部或在政府部门任职?	□ 是 □ 否
您的身体健康状况如何?	□ 差 □ 一般 □ 良好
家庭(生活在一起)共有________人,现有________名劳动力(16~60 周岁,无残疾,非学生;60 岁以上算 0.5 名);其中,从事养猪的劳动力数量________人,老人(65 周岁以上)________人,在读学生________人。	
2015 年您的家庭总收入为________万元,来源为:□ 自己务工 □ 爱人收入 □ 子辈收入 □ 其他收入	
2016 年上半年养猪净收入?	________万元
2015 年全年养猪净收入?	________万元
村里从事养猪的户数比例为?	________%
您家耕地面积?林地面积?	共________亩,共________亩
用于消纳猪粪尿的林地(毛竹、果林)面积	________亩

续表

您与周边农户关系的友好程度?	□ 很差 □ 较差 □ 一般 □ 较好 □ 很好
您与村委会成员的来往互动程度如何?	□ 很差 □ 较差 □ 一般 □ 较好 □ 很好
您与政府畜牧管理部门来往程度如何?	□ 很差 □ 较差 □ 一般 □ 较好 □ 很好
您家经济状况在当地的富裕程度?	□ 低 □ 中 □ 高

二、养殖基本情况

您从哪一年开始养猪?	________年			
目前您家能繁母猪数量?生猪存栏量为多少?	________头 ________头			
通常情况下,您出售的生猪类型是?□ 大猪 □ 中猪 □ 猪仔 □ 中猪和大猪混合 □ 其他				
您的养猪场面积?	________平方米			
您养猪场所在地是哪种养殖区域?□ 禁养区 □ 禁建区 □ 适度养殖区 □ 可养区 □ 限养区				
猪场取得方式?	□ 自建 □ 购入 □ 租赁 □ 承包 □ 其他			
养猪场离家的距离?	________米			
猪场离最近河流的距离?	________米			
猪场离最近其他猪场的距离?	________米			
您是否有加入养猪协会或合作社?	□ 是 □ 否			
您是否有参加过养殖技术等培训?	□ 没有参加 □ 较少参加 □ 一般 □ 经常参加			
年份	2016 年上半年	2015 下半年年	2015 年上半年	2014 年全年
饲养天数(天)				
出售体重(斤)				
能繁母猪年存栏(头)				
出栏次数(次)				
出栏头数(头)				

续表

平均售价(元/斤)				
平均成本(元/头)				
平均利润(元/头)				
2015 年养猪具体成本				

养猪总成本(万元/年)		饲料(元/头)		疾病防疫(元/头)	
雇工(人＊元/年)		水电煤(元/年)		病死猪损失费(元/年)	
环保投入固定资金(元/年)			环保投入可变资金(元/年)		

三、养殖户污染认知、防治意愿及行为

您认为养猪是否会造成环境污染?(可多选) □ 土壤污染　□ 水体污染　□ 空气污染　□ 噪声污染　□ 没有污染 □ 其他	
养猪污染是否对人体健康产生危害? □ 是　□ 否	
养猪污染是否对猪的健康和猪肉品质产生危害? □ 是　□ 否	
您认为当前养猪造成的环境污染严重吗? □ 无污染　□ 较不严重　□ 有点严重　□ 较严重　□ 非常严重	
您对养猪废弃物的无害化处理的了解程度? □ 非常不懂　□ 较不懂□ 一般 □ 较了解　□ 非常了解	
您对养猪废弃物资源化利用的了解程度? □ 非常不懂　□ 较不懂　□ 一般 □ 较了解　□ 非常了解	
您是否了解生态养殖模式?(猪－沼－林(竹、茶))□ 非常不懂　□ 较不懂 □ 一般　□ 较了解　□ 非常了解	
您是否有采用生态养殖模式? □ 是　□ 否	
您是否愿意采用生态养殖模式?　□ 很不愿意　□ 较不愿意　□ 一般 □ 较愿意　□ 很愿意	
猪场是否建有雨污分离设施?	□ 有　□ 无

续表

<table>
<tr><td colspan="2">养猪场建有哪些污染防治设施?
□ 沼气池　□ 干湿分离机　□ 化粪池　□ 贮粪池　□ 沉淀池
□ 堆粪场　□ 生物池　□ 曝氧池　□ 发酵塔</td></tr>
<tr><td colspan="2">您猪场是否有好氧处理设施? □ 有,设施名称:＿＿＿＿　□ 否
设施使用频率如何? □ 30%以下　□ 30%～50%　□ 50%～60%
□ 60%～70%　□ 70%以上</td></tr>
<tr><td>猪场是否有建沼气池? 有的话,容积多大?</td><td>□ 有,＿＿＿＿立方米　□ 否</td></tr>
<tr><td colspan="2">若有,沼气池建设年份、总资金及来源?　建设年份＿＿＿＿建设总资金＿＿＿＿
总资金来源为?
□ 自有资金＿＿＿＿元　□ 政府补贴＿＿＿＿元　□ 银行贷款＿＿＿＿元
□ 民间借贷＿＿＿＿元　□ 其他＿＿＿＿元</td></tr>
<tr><td>沼气池是否正常使用?</td><td>□ 是　□ 否</td></tr>
<tr><td>沼气池是否定期清理? 清理频率及费用?</td><td>□ 是＿＿＿＿年/次＿＿＿＿元/次
□ 否</td></tr>
<tr><td>沼气处理方式?</td><td>□ 做饭　□ 猪仔保温　□ 直接排放
□ 其他</td></tr>
<tr><td>沼渣、沼液处理方式?</td><td>□ 自己当肥料　□ 给别人当肥料
□ 丢弃　□ 其他</td></tr>
<tr><td colspan="2">沼气若不正常使用,原因是什么?
□ 离家远用不着　□ 太久没清理用不了　□ 产气量不稳定　□ 运行成本高</td></tr>
<tr><td colspan="2">您是否有获得过有关养猪沼气池建设补贴? □ 有　□ 无</td></tr>
<tr><td colspan="2">除了沼气池建设补贴,还获得过什么治理污染的生态补贴? □ ＿＿＿＿</td></tr>
<tr><td colspan="2">您关于养猪沼气池建设补贴政策的受惠度(您从生态补贴政策中获得的好处大吗)?
□ 非常低　□ 较低　□ 一般　□ 较高　□ 非常高</td></tr>
<tr><td colspan="2">您认为治污生态补贴合理程度如何? □ 非常不合理　□ 较不合理　□ 一般
□ 较合理　□ 非常合理</td></tr>
<tr><td colspan="2">您对补贴不合理的原因是?　□ 金额较少　□ 不到位　□ 执行不及时
□ 操作不规范　□ 对象不合理</td></tr>
<tr><td colspan="2">您家病死猪如何处理? □ 丢弃　□ 卖掉　□ 深埋　□ 焚烧　□ 干尸井
□ 病死猪处理中心</td></tr>
<tr><td colspan="2">您清理猪粪便的方式? □ 水冲式＿＿＿＿%　□ 干清粪式＿＿＿＿%</td></tr>
</table>

续表

<table>
<tr><td colspan="2">猪粪尿及污水是否有经过无害化处理？□ 有 □ 无，直接排放
有的话，猪粪尿及污水无害化的方式是？
□ 环保公司治理 □ 沼气处理系统（厌氧） □ 人工湿地消纳 □ 无害化工艺深度处理 □ 曝氧池</td></tr>
<tr><td colspan="2">您本人是否愿意采纳猪粪尿无害化（干湿分离、适应规模的沼气技术）方式？
□ 很不愿意 □ 较不愿意 □ 一般 □ 较愿意 □ 很愿意
不愿意的原因是？
□ 没有钱 □ 成本太高 □ 没有场地 □ 技术难掌握 □ 没有补贴
□ 浪费时间和精力
如果政府给予相应补贴您会不会进行粪便无害化处理？□ 会□ 否 □ 看补贴比例（理想比例为＿＿＿＿＿＿）</td></tr>
<tr><td colspan="2">猪粪便（尿）是否进行资源化利用？□ 有 □ 无，直接丢弃
有的话，猪粪便处理方式？（可多选）
□ 水冲入沼气池 □ 水冲入环保公司管道 □ 干湿分离堆肥 □ 直接还田
□ 干湿分离销售
猪粪便是否会经常进行肥料化利用？□ 非常不符合 □ 较不符合 □ 一般
□ 较符合 □ 非常符合
猪粪便是否会经常进行能源化利用？□ 非常不符合 □ 较不符合 □ 一般
□ 较符合 □ 非常符合
猪粪便是否会经常进行饲料化利用？□ 非常不符合 □ 较不符合 □ 一般
□ 较符合 □ 非常符合</td></tr>
<tr><td colspan="2">您本人是否愿意进行猪粪尿资源化利用？□ 很不愿意 □ 较不愿意 □ 一般
□ 较愿意 □ 很愿意
不愿意的原因是？□ 没有钱 □ 成本太高 □ 没有场地 □ 经济效益差
□ 没有补贴 □ 猪价不稳定
如果政府给予相应补贴您会不会进行粪便资源化利用？□ 会 □ 否 □ 看补贴比例（理想比例为＿＿＿＿＿＿）</td></tr>
<tr><td>您是否愿意对猪栏进行治污达标排放改造？</td><td>□ 很不愿意 □ 较不愿意 □ 一般
□ 较愿意 □ 很愿意</td></tr>
<tr><td colspan="2">不愿意的话，原因是什么？ □ 成本太高 □ 猪价不稳定 □ 规模太小没必要 □ 政府没要求</td></tr>
<tr><td colspan="2">对养猪粪水直接排放的行为，您的态度是？□ 反对 □ 不赞成 □ 没有意见
□ 赞成</td></tr>
<tr><td colspan="2">您对养殖户直接排放猪粪水的态度是？
□ 不管排多少都不对 □ 大量排放不对，少量可以接受 □ 没有处罚，排放没什么不好 □ 没有意见</td></tr>
</table>

续表

您估计周围养殖户直接排放猪粪水的群体是？□ 没有人　□ 少数　□ 大部分 □ 所有人
您认为直接排放猪粪水是否对他人或社会造成危害？□ 危害大　□ 危害比较大 □ 危害小　□ 无危害
您是否愿意付出劳动力和时间进行粪污处理？□ 很不愿意　□ 较不愿意 □ 一般　□ 较愿意　□ 很愿意
您是否愿意参加养猪粪污处理技术培训？□ 很不愿意　□ 较不愿意　□ 一般 □ 较愿意　□ 很愿意
您是否愿意进行猪粪便处理设施的投资？□ 很不愿意　□ 较不愿意　□ 一般 □ 较愿意　□ 很愿意

四、政府监督管理及相关情境

您养殖场的粪污是否有专门第三方环保企业来治理？	□ 是(含正在做或打算做)　□ 否
目前，与环保企业合作治污工作属于哪个阶段？	□ 已运行　□ 正在建　□ 打算建
是的话，环保企业污染治理中，您现在(未来)是否有(要)缴纳养猪污水处理费？ □ 有_________元/头/月(元/头)　□ 否	
若有(要)的话，缴纳的金额您认为合理吗？	□ 偏高　□ 差不多　□ 偏低
偏高或偏低，那您认为合理的缴费方式是？ □ 按出栏量____元/头　□ 按存栏量____元/头　□ 按猪舍面积____元/(米^2・年) □ 按猪舍和存栏量结合(______元/头+______元/(米^2・年))	
已经运行且有缴费的，您参与治污且缴纳处理费的原因是什么？ □ 响应政府要求　□ 不缴费怕被拆除　□ 为了治理环境　□ 为了自身健康 □ 随大流　□ 其他 已经运行但未缴费的，您未缴费的原因是？ □ 还没开始交　□ 没钱，出不起　□ 治理效果差　□ 没有缴费义务 □ 治理对我没好处　□ 其他 如果政府实行“不缴费强行拆除猪栏”政策，您未来是否会缴费？□ 会　□ 否 □ 随大流	
近两年，您认为养猪污染环保企业治理成效如何？□ 很差　□ 较差　□ 一般 □ 较好　□ 很好	

续表

您认为成效不好的表现在哪里？ □ 收集点离居民区近空气污染 □ 污水收集不全 □ 处理后水质很差 □ 管道质量太差 □ 管理太差	
＊此栏针对没有进行环保企业集中处理的养猪户。 如果政府要请环保企业进行集中治理养猪污染，但需要每年缴纳养猪污水处理费，您是否愿意交？ □ 很不愿意 □ 较不愿意 □ 一般 □ 较愿意 □ 很愿意 愿意的话，您愿意缴纳粪污处理费的原因是什么？（可多选） □ 响应政府要求 □ 不缴费怕被拆除 □ 为了治理环境 □ 为了自身健康 □ 随大流 □ 其他 愿意出钱的核算方式？□ 按出栏量______元/头 □ 按存栏量______元/头 □ 按猪舍面积______元/（米^2·年） □ 按猪舍和存栏量结合（__________元/头＋______元/（米^2·年）） 不愿意的原因是什么？□ 没钱，出不起 □ 治不好 □ 是政府的责任 □ 污染不严重 □ 治理对我没好处	
养殖废弃物处理后的粪肥消纳交易便利程度？	□ 很差 □ 较差 □ 一般 □ 较好 □ 很好
村里或隔壁村是否有猪场因环保而被拆除（关闭）？	□ 没有 □ 较少 □ 一般 □ 较多 □ 很多
政府是否有对您的养殖场进行抽查？多久一次？	□ 有______次/年 □ 无
政府对养殖场污水达标或零排放标准执行力度？	□ 很松 □ 较松 □ 一般 □ 较严 □ 很严
目前政府开展养殖污染防治政策效果如何？	□ 很差 □ 较差 □ 一般 □ 较好 □ 很好
是否有开展环境保护和治理的宣传教育？	□ 没有 □ 偶尔 □ 一般 □ 较经常 □ 很经常
开展环境保护和治理的宣传教育效果如何？	□ 很差 □ 较差 □ 一般 □ 较好 □ 很好
村里是否有专人监督养猪废弃物排放？	□ 有 □ 无
村里禁止养猪废弃物直接排放规定的约束力如何？	□ 很弱 □ 较弱 □ 一般 □ 较强 □ 很强

续表

养殖污染防治知识、技术等条件获取的难度如何?	□ 很难　□ 较难　□ 一般 □ 较容易　□ 很容易
政府引导转业政策下您放弃养猪重新找谋生渠道的难度如何?	□ 很难　□ 较难　□ 一般 □ 较容易　□ 很容易

五、养殖污染防治行为心理认知因素

养殖污染防治行为包括进行干清粪、沼气厌氧处理及沼气能源利用、粪污好氧处理、养殖废弃物肥料化、饲料化利用等。

变量	题项	评分标准(请在相应栏内打钩)				
		非常不同意	较不同意	一般	较同意	非常同意
态度	人人都有保护环境的义务					
	开展养猪环境污染防治很有必要					
	养猪户应该是养猪污染治理的主体					
	政府应该是养猪污染治理的主体					
	养猪户采取污染治理行为对环境保护很有必要					
	养猪污染防治为对农村发展有好处					
风险感知	当前,生猪养殖造成的环境污染很严重					
	养猪会对农村环境造成严重污染					
	养猪环境污染会对人体健康造成严重危害					
	养猪环境污染会对生猪饲养质量造成影响					
	我很了解《畜禽规模养殖污染防治条例》等法律法规					
	我很了解地方政府关于养殖污染治理的政策措施					

续表

变量	题项	评分标准(请在相应栏内打钩)				
		非常不同意	较不同意	一般	较同意	非常同意
主观规范	如果家里人建议我采取治污行为,我会听取建议					
	村里非养猪农户如果要求养猪户要进行污染防治,则我采取污染治理行为					
	村里其他养殖户如果采取污染治理行为,则我也会采取					
	村委会组织动员对我是否采取污染治理行为影响很大					
	政府畜牧管理部门和环保部门对我采取污染防治行为具有很大约束力和促进作用					
	电视、新闻、网络媒体报道称养猪户应该参与治理,则我认为我应该采取防治行动					
知觉行为控制	我具备采取养殖污染防治行为的经济条件					
	养猪污染防治设施运行成本很高,我负担不起					
	养猪污染防治(建设和运行)占用太多的精力和时间					
	我具备进行养殖污染防治的知识及技术					
	我自己进行污染防治对改善养殖污染有作用					

附录 C　半结构化访谈提纲

半结构化访谈提纲

(1)您认为规模养猪户哪些行为属于无害化处理行为?

(2)您认为沼气池是否属于无害化处理行为?

(3)您认为养殖户为减少养殖环境污染可以采取的行为措施有哪些?

(4)目前,主要的养殖废弃物无害化处理流程是哪些?需要哪些设施和技术?

(5)您认为规模养猪户对养殖废弃物进行资源化利用的方式有哪几种?

(6)您认为规模养猪户是否有进行养殖污染防治的意向?有的话,表现在哪些方面?

(7)您认为规模养殖户是否进行养殖污染防治主要受哪些方面因素的影响?

(8)您认为规模养殖户是否进行养殖污染防治受到哪些心理认知因素的影响?

(9)您认为目前制约养殖户进行养殖污染防治的主要因素有哪些?

(10)您认为目前对养殖户污染防治行为具有较大促进作用的因素或政策措施有哪些?

(11)您认为应该制定哪些措施来引导、激励和约束规模养猪户的污染防治行为?

附录 D　村委访谈提纲

养殖污染防治研究村委访谈问卷　　　编号：__________

福建省________市________县(市、区)__________镇/乡__________村

日期：__________

村委姓名：________职务：________电话号码：________调查者：________

一、村庄基本信息

户数(户)	
村总人口数(人)	
外出务工人口的比例(%)	
2015 年村里人均收入水平(元/年)	
村庄距离县城的距离(千米)	
村财收入(元/年)，来源有哪些？	
村耕地总面积(亩)，村林地总面积(亩)	
村财政支出(万元/年)	
村财政支出项目及金额(元/年)	
养猪户数量(户)	
养猪总面积(亩)	
目前村里生猪总存栏数(头)，能繁母猪数(头)	
2015 年全村的年总出栏数(头)	
2015 年全村的养猪收益有多少？(万元)	
生猪养殖规模分布(户数)	

续表

<table>
<tr><td colspan="3">49 头以下</td><td colspan="3">50～249 头</td><td colspan="3">250～1000 头</td><td colspan="3">1000 头以上</td></tr>
<tr><td colspan="3"></td><td colspan="3"></td><td colspan="3"></td><td colspan="3"></td></tr>
<tr><td colspan="12">选择以下各种粪污处理方式的养殖户比例分别为？</td></tr>
<tr><td colspan="2">直接排放</td><td colspan="2">还田</td><td colspan="2">制肥料</td><td colspan="2">制沼气</td><td colspan="2">第三方治理</td><td colspan="2">曝气处理</td></tr>
<tr><td colspan="2"></td><td colspan="2"></td><td colspan="2"></td><td colspan="2"></td><td colspan="2"></td><td colspan="2"></td></tr>
<tr><td colspan="6">从事养殖业劳动者的平均年龄(岁)</td><td colspan="6"></td></tr>
<tr><td colspan="6">从事养殖业劳动者的平均受教育水平</td><td colspan="6"></td></tr>
<tr><td colspan="6">村里是否有生猪养殖合作社或协会？</td><td colspan="6"></td></tr>
<tr><td colspan="6">村里建有沼气池的猪场个数？比例？总容积？</td><td colspan="6"></td></tr>
<tr><td colspan="6">村里是否有人监督养猪粪污排放？</td><td colspan="6"></td></tr>
<tr><td colspan="6">村里是否有人监督病死猪处理？</td><td colspan="6"></td></tr>
<tr><td colspan="6">村里有多少比例养殖户在第三方治理范围内？</td><td colspan="6"></td></tr>
<tr><td colspan="6">村里缴纳治污费的比例为多少——按养殖户数量？按养殖量？</td><td colspan="6"></td></tr>
<tr><td colspan="6">本村是否实施了一些当地养猪污染治理政策？</td><td colspan="6"></td></tr>
<tr><td colspan="6">村里养猪场有哪些养殖污染治理设施？</td><td colspan="6"></td></tr>
<tr><td colspan="6">哪一类养殖场规模的治污难度最大？</td><td colspan="6"></td></tr>
<tr><td colspan="6">村民有从事哪些种植业？</td><td colspan="6"></td></tr>
<tr><td colspan="6">种植总户数(户),种植类型？</td><td colspan="6"></td></tr>
<tr><td colspan="6">村里是否有发展种养结合模式？</td><td colspan="6"></td></tr>
</table>

二、养殖污染防治情况

1.在政府养殖污染治理工作中,村委会的主要分工是什么？工作如何开展？是否顺利？

2.村民在政府养殖污染治理中的态度和行为表现如何？是否配合？不配合的原因是什么？

（村委是否有参与第三方污水处理费收取工作？收取难度如何？）

3.村里养殖污染严重吗？治理难度大吗？当前治理成效如何？是否有更好的措施？

4.村里是否有形成相关的村规民约约束养殖户的养殖污染行为？村民间是否会互相监督？

5.养猪污染防治的宣传教育工作开展效果如何？当地养殖户的环境保护意识是否有提升？是否认为环境污染治理的责任在于政府？

6.您认为应如何协调养殖业发展与环境保护的关系？

7.目前是否有对养殖环境污染举报的现象？举报后都会得到处理吗？

附录 E　畜禽养殖管理部门访谈提纲

生猪养殖污染治理研究政府部门访谈提纲

访谈部门：__________　　职　务：__________　　日期：________

姓　　名：__________　　联系方式：__________

1.辖区的养殖基本情况？（总存栏、总户数、总面积）

2.目前，关于生猪养殖污染治理的措施有哪些？针对不同养殖规模的措施分别有什么不同？（250 头划分？大规模养猪场标准化改造的主要措施？改造内容是哪些？）目前最大的困难在哪？下一步的计划是什么？

（拆除猪栏、标准化改造、第三方治理、沼气工程、病死猪处理厂）

3.目前，禁建区和禁养区范围内的养殖场关闭或拆除的情况如何？

全辖区的拆除或关闭情况如何？拆除猪场的难度大吗？拆除计划怎样？

4.环保执法情况如何？有没有强制执行的情况？

5.是否有做“养治分离”或第三方治理？“养治分离”模式最初是政府主导还是企业主导的？如何调动养殖户的积极性？治理范围如何？纳入治理的养殖户规模分布如何？大规模的养猪场是否纳入企业治理(还是自主治污)？(现状、政策导向)辖区内治污企业有哪几家？政府在“养治分离”中的责任定位是什么？(投资或补贴？监督管理责任？养殖户与企业的协调责任？)治污企业的运行盈利情况如何？发展前景如何？有机肥销路如何？

6.乡镇在生猪养殖污染治理中的职责分工是怎样的？有无相关环保执法措施？难度及成效如何？

7.现在有哪些生态补贴？怎么规定？财政补贴来源是什么？程序如何？是否及时到位？

8.生态养殖模式推广措施和成效如何？发酵床技术？发酵塔？采用这类技术的猪场规模分布？

9.猪粪便无害化处理包括哪些工艺？何种程度算无害化处理？资源化利用必定是无害化处理的下一步骤？沼气池算不算无害化处理？250头以下存栏量的养猪场如果自发进行无害化和资源化处理有没有可能？要投入哪些治污设施？每头成本多少？多大规模可以自主治污？

10.畜禽废弃物“三化”减量化、资源化、无害化用于生猪养殖污染防治行为表征是否合理？

11.养猪场达标排放的标准是什么？依据的文件是哪个？如何测量？

12.政府引导养殖户进行产业转型，目前产业转型的效果如何？（转型人数、销售额、主要哪些方面、收益和销售对象）

13.宣传教育手段有哪些？效果如何？

后 记

我对农业生产、农村生活环境污染治理问题的关注,始于攻读福建农林大学硕士学位期间,依然清晰铭记第一次跟随研究团队参与农村环境治理问卷调查,基于调查数据发表了人生的第一篇学术论文,直到攻读博士学位仍然延续这一研究方向。硕博士就读期间,我围绕农业生产、农村生活环境污染治理主题撰写并发表了十余篇小论文。后来博士毕业论文也自然而然围绕该主题展开,本书正是在本人博士毕业论文的基础上整理而成的。修改和整理工作历时半年有余,如今著作终于完成,内心甚是欢喜,但更多是感激之情。

首先要感谢的是我的导师郑逸芳教授,亦师亦母亦友的她给予我的远不止学习上的教导,她谦逊、亲和的大家气质和豁达的人生哲学时刻都在潜移默化地影响着我,让我受益终生。从论文的选题、撰写直至最后定稿,郑老师都给予了深入细致的指导,倾注了大量的心血。即便内心饱含了对郑老师感激之情,但越是情至浓,竟越是无从话起;只知这份教诲、知遇、栽培之恩,学生将常记于心。与此同时,还要感谢我的副导师苏时鹏教授,作为我学术研究的启蒙老师,他治学严谨、博学睿智、思维敏捷、见解独到的优秀品质都深深地鞭策和影响着我,促使我不断前行。

感谢我的家人给予我的巨大支持和鼓励,是你们的"负重前行"让我得以安心从事科研教学工作。同时,还要感谢所有关心、支持和帮助过我的亲朋好友!

本书同时是福建省自然科学基金青年创新项目(编号:2019J05126)、福建省中国特色社会主义理论体系研究中心年度项目(编号:FJ2019ZTB037)、福建省社科规划青年项目(编号:FJ2016C201)、福建农林大学优秀博士学位论文资金（编号：YB2015008）的研究成果，感谢以上项目对本研究给予立项和经费支持。同时，还要感谢福建江夏学院对本书出版经费的资助。

感谢出版社同仁为本书出版付出的辛勤劳动。书中有部分内容参考了有关单位和个人的研究成果，均已在参考文献中列出，在此一并致谢。

最后，谨向百忙之中抽出宝贵时间和精力对本书进行评审的同行专家教授表示深深的谢意。本书的出版是研究工作的阶段性总结，尚存不少缺点和不足，恳请各位专家学者批评指正。

林丽梅

2021 年 8 月 13 日